"十二五"普通高等教育本科国家级规划教材

高校土木工程专业指导委员会规划推荐教材

（经典精品系列教材）

混凝土及砌体结构

（下　册）

哈尔滨工业大学
华北水利水电学院　合编
哈尔滨工业大学　王振东　主编
东　南　大　学　丁大钧　主审

中国建筑工业出版社

图书在版编目（CIP）数据

混凝土及砌体结构．下册/王振东主编．—北京：中国建筑工业出版社，2002

"十二五"普通高等教育本科国家级规划教材．高校土木工程专业指导委员会规划推荐教材．（经典精品系列教材）

ISBN 978-7-112-04786-4

Ⅰ．混… Ⅱ．王… Ⅲ．①混凝土结构—高等学校—教材②砌块结构—高等学校—教材 Ⅳ．TU37

中国版本图书馆 CIP 数据核字（2002）第 110717 号

本书下册内容共 3 章：预应力混凝土构件的计算、单层厂房结构、砌体结构。

本书可作为高校土木工程专业教材，也可供土建设计和施工技术人员学习新修订的《混凝土结构设计规范》（GB50010—2002）和《砌体结构设计规范》（GB50003—2002）时参考。

"十二五"普通高等教育本科国家级规划教材
高校土木工程专业指导委员会规划推荐教材
（经典精品系列教材）

混凝土及砌体结构
（下册）

哈尔滨工业大学
华北水利水电学院　合编

哈尔滨工业大学　王振东　主编
东　南　大　学　丁大钧　主审

＊

中国建筑工业出版社出版、发行（北京西郊百万庄）
各地新华书店、建筑书店经销
北京中科印刷有限公司印刷

＊

开本：787×960 毫米　1/16　印张：13¾　字数：266 千字
2003 年 2 月第一版　2014 年 6 月第十八次印刷
定价：**19.00** 元
ISBN 978-7-112-04786-4

（10132）

出 版 说 明

　　1998 年教育部颁布普通高等学校本科专业目录，将原建筑工程、交通土建工程等多个专业合并为土木工程专业。为适应大土木的教学需要，高等学校土木工程学科专业指导委员会编制出版了《高等学校土木工程专业本科教育培养目标和培养方案及课程教学大纲》，并组织我国土木工程专业教育领域的优秀专家编写了《高校土木工程专业指导委员会规划推荐教材》。该系列教材 2002 年起陆续出版，共 40 余册，十余年来多次修订，在土木工程专业教学中起到了积极的指导作用。

　　本系列教材从宽口径、大土木的概念出发，根据教育部有关高等教育土木工程专业课程设置的教学要求编写，经过多年的建设和发展，逐步形成了自己的特色。本系列教材投入使用之后，学生、教师以及教育和行业行政主管部门对教材给予了很高评价。本系列教材曾被教育部评为面向 21 世纪课程教材，其中大多数曾被评为普通高等教育"十一五"国家级规划教材和普通高等教育土建学科专业"十五"、"十一五"、"十二五"规划教材，并有 11 种入选教育部普通高等教育精品教材。2012 年，本系列教材全部入选第一批"十二五"普通高等教育本科国家级规划教材。

　　2011 年，高等学校土木工程学科专业指导委员会根据国家教育行政主管部门的要求以及新时期我国土木工程专业教学现状，编制了《高等学校土木工程本科指导性专业规范》。在此基础上，高等学校土木工程学科专业指导委员会及时规划出版了高等学校土木工程本科指导性专业规范配套教材。为区分两套教材，特在原系列教材丛书名《高校土木工程专业指导委员会规划推荐教材》后加上经典精品系列教材。各位主编将根据教育部《关于印发第一批"十二五"普通高等教育本科国家级规划教材书目的通知》要求，及时对教材进行修订完善，补充反映土木工程学科及行业发展的最新知识和技术内容，与时俱进。

高等学校土木工程学科专业指导委员会

中国建筑工业出版社

2013 年 2 月

前　　言

本书是"混凝土及砌体结构"教材的下册，和上册一起是根据全国高等学校土木工程专业普遍执行"混凝土结构教学大纲"的要求编写而成的。初稿于1996年由国家建设部审批为高等学校推荐教材，2002年由全国高校土木工程学科专业指导委员会审定为规划推荐教材。

此次出版的内容，在编写上和上册具有相同的特点：

首先是根据国内最新修订的《建筑结构荷载规范》（GB50009）、《混凝土结构设计规范》（GB50010）、《建筑地基基础设计规范》（GB50072）和《砌体结构设计规范》（GB50003）等有关设计规范编写而成的，反映了新的科技成果。其次是教材力求内容精炼，便利教学的要求，其中带有"﹡"号的章节，可供学生自学参考。

参加本下册编写的单位和人员：

哈尔滨工业大学：王振东（教授）、唐岱新（教授、博导），华北水利水电学院：李树瑶（教授）。

本下册编写的分工：李树瑶（第10章）、王振东（第十一章）、唐岱新（第十二章）。

本书由哈尔滨工业大学王振东主编，东南大学丁大钧主审。

由于水平所限，书中有不妥或错误之处，恳请读者指正。

编者

2002 年 12 月

目　　录

第10章　预应力混凝土构件的计算

§10.1　概　　述

　　预应力混凝土结构，是在结构承受外荷载之前，预先对其施加压力，使其在外荷载作用时的受拉区混凝土内产生压应力，以抵消或减小外荷载产生的拉应力，使构件在正常使用情况下不裂或裂得较晚（裂缝宽度较小）。预应力混凝土结构广泛应用于土木工程的各个领域中，如工业与民用建筑中的预应力空心楼板、屋面大梁、屋架及吊车梁等；其他，在桥梁、水利、海洋及港口工程中均已得到广泛的应用和很大的发展。采用预应力结构的原因有以下几个方面：

　　（1）为了满足裂缝控制的要求　普通钢筋混凝土构件抗裂性能较差，在正常使用情况下往往会开裂，甚至会产生较宽的裂缝。有些结构，如水池、油罐、原子能反应堆、受到侵蚀性介质作用的工业厂房以及水利、海洋、港口工程结构物等，应具有较高的密闭性或耐久性，在裂缝控制上要求较严。采用预应力混凝土结构易于满足这种要求（不出现裂缝或裂缝宽度不超过允许的极限值）。

　　（2）为了充分利用高强度材料　在工程结构中，特别是对跨度大及承受重型荷载的构件，应采用高强度钢筋及高强度混凝土，以提高结构承载力，减轻自重，降低造价。而在普通钢筋混凝土构件中，采用高强钢筋虽能较大地提高结构承载力，但因钢筋应力过高，致使裂缝开展过宽，影响结构物正常使用；对于允许开裂的普通钢筋混凝土构件，当最大裂缝宽度允许值限制在 $0.2\sim0.3\mathrm{mm}$ 范围内时，钢筋应力只达到 $15\sim25\mathrm{N/mm^2}$ 左右，配置高强钢筋远不能充分发挥作用；因而需要这些构件事先预加压力，对裂缝加以控制，以达到充分利用高强度钢筋，使结构达到高强轻质的目的。

　　（3）为了提高构件刚度，减小变形　有些结构物对于变形控制亦有较高要求，如工业厂房中的吊车梁，桥梁中的大跨度梁式构件等。采用预应力结构由于提高了抗裂度或减小了裂缝宽度，可使刚度不至于因裂缝原因而降低过多，有利于控制变形。同时，由于预加压力的偏心作用而使构件产生的反拱，还可以抵消或减小在使用荷载下产生的变形。

　　上面所列采用预应力混凝土结构的原因，都与它具有较好控制裂缝的性能有关。现以一预应力简支梁为例来说明其基本受力原理（图 10-1）。在外荷载作用前，预先在混凝土梁拉区施加一对偏心轴向压力 P，在梁的下缘纤维产生压应力 σ_{pc}（图 10-1a），在外荷载作用下，梁下缘产生拉应力 σ_{t}（图 10-1b），截面上最后的应力状态应是二者的叠加，梁的下缘可能是压应力（当 $\sigma_{pc} > \sigma_t$ 时），也可能是较小的拉应力（当 $\sigma_{pc} < \sigma_t$ 时）（图 10-1c）。由于预应力 σ_{pc} 的作用，可部分抵消或全部抵消外荷载引起的拉应力，因而能延缓裂缝的出现（提高抗裂荷载）。对于在使用荷载下出现裂缝的构件，也将起减小裂缝宽度的作用。

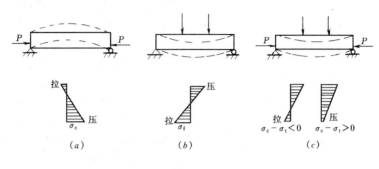

图 10-1

（a）在预压力作用下；（b）在外荷载作用下；（c）在预压力及外荷载共同作用下

对于预应力混凝土结构，可依据其预应力度不同，划分为若干等级。1970 年国际预应力混凝土协会和欧洲混凝土委员会（CEB—FIP）曾建议将配筋混凝土分成四个等级：

Ⅰ级（全预应力混凝土）——在最不利荷载效应组合作用下，混凝土中不允许出现拉应力；

Ⅱ级（有限预应力混凝土）——在最不利荷载效应组合作用下，混凝土中允许出现低于抗拉强度的拉应力，但在长期荷载效应作用下，不得出现拉应力；

Ⅲ级（部分预应力混凝土）——允许开裂，但应控制裂缝宽度；

Ⅳ级（普通钢筋混凝土）。

在预应力混凝土发展初期，设计时要求在全部使用荷载作用下，混凝土永远处于受压状态，而不允许出现拉应力，即要求为"全预应力混凝土"。但实践表明，要求混凝土中严格不准出现拉应力实属过严，在某些情况下，预应力混凝土中不仅可以允许出现拉应力，甚至可允许出现宽度不超过限值的裂缝。有时在最不利荷载效应组合（包括长、短期作用的荷载）作用下出现了裂缝，而在长期荷载效应作用下，裂缝还可以重新闭合。

部分预应力混凝土有以下优点：①由于部分预应力混凝土所需施加的预应力较小，张拉钢筋应力值可取得较低，降低了对张拉设备及锚夹具的要求，或可用一部分中强度的非预应力钢筋来代替高强度的预应力钢筋（混合配筋）；这些都将降低造价。②由于施加预应力较小，可避免产生过大反拱。

预应力混凝土构件的设计计算，一般包括以下几个方面的内容：

1. 使用阶段

①承载力计算；②裂缝控制验算；③变形验算。

2. 施工阶段

①应力校核；②后张法构件端部局部受压验算。

§10.2 施加预应力的方法及锚夹具

10.2.1 施加预应力的方法

使构件混凝土中产生预应力的方法有多种，一般采用张拉钢筋的方法，由于受张拉钢筋的弹性回缩，使混凝土获得压应力。预加应力的方法主要有两种：

1. 先张法（浇灌混凝土前张拉钢筋，图 10-2）

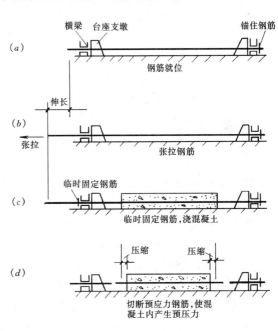

图 10-2 先张拉工艺

先张法的主要工序为：在台座上张拉钢筋至预定长度后，将锚筋固定在台座的传力架上，然后浇灌混凝土。待混凝土达到一定强度后（约为设计强度的 70% 以上），切断钢筋。由于钢筋的弹性回缩，使得与钢筋粘结在一起的混凝土受到预压应力。因此，先张法是靠钢筋与混凝土间的粘结力来传递预应力的。

先张法适宜于用长线台座（台座长 50～200m）成批生产配直线预应力钢筋的构件，如房屋的檩条、屋面板及空心楼板等。其优点为生产效率高，施工工艺及程序较简单。

除台座外，先张法为张拉及固定预应力钢筋，还需要一套传力架、千斤顶和锚固及夹持钢筋的设备。也可以不用台座而在钢模上张拉。

2. 后张法（混凝土结硬后在构件上张拉钢筋，图 10-3）

后张法的主要工序为：先浇灌好混凝土构件，并在构件中预留孔道（直线形或曲线形）。待混凝土达到预期强度（不低于设计强度的 70%）后，将预应力钢筋穿入孔道，利用构件本身作为受力台座进行张拉（一端锚固，另一端张拉或两端同时张拉）。在张拉钢筋的同时，混凝土受到压缩，张拉完毕后，将张拉端钢筋用工作锚具锚紧（此种锚具将永远留在构件内）。最后，在孔道内进行压力灌浆，以

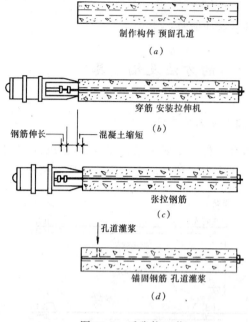

制作构件 预留孔道

(a)

穿筋 安装拉伸机

钢筋伸长   混凝土缩短   (b)

张拉钢筋

(c)

孔道灌浆

锚固钢筋 孔道灌浆

(d)

图 10-3 后张拉工艺

防止钢筋锈蚀,并使钢筋与混凝土较好地结成一个整体。后张法的特点是钢筋内的预应力靠构件两端工作锚具传递给混凝土。

后张法不需要专门台座,便于在现场制作大型构件或对结构的某一部分施加预应力,适宜于采用配置直线及曲线预应力钢筋的构件。采用后张法,预应力钢筋布置灵活,施加预应力时可以整束张拉,也可以单根张拉。其缺点有:施工工艺较复杂(钢筋中预应力需分别建立,并需增加在混凝土中预留孔道、穿筋及灌浆等工序),每个构件均需附有工作锚具,耗钢量较大及成本较高等。

随着建筑结构技术和建筑材料技术不断发展,从传统后张预应力方法中又派生出多种门类的后张预应力:

(1)无粘结预应力 其方法是使用工厂专门制作的无粘结钢绞线;这种钢绞线是在普通钢绞线外表涂一层油脂,然后外包一层0.8mm厚塑料套管(PE管),使套管和钢绞线之间可以相对滑动。制作时只需将这种无粘结钢绞线象普通钢筋一样放入模板内,浇注混凝土并在结硬以后张拉钢绞线,张拉完毕后不必压力灌浆。这种方法施工相当方便,但钢绞线的极限应力比有粘结情况略低。

(2)体外预应力 在桥梁等大型构件中应用较多,有时也用于房屋结构的体外预应力加固。这种方法是预应力筋的张拉端和固定端分别有一个固定在构件上的锚具和支座,如果是曲线配筋,在弯折处要设预应力筋的转向块。预应力钢绞线穿过锚具和转向块,但预应力筋并不埋入构件混凝土内部,而是在构件外部或箱形截面梁的"箱"内。这种方法多用于薄壁的大型构件中。

10.2.2 锚 具 与 夹 具

锚具和夹具是锚固及张拉预应力钢筋时所用的工具。在先张法中,张拉钢筋时要用张拉夹具夹持钢筋,张拉完毕后,要用锚固夹具将钢筋临时锚固在台座上。如预应力钢筋与混凝土之间的握裹力达不到自锚要求时,还要设置附加锚具。在后张法中则要用锚具来张拉及锚固钢筋。一般在构件制成后能够取下重复使用的称为夹具(也称工具锚)。留在构件端部,与构件连成为一个整体共同受力不再取下的称为锚具(也称工作锚)。对锚具的要求应保证安全可靠,其本身应有足够的强度及刚度，使预应力钢筋尽可能不产生滑移，以保证预应力得到可靠传递，减少预应力损失，并尽可能使构造简单，节省钢材及造价。

锚具的形式很多。选择哪一种锚具与构件外形、预应力钢筋的品种、规格和数量有关，同时还要与张拉设备相配套。从不同角度来区分，有下面几种锚具：

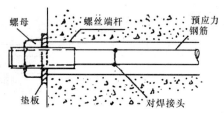

图 10-4　螺丝端杆锚具

按所锚固的钢筋类型区分，可分为锚固粗钢筋的锚具、锚固平行钢筋（丝）束的锚具及锚固钢绞线束的锚具等几种。对于粗钢筋，一般是一个锚具锚住一根钢筋，对于钢丝束和钢绞线，则一个锚具须同时锚住若干根钢丝或钢绞线。

按锚固和传递预拉力的原理来分，可分为：依靠承压力的锚具，依靠摩擦力的锚具及依靠粘结力的锚具等几种。

下面介绍几种国内常用锚具的形式：

1. 螺丝端杆锚具（图 10-4）

这是单根预应力粗钢筋常用的锚具，在张拉端采用，由端杆和螺母两部分组成（图 10-4）。预应力钢筋张拉端通过对焊与一根螺丝端杆连接。张拉端的螺丝杆连接在张拉设备上。张拉后预应力钢筋通过螺帽和钢垫板将预压力传到构件或台座上。这种形式的锚具适用于直径为 12～40mm 经冷拉的 HRB335 级及 HRB400 级钢筋。

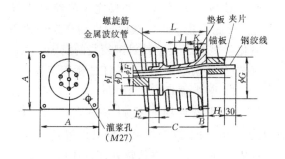

图 10-5　夹片式（OM）锚具

2. 夹片式锚具

这类锚具是目前在后张法预应力系统中应用最广泛的锚具（图 10-5），它可以根据需要，每套锚具锚固 1～100 根钢绞线。所锚固的钢绞线通常分直径为 15.2mm（0.6″）和 12.7mm（0.5″）两种。每套锚具由一个锚座、一个锚环和若干个夹片组成，每个锚环上的锥形圆孔数目与钢绞线根数相同，每个孔道通过两片（或三片）有牙齿的钢夹片夹住钢绞线，以阻止其滑动。国内常见的夹片式锚具有 HVM、OVM、XM、QM 等型号。国际著名的 VSL 夹片式锚具产品也已逐渐在我国的预应力工程中应用。图 10-6 为一套典型的夹片式锚具中 VSLEC 型锚具示意图。

目前国内外对夹片式锚具系统作了进一步研制开发工作，如柳州海威姆建筑机械有限公司，推出了新一代 HVM 型 2000 级超高强预应力锚固体系；该型锚具

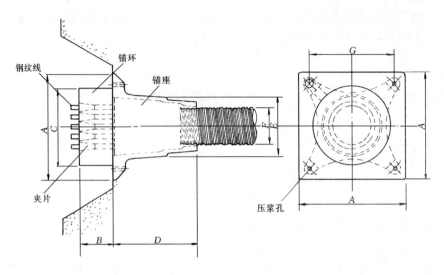

图 10-6   VSL EC 型锚具

在研制开发过程中，对夹片、锚板及锚垫板等主要部件，进行了三维有限元弹塑性分析和优化设计，与以往国内同类产品比较，各部件的尺寸有所减小，能可靠地夹持极限强度为 2000MPa 及以下的预应力钢绞线。

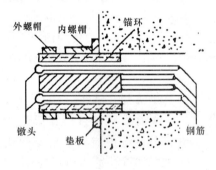

图 10-7   墩头锚具

最近 VSL 国际集团又推出新一代全封闭、全绝缘的 CS 型超级锚固系统。它采用高性能混凝土锚座、塑料波纹管和塑料密封锚具保护盖帽，配合真空辅助压浆新工艺，可以使预应力钢绞线与外界完全隔绝且不导电，彻底防止了钢绞线因导电而产生松弛和电化学腐蚀以及空气对钢绞线的腐蚀。这套工艺已成功应用于南京长江二桥等工程中。

3. 墩头锚具（图 10-7）

这种锚具用于锚固多根直径为 10～18mm 的平行钢筋束或 18 根以下直径为 5mm 的平行钢丝束。锚具由锚环、外螺帽、内螺帽和垫板组成（均由 45 号钢制成）。锚环应先进行热处理调质后再加工。锚环上的孔洞数和间距均由被锚固的预应力钢筋（或钢丝）的根数和排列方式来定。

操作时，将钢筋（或钢丝）穿过锚环孔眼，用冷墩或热墩的方法将钢筋或钢丝的端头墩粗成圆头，与锚环固定。然后将预应力钢筋（丝）束穿过构件的预留孔道。待钢筋伸出孔道口后，套上螺帽进行张拉，边拉边旋紧内螺帽。张拉后依靠螺帽把整个预应力钢筋（丝）束锚固在构件上。它具有锚固性能可靠、锚固力大及张拉操作方便等优点，但要求钢筋或钢丝的下料长度有较高的准确性。

§10.3 预应力混凝土的材料

10.3.1 钢   筋

在预应力混凝土结构中，对预应力钢筋有下列要求：

（1）强度要高 强度越高，可建立的预应力越大。在构件制作、使用过程中，预应力钢筋中将出现各种应力损失，其总和有时可高达 $200N/mm^2$ 以上。如果钢筋强度不高，则达不到预期的预应力效果。

（2）与混凝土间有足够的粘结强度 在先张法构件中预应力钢筋与混凝土之间必须有较高的粘结自锚强度。如采用光面高强钢丝，表面应经过"刻痕"或"压波"等措施处理后方能使用。

（3）具有足够的塑性 钢材强度越高，其塑性越低。塑性用拉断钢筋时的伸长率来度量，即要求具有一定的伸长率以保证不发生脆性断裂。当构件处于低温或受到冲击荷载作用时，更应注意塑性和抗冲击性的要求。

（4）具有良好的加工性能（即要求钢筋有良好的可焊性）在钢筋（丝）"墩粗"后，其原有的物理力学性能基本不受影响。

预应力钢筋宜采用钢绞线、钢丝、也可采用热处理钢筋。

1. 钢丝、钢绞线

预应力钢丝系指国家标准《预应力混凝土用钢丝》（GB5223）中的三面刻痕钢丝、螺旋肋钢丝和光面并经消除应力的高强度圆形钢丝。

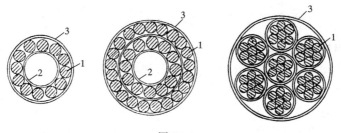

图 10-8

1—钢丝；2—芯子；3—绑轧铁丝

高强钢丝大多用于大跨度构件中。在后张法构件中，当需要钢丝数量很多时，钢丝常成束布置，就是将几根或几十根钢丝按一定规律平行排列，用铁丝扎在一起，称为钢丝束。排列的方式有好几种，如图10-8所示。

钢绞线是由多根（例如 7 根）平行的钢丝用铰盘按一个方向铰成（图10-9）。钢绞线与混凝土粘结较好，比钢筋及钢丝束柔软，运输及施工方便，先张法与后张法均可使用。

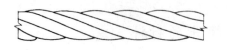

图 10-9　钢绞线

2. 热处理钢筋

热处理钢筋有 40Si2Mn、48Si2Mn 及 45Si2Cr 等品种，其强度标准值为 1470N/mm²，且具有应力松弛小等特点。它以盘圆形式供应，可省掉冷拉、对焊、整直等工序，使得施工方便。

10.3.2　混　凝　土

在预应力混凝土构件中，对混凝土有下列要求：

（1）强度较高　为与高强度预应力钢筋（丝）相适应，保证钢筋充分发挥作用，减小构件截面尺寸及自重，宜采用强度较高的混凝土。混凝土强度越高，则施加的预应力也可以越大，有利于控制构件的裂缝及变形，并能减小由于混凝土徐变引起的预应力损失。《规范》规定，预应力混凝土结构的混凝土强度等级不应低于 C30。当采用钢丝、钢绞线、热处理钢筋作预应力钢筋时，混凝土的强度等级不应低于 C40。

（2）收缩徐变较小　减小预应力损失。

（3）快硬、早强　尽快能施加预应力，提高施工效率，在先张法中可提高台座的周转率。

§10.4　预应力混凝土构件计算的一般规定

10.4.1　预应力钢筋的张拉控制应力

张拉控制应力是指张拉钢筋时预应力钢筋中达到的最大应力值，即用张拉设备（如千斤顶）所控制的总张拉力除以预应力钢筋截面面积所得出的应力值，以 σ_{con} 表示。

张拉控制应力定得越高，混凝土中获得的预压应力越大，预应力钢筋被利用得越充分，构件的抗裂性则提高得越多；但 σ_{con} 定得过高，也有不利的一面：①钢筋的强度是有一定离散性的，如将 σ_{con} 定得太高，张拉时可能使钢筋应力接近或达到实际的屈服强度。对于高强度硬钢，还应考虑到张拉力不够准确，焊接质量不好而将高强度钢筋（丝）拉断，可能出现事故；②如 σ_{con} 定得太高，在施工阶段会使预拉区混凝土产生拉应力甚至开裂，对后张法则可能不满足端部混凝土局部受压承载力验算的要求。

张拉控制应力 σ_{con} 主要与钢筋种类及张拉方法关。钢丝、钢绞线塑性较差，没有明显的屈服台阶，其强度标准值是根据极限抗拉强度确定的，故 σ_{con} 就定得低些。为使构件由施加张拉控制应力所获得的预应力值大致相等，一般先张法的 σ_{con}

值应定得比后张法大一些，这是由于先张法中张拉钢筋达到控制应力时，混凝土尚未浇灌，而当放松预应力钢筋使混凝土受到预压应力时，钢筋即随着混凝土的弹性压缩而回缩，此时钢筋的预拉应力已小于控制应力。而对后张法构件，在张拉钢筋的同时，混凝土已受到弹性压缩，可不必考虑由于混凝土弹性压缩而引起钢筋应力值的降低。此外，对由于混凝土收缩所引起的预应力损失，先张法构件亦较后张法为大。

《规范》规定，预应力钢筋的张拉控制应力值 σ_{con} 不宜超过表10-1规定的数值。但在表10-1中，无论是先张法或后张法对钢丝、钢绞线的取值是相等的，这是考虑到对后张法在张拉过程中的高应力在预应力钢筋锚固后降低很快，同时这类钢筋材质稳定，对控制应力取值稍高，一般不会引起预应力钢筋拉断事故，但提高了预应力的经济效益。

设计预应力构件时，表10-1所列的数值可根据情况和施工经验作适当调整。在下列情况下，表10-1中的张拉控制应力允许值可提高 $0.05f_{ptk}$（f_{ptk} 为预应力钢筋强度标准值）：

（1）要求提高构件在施工阶段的抗裂性能而在使用阶段受压区内设置的预应力钢筋；

（2）要求部分抵消由于钢筋应力松弛、摩擦、钢筋分批张拉以及预应力钢筋与张拉台座之间的温差等因素产生的预应力损失。

张拉控制应力限值		表 10-1

钢 筋 种 类	张 拉 方 法	
	先 张 法	后 张 法
消除应力钢丝、钢绞线	$0.75f_{ptk}$	$0.75f_{ptk}$
热处理钢筋	$0.70f_{ptk}$	$0.65f_{ptk}$

预应力钢丝、钢绞线、热处理钢筋的张拉控制应力值 σ_{con} 不应小于 $0.4f_{ptk}$。

10.4.2　预应力损失

自钢筋张拉、锚固到后来经历运输、安装、使用的各个过程，由于张拉工艺和材料特性等种种原因，钢筋中的张拉应力将逐渐降低，称为预应力损失。预应力损失会影响预应力效果从而降低预应力混凝土构件的抗裂性能及刚度。因此，正确分析估算各种预应力损失，并探求减少这些损失的措施是预应力混凝土结构设计、施工及科研工作中的重要课题之一。下面对这些损失分项进行讨论。

1. 张拉端锚具变形和钢筋内缩引起的预应力损失 σ_{l1}

预应力张拉完毕后，用锚具加以锚固。由于锚具的变形（如螺帽、垫板缝隙被挤紧）及由于钢筋在锚具内的滑移使钢筋松动内缩而引起预应力损失。对于直线形预应力钢筋，σ_{l1}（N/mm²）可按下式计算：

$$\sigma_{l1} = \frac{a}{l} E_s \tag{10-1}$$

式中　a——张拉端锚具变形和钢筋内缩值，按表 10-2 取用；

　　　l——张拉端至锚固端之间的距离（mm）；

　　　E_s——预应力钢筋的弹性模量（N/mm²）。

锚具损失只考虑张拉端，因为在张拉钢筋时，固定端的锚具已被压紧，不会引起预应力损失。

为了减小 σ_{l1}，应尽量少用垫板块数，因为每增加一块垫板，a 值就增大 1mm。

锚具变形和钢筋内缩值 a（mm）　　　　　　　　表 10-2

锚 具 类 别		a
支承式锚具（钢丝束镦头锚具等）		
螺帽缝隙		1
每块后加垫板的缝隙		1
锥塞式锚具（钢丝束的钢质锥形锚具等）		5
夹片式锚具	有顶压时	5
	无顶压时	6～8

注：1. 表中的锚具变形和钢筋内缩值也可根据实测数据确定；

　　2. 其他类型的锚具变形和钢筋内缩值应根据实测数据确定。

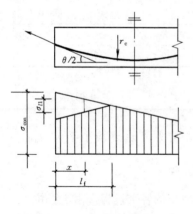

图 10-10　圆弧形曲线预
应力钢筋的预应力损失 σ_{l1} 值

(a) 圆弧形曲线预应力钢筋；

(b) 预应力损失值 σ_{l1} 分布

对于后张法构件预应力曲线钢筋，因为张拉时预应力钢筋与孔道壁间已产生指向锚固端的摩擦力，而当锚具变形、预应力钢筋回缩时，在离张拉端 l_f 范围内，使预应力钢筋与孔道壁之间摩擦力随之逐渐减小，最后转为与原来相反方向的摩擦力，以阻止预应力钢筋的回缩，考虑这种反向摩擦的影响而引起预应力钢筋应力的损失值为 σ_{l1}（N/mm²）。计算时，该 σ_{l1} 值可根据锚具变形和钢筋内缩等于 l_f 范围内的钢筋变形值的条件来确定，l_f 为预应力曲线钢筋与孔道壁之间反向摩擦影响长度。预应力曲线配筋实际有多种形式，《规范》对常用的圆弧形曲线（抛物线形预应力钢筋可近拟按圆弧形曲线考虑 $\theta \leqslant 30°$）的预应力钢筋应力损失值给出了计算公式。在推导时假定预应力钢筋与孔道壁的摩擦阻力系数在正向及反向相等。此时，预应力损失 σ_{l1} 按下式计算[10-5]（图 10-10）。

$$\sigma_{l1} = 2\sigma_{con} l_f \left(\frac{\mu}{r_c} + \kappa \right) \left(1 - \frac{x}{l_f} \right) \tag{10-2}$$

反向摩擦影响长度 l_f（以米计，从构件张拉端计算）按下列公式计算：

$$l_f = \sqrt{\frac{aE_s}{1000\sigma_{con}(\mu/r_c + \kappa)}} \tag{10-3}$$

式中　r_c——圆弧形曲线预应力钢筋的曲率半径（m）；

　　　μ——预应力钢筋与孔道壁之间的摩擦系数，按表10-3取用；

　　　κ——考虑孔道每米长度局部偏差的摩擦系数，按表10-3取用；

　　　x——张拉端至计算截面的距离（m），且应符合 $x \leqslant l_f$ 的规定；

　　　a——锚具变形和钢筋内缩值（mm），按表10-2取用；

　　　E_s——预应力钢筋弹性模量（N/mm^2）。

2. 预应力钢筋与孔道壁之间摩擦引起的预应力损失 σ_{l2}

后张法张拉钢筋时，由于钢筋与混凝土孔道壁之间的摩擦，钢筋的实际预应力从张拉端往里逐渐减小（图10-11）。产生摩擦损失的原因为：①孔道直线长度的影响。从理论上讲，当孔道为直线时，其摩擦阻力为零，但实际上由于在施工时孔道内壁凹凸不平和孔道轴线的局部偏差，以及钢筋因自重下垂等原因，使钢筋某些部位紧贴孔道壁而引起摩擦损失；②孔道曲线布置的影响。预应力钢筋在弯曲孔道部分张拉，产生了对孔道壁垂直压力而引起摩擦损失。σ_{l2} 宜按下式计算（图10-11）。

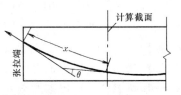

图 10-11　摩擦损失示意图

$$\sigma_{l2} = \sigma_{con}\left(1 - \frac{1}{e^{\kappa x + \mu\theta}}\right) \tag{10-4}$$

式中　x——从张拉端至计算截面的孔道长度（m），可近似取该段孔道在纵轴上的投影长度；

　　　θ——从张拉端至计算截面曲线孔道部分切线的夹角（以弧度 rad 计）。系数 K 及 μ 的意义同上，列于表10-3。

摩　擦　系　数　　　　　　　　　　　　　　表 10-3

孔道成型方式	K	μ
预埋金属波纹管	0.0015	0.25
预埋钢管	0.0010	0.30
橡胶管或钢管抽芯成型	0.0014	0.55

注：1. 表中系数值也可根据实测数据确定；

　　2. 当采用钢丝束的钢质锥形锚具及类似形式锚具时，尚应考虑锚环口处的附加摩擦损失，其值可根据实测数据确定。

3. 混凝土加热养护时，张拉的钢筋与承受拉力的设备之间的温差引起的预应

力损失 σ_{l3}

对于先张法构件，预应力钢筋在常温下张拉及锚固在台座上并浇灌好混凝土后，为了缩短生产周期，常将构件进行蒸汽养护。在养护升温时，混凝土尚未结硬，与钢筋未粘结成整体。由于钢筋的温度升高较台座为高，二者之间引起温差，钢筋的伸长值大于台座的伸长值。而钢筋已被拉紧并锚固在台座上不能自由伸长，故钢筋的拉紧程度较前变松，即张拉应力有所降低（钢筋的部分弹性变形转化为温度变形）。降温时，混凝土已与钢筋粘结成整体，能够一起回缩，相应的应力不再发生变化。

受张拉的钢筋与承受拉力设备之间的温差为 Δt，钢材的线膨胀系数为 $0.00001/℃$，则单位长度钢筋伸长（即放松）为 $0.00001 \times \Delta t$，故应为损失为：

$$\sigma_{l3} = 0.00001 \times \Delta t \times E_s = 0.00001 \times 2 \times 10^5 \Delta t = 2\Delta t \qquad (10\text{-}5)$$

为了减小温差损失，可采用两次升温养护。先在常温下养护，待混凝土立方强度达到 $7.5 \sim 10 \text{N/mm}^2$ 时再逐渐升温，因为这时钢筋与混凝土已结成整体，能够在一起膨胀而无应力损失。对于在钢模上张拉预应力钢筋的构件，因钢模和构件一起加热养护，可以不考虑此项损失。

4. 预应力钢筋的应力松弛引起的预应力损失 σ_{l4}

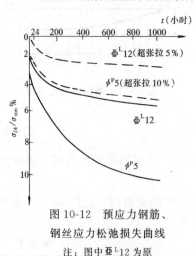

图 10-12　预应力钢筋、
钢丝应力松弛损失曲线
注：图中 $\Phi^L 12$ 为原
《规范》规定的冷拉 IV 级钢筋。

在高应力作用下，随着时间的增长，钢筋中将产生塑性变形（徐变）。在预应力混凝土构件中，钢筋长度基本不变，其中拉应力会随时间增长而逐渐降低，此种现象称为松弛（或称徐舒）。所降低的应力值称为应力松弛的损失。不论是先张法还是后张法都有此项损失。图 10-12 表示常温下钢筋和预应力钢丝实测的应力松弛随时间而变化的关系。

由试验可知：

(1) 应力松弛损失在开始阶段发展快，以后发展较慢。根据试验，当钢丝中的初始应力为钢丝极限强度的 70% 时，第一小时的松弛损失值约为 1000 小时的 22%，第 120 天的松弛损失约为 1000 小时的 114%。

(2) 张拉控制应力 σ_{con} 越高，应力松弛损失值越大。

(3) 应力松弛损失与钢筋品种有关。试验表明，预应力钢丝、钢绞线的应力松弛损失较大。

《规范》根据国内试验资料，对不同钢种钢筋的应力松弛损失 σ_{l4} 分别按以下规定计算：

（1）热处理钢筋

一次张拉 $\qquad\qquad\sigma_{l4}=0.05\sigma_{con}$ （10-6）

超张拉时[注] $\qquad\qquad\sigma_{l4}=0.035\sigma_{con}$ （10-7）

（2）预应力钢丝、钢绞线

试验表明，预应力钢丝、钢绞线的松弛损失值与钢丝初始应力和极限强度有关，并可按下式计算：

普通松弛

$$\sigma_{l4}=0.4\psi\left(\frac{\sigma_{con}}{f_{ptk}}-0.5\right)\sigma_{con}$$ （10-8）

此处，一次张拉 $\psi=1.0$；

超张拉 $\psi=0.9$。

低松弛

当 $\sigma_{con}\leqslant0.7f_{ptk}$时， $\sigma_{l4}=0.125\left(\frac{\sigma_{con}}{f_{ptk}}-0.5\right)\sigma_{con}$ （10-9）

当 $0.7f_{ptk}<\sigma_{con}\leqslant0.8f_{ptk}$时， $\sigma_{l4}=0.2\left(\frac{\sigma_{con}}{f_{ptk}}-0.575\right)\sigma_{con}$ （10-10）

采用超张拉的方法，可使应力松弛损失减低。

5. 混凝土收缩和徐变引起的预应力损失 σ_{l5}（σ'_{l5}）

（1）在一般情况下，混凝土会发生体积收缩，而预压力作用下，混凝土中又会产生徐变。收缩及压缩徐变都使构件缩短，预应力钢筋也随之回缩而造成预应力损失。

混凝土的收缩和徐变往往是同时发生而且又是相互影响的。为简化计算，将二者合并考虑。根据国内的试验研究，混凝土收缩和徐变所引起的预应力损失与构件配筋率、放张时混凝土的预压应力值、混凝土的强度等级、预应力的偏心距、受荷时混凝土的龄期、构件的尺寸及环境的湿度等因素有关，而以前三项为主要，故以这三项因素为参数，根据试验资料建立计算受拉区和受压区纵向预应力钢筋合力点处的预应力损失 σ_{l5}（N/mm^2）的公式为：

（A）先张法构件

使用荷载下受拉区纵向预应力钢筋合力点处：

$$\sigma_{l5}=\frac{45+280\dfrac{\sigma_{pc}}{f'_{cu}}}{1+15\rho}$$ （10-11）

使用荷载下受压区纵向预应力钢筋处：

[注] 超张拉的张拉程序为：从应力为零开始张拉至 $1.03\sigma_{con}$；或从应力为零开始张拉至 $1.05\sigma_{con}$。持荷载 2min 后卸载至 σ_{con}。

$$\sigma'_{l5} = \frac{45 + 280\dfrac{\sigma'_{pc}}{f'_{cu}}}{1 + 15\rho'} \tag{10-12}$$

（B）后张法构件

使用荷载下受拉区纵向预应力钢筋合力点处：

$$\sigma_{l5} = \frac{35 + 280\dfrac{\sigma_{pc}}{f'_{cu}}}{1 + 15\rho} \tag{10-13}$$

使用荷载下受压区纵向预应力钢筋处：

$$\sigma'_{l5} = \frac{35 + 280\dfrac{\sigma'_{pc}}{f'_{cu}}}{1 + 15\rho'} \tag{10-14}$$

式中　σ_{pc}、σ'_{pc}——受拉区、受压区预应力钢筋在各自合力点处混凝土的法向压应力。对受弯构件取式（10-66）或式（10-76）计算，此公式中的预应力损失值仅考虑混凝土预压前（第一批）的损失。其非预应力钢筋中的应力 $\sigma_{l5}A_s$、$\sigma'_{l5}A'_s$ 取等于零，σ_{pc}、σ'_{pc} 值应小于 $0.5f'_{cu}$，当 σ'_{pc} 为拉应力时，则取 σ'_{pc} 等于零进行计算；

f'_{cu}——施加预应力时混凝土的立方体抗压强度；

ρ、ρ'——受拉区、受压区预应力钢筋和非预应力钢筋的配筋率，对先张法构件，$\rho = \dfrac{A_p + A_s}{A_0}$，$\rho' = \dfrac{A'_p + A'_s}{A_0}$；对后张法构件，$\rho = \dfrac{A_p + A_s}{A_n}$，$\rho' = \dfrac{A'_p + A'_s}{A'_n}$；对于对称配置预应力钢筋和非预应力钢筋的构件，取 $\rho = \rho'$，此时配筋率应按其钢筋截面面积的一半进行计算。

计算 σ_{pc}、σ'_{pc} 时，可根据构件制作情况考虑自重的影响（对梁式构件，一般可取 0.4 跨度处的自重应力）。

在年平均相对湿度低于 40% 的条件下使用的结构，σ_{l5} 及 σ'_{l5} 值应增加 30%。

注：当采用泵送混凝土时，宜根据实际情况考虑混凝土收缩、徐变引起预应力损失增大的影响。

当 σ_{pc}/f'_{cu} 值在先张法和后张法中相等时，则后张法的 σ_{l5} 较先张法要小一些，这是因为后张法构件在施加预应力时混凝土已完成了部分收缩所致。

（2）对重要结构构件，当需要考虑与时间相关的混凝土收缩、徐变及钢筋应力松弛引起的预应力损失值时，可按本书附录 I 进行计算。

混凝土收缩、徐变引起的预应力损失在总的预应力损失中所占比重是较大的，在曲线配筋构件中可占 30% 左右，而在直线配筋中则占 60% 左右。为了减少这项损失，应采取减低混凝土收缩及徐变值的各种措施（采用高标号水泥、减少水泥用量、降低水灰比、振捣密实及改善养护条件等）。在计算中规定 $\sigma_{pc}(\sigma'_{pc}) \leqslant 0.5f_{cu}$，这是因为如果超过此限，混凝土中将产生非线性徐变，徐变损失增加过大。

6. 用螺旋式预应力钢筋作配筋的环形构件，由于混凝土的局部挤压所引起的损失 σ_{l6}

采用螺旋式预应力钢筋作配筋的构件（图10-13）。由于预应力钢筋对混凝土的挤压，使构件的直径减小 2δ（δ 为挤压变形值），从而产生预应力钢筋的应力损失 σ_{l6}。

σ_{l6} 的大小与构件的直径 d 成反比，直径越大，损失越小。故《规范》规定：对后张法构件，当 $d>3\text{m}$ 时，取 σ_{l6} 为零，当 $d\leqslant3\text{m}$ 时，取 σ_{l6} 为 30N/mm^2。

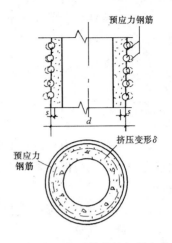

图 10-13 环形构件施加预应力

除上述几种预应力损失外，对于后张法构件，如预应力钢筋系采用分批张拉，对先批张拉钢筋的张拉应力值，尚应考虑后批张拉钢筋所产生的混凝土弹性压缩（或伸长）对先批张拉钢筋的影响。此时，先批张拉钢筋的张拉控制应力值 σ_{con} 应增加（或减小）$a_E\sigma_{pc1}$（σ_{pc1} 为张拉后批钢筋时，在先批张拉钢筋合力点处由预加应力产生的混凝土法向应力，折算比 $a_E=E_s/E_c$）。

以上分别讨论了各种预应力损失的意义及其计算方法。为便于计算，将预应力构件在各阶段的预应力损失值，按混凝土预压结束前和预压结束后分两批进行组合（表10-4）。

各阶段预应力损失值的组合　　　　　　　　　表10-4

预应力损失值组合	先张法构件	后张法构件
混凝土预压前的损失（第一批）	$\sigma_{l1}+\sigma_{l2}+\sigma_{l3}+\sigma_{l4}$	$\sigma_{l1}+\sigma_{l2}$
混凝土预压后的损失（第二批）	σ_{l5}	$\sigma_{l4}+\sigma_{l5}+\sigma_{l6}$

表中对先张法构件考虑了有转向装置的摩擦损失 σ_{l2}（具体取值按实际情况确定）。对电热后张法则可不考虑摩擦损失 σ_{l2}。此外，先张法构件由于钢筋应力松弛引起的损失值 σ_{l4}，在第一批和第二批损失中所占的比例，如需区分，可根据实际情况确定。

考虑到预应力损失的计算值与实际值有时误差可能较大，为了保证预应力构件裂缝控制的性能，《规范》规定，当计算求得的预应力总损失值小于下列数值时，应按下列数值取用：

先张法构件　　　 100N/mm^2；

后张法构件 $80\text{N}/\text{mm}^2$。

§10.5   预应力混凝土轴心受拉构件的计算

10.5.1   轴心受拉构件的应力分析

为了了解预应力构件在不同阶段的工作特性，并对其进行设计计算，下面对预应力轴心受拉构件从张拉钢筋到构件破坏为止各个阶段的应力变化情况进行分析。

1. 先张法预应力轴心受拉构件的应力分析

（1）施工阶段

1）应力阶段 1

张拉钢筋并锚固在台座上，在钢筋周围浇灌混凝土的阶段。张拉钢筋时，预应力钢筋受到张拉控制应力 σ_{con}（表 10-5 阶段 1）。此时，预应力钢筋总预拉力为 N_{con}，N_{con} 的反作用力由台座承担。

$$N_{\text{con}} = \sigma_{\text{con}} A_{\text{p}} \qquad (10-15)$$

式中 A_{p}——预应力钢筋截面面积。

在此阶段中，由于张拉端锚具变形和钢筋内缩、养护混凝土时的温差及钢筋应力松弛等原因而产生了第一批预应力损失 $\sigma_{l1} = \sigma_{l1} + \sigma_{l3} + \sigma_{l4}$（表 10-5 阶段 1）。在第一批损失出现后，预应力钢筋中的应力降低为 $\sigma_{\text{con}} - \sigma_{l1}$，总的预拉力降为

$$\sigma_{\text{po I}} = (\sigma_{\text{con}} - \sigma_{l1}) A_{\text{p}} \qquad (10-16)$$

$N_{\text{po I}}$ 的反作用力仍由台座所承受，在此阶段，混凝土未受到压缩，故应力为零。

2）应力阶段 2

待混凝土结硬后从台座上放松钢筋（一般要求混凝土强度达到设计值的 70% 及以上）。此时，混凝土和钢筋已粘结成整体，通过粘结力，混凝土获得预压应力 $\sigma_{\text{pc I}}$，并产生弹性压缩。同时，钢筋将随混凝土的压缩而缩短同样数值，其拉应力进一步降低，降低数值等于 $E_{\text{s}} \cdot \sigma_{\text{pc I}} / E_{\text{c}} = \alpha_{\text{E}} \sigma_{\text{pc I}}$，故预应力钢筋中的拉应力为

$$\sigma_{\text{p I}} = \sigma_{\text{con}} - \sigma_{l1} - \alpha_{\text{E}} \sigma_{\text{pc I}} \qquad (10-17)$$

根据截面内力平衡条件（表 10-5 阶段 2）得

$$\sigma_{\text{pc I}} A_{\text{n}} = (\sigma_{\text{con}} - \sigma_{l1} - \alpha_{\text{E}} \sigma_{\text{pc I}}) A_{\text{p}}$$

则

$$\sigma_{\text{pc I}} = \frac{(\sigma_{\text{con}} - \sigma_{l1}) A_{\text{p}}}{A_{\text{n}} + \alpha_{\text{E}} A_{\text{p}}} = \frac{(\sigma_{\text{con}} - \sigma_{l1}) A_{\text{p}}}{A_0} \qquad (10-18)$$

或写成

$$\sigma_{\text{pc I}} = \frac{N_{\text{pc I}}}{A_0} \qquad (10-19)$$

表 10-5

先张法预应力混凝土轴心受拉构件各阶段的应力分析

受力阶段		简图	钢筋应力 σ_s	混凝土应力 σ_c	说　明
施工阶段	1 张拉钢筋完成第一批损失		σ_{con} ; $\sigma_{con} - \sigma_{l1}$	— ; 0	(a) 钢筋应力等于张拉控制应力 σ_{con} ；(b) 钢筋应力减小了张拉应力 σ_{l1}，混凝土应力为零
	2 放松钢筋	σ_{pcI}	$\sigma_{pI} = \sigma_{con} - \sigma_{l1} - \alpha_E \sigma_{pcI}$	$\sigma_{pcI} = \dfrac{(\sigma_{con} - \sigma_{l1})\,A_p}{A_0}$	混凝土受压缩短，钢筋拉应力减少了 $\alpha_E \sigma_{pcI}$
	3 完成第二批损失	σ_{pc}	$\sigma_{pe} = \sigma_{con} - \sigma_l - \alpha_E \sigma_{pc}$	$\sigma_{pc} = \dfrac{(\sigma_{con} - \sigma_l)\,A_p}{A_0}$	混凝土和钢筋再缩短，钢筋拉应力减少了 $\alpha_E (\sigma_{pc} - \sigma_{pcI})$
使用阶段	4 加载至混凝土应力为零	0	$\sigma_{con} - \sigma_l$	$\sigma_c = N_{p0}/A_0$; $\sigma_c - \sigma_{pc} = 0$	混凝土被拉长，应力为零；钢筋亦被拉长，应力增加了 $\alpha_E \sigma_{pc}$
		σ_t	$\sigma_{con} - \sigma_l + \alpha_E (\sigma_c - \sigma_{pc})$	$\sigma_c = N/A_0$; $\sigma_c - \sigma_{pc} > 0$	混凝土和钢筋再拉长，应力未开裂
	5 加载至出现裂缝即将出现	f_t	$\sigma_{con} - \sigma_l + \alpha_E f_t$	f_t	混凝土拉应力为 f_t，钢筋应力增加了 $\alpha_E (f_t - \sigma_c + \sigma_{pc})$
	6 加载至破坏	0	f_{py}^0	0	混凝土断裂，拉力全部由钢筋承担

式中 A_n——构件截面积中不包括预应力钢筋截面换算面积在内的净截面面积;

　　　　A_0——换算截面面积,$A_0 = A_n + \alpha_E A_p$。

式(10-19)可以理解为:放松预应力钢筋时,将预应力钢筋总的回缩力 $N_{po\,I}$ 视为外力,作用在混凝土换算截面 A_0 上而产生了混凝土压应力 $\sigma_{pc\,I}$。

3)应力阶段 3

混凝土压缩后,随着时间的增长,由于收缩和徐变而产生了预应力损失 σ_{l5}。在预应力钢筋中产生了第二批预应力损失 $\sigma_{l\,II} = \sigma_{l5}$。混凝土及钢筋进一步缩短,预应力钢筋中的拉应力进一步降低。此时,总的预应力损失为 $\sigma_l = \sigma_{l\,I} + \sigma_{l\,II}$,预应力钢筋的应力降低为 σ_{pe},相应的混凝土压应力降低为 σ_{pc}。同理,它们之间的关系可表示为(表 10-5 阶段 3)。

预应力钢筋的合力为

$$N_{p0} = (\sigma_{con} - \sigma_l) A_p \tag{10-20}$$

全部预应力损失出现后,预应力钢筋的有效预应力为

$$\sigma_{pe} = \sigma_{con} - \sigma_l - \alpha_E \sigma_{pc} \tag{10-21}$$

由预加应力产生的混凝土法向应力为

$$\sigma_{pc} = \frac{(\sigma_{con} - \sigma_l) A_p}{A_0} = \frac{N_{p0}}{A_0} \tag{10-22}$$

σ_{pc} 称为在预应力混凝土中建立的"有效预压应力"。在受外荷之前,混凝土受到压应力,钢筋中则受到拉应力,这是预应力混凝土构件区别于非预应力混凝土构件的本质所在。

(2)使用阶段

1)应力阶段 4

构件受到外荷载(某一轴向拉力 N)作用后,混凝土截面上迭加上由于 N 所产生的拉应力为

$$\sigma_c = \frac{N}{A_0} \tag{10-23}$$

这时,混凝土中的应力为 $\sigma_c - \sigma_{pc}$(拉应力为正),钢筋中的应力增加为

$$\sigma_{con} - \sigma_l - \alpha_E \sigma_{pc} + \alpha_E \sigma_c$$

当外荷载加到 N_{p0} 时,它产生的拉应力 σ_c,恰好抵消掉混凝土中的有效预压应力 σ_{pc}(即 $\sigma_c - \sigma_{pc} = 0$),而预应力钢筋的拉应力在 σ_{pe} 的基础上增加 $\alpha_E \sigma_{pc}$,即

$$\sigma_{p0} = \sigma_{pe} + \alpha_E \sigma_{pc} = \sigma_{con} - \sigma_l \tag{10-24}$$

因而　　　　　$$N_{p0} = (\sigma_{con} - \sigma_l) A_p = \sigma_{pc} A_0 \tag{10-25}$$

这种混凝土中法向应力为零的情况,称为全面消压状态。N_{p0} 为混凝土法向预应力为零时预应力钢筋的合力,其值等于先张法构件预应力钢筋的合力。

当轴向拉力 N 继续增大($N > N_{p0}$)时,则截面混凝土的应力将转变为拉应力(表 10-5 阶段 4)。混凝土中的应力为 $\sigma_c - \sigma_{pc}$,钢筋中的应力 $\sigma_{pe} + \alpha_E \sigma_c$。

2）应力阶段 5

随着荷载进一步的增加，当混凝土的拉应力达到极限抗拉强度 f_t 值（钢筋应力相应增至 $\sigma_{con}-\sigma_1+\alpha_E f_t$ ）[注]时，裂缝即将出现（表10-5 阶段5）。此时的外荷载 N_{cr}（抗裂轴向拉力）为

$$
\begin{aligned}
N_{cr} &= (\sigma_{con} - \sigma_l + \alpha_E f_t)A_p + f_t A_c \\
&= (\sigma_{con} - \sigma_l)A_p + (\alpha_E A_p + A_c)f_t \\
&= \sigma_{pc}A_0 + f_t A_0 = (\sigma_{pc} + f_t)A_0
\end{aligned}
$$

即
$$
N_{cr} = (\sigma_{pc} + f_t)A_0 \tag{10-26}
$$

上式表明，由于预压应力的作用（一般 σ_{pc} 比 f_t 大得多），使预应力混凝土轴心受拉构件比普通钢筋混凝土轴心受拉构件的抗裂轴向拉力有较大提高。

3）应力阶段 6

当荷载继续加大，构件就出现裂缝。裂缝截面处，混凝土不再承受拉力，全部拉力由钢筋承担。当钢筋应力达到抗拉强度后，构件即告破坏，构件的破坏轴向拉力 N_u^0 为

$$
N_u^0 = f_{py}^0 A_p \tag{10-27}
$$

式中 f_{py}^0——预应力钢筋抗拉强度试验值。

2. 后张法预应力混凝土轴心受拉构件的应力分析

后张法预应力混凝土轴心受拉构件各阶段的应力状态和先张法轴心受拉构件相比有许多相同之处。但由于张拉工艺及过程不同，又具有某些特点。

下面对后张法轴心受拉构件的应力变化情况简要加以分析（参阅表10-6）。

（1）施工阶段

1）对于后张法构件，在浇灌与养护混凝土过程中，尚未张拉钢筋，在混凝土截面上并无任何应力（表10-6 阶段1）。

2）当混凝土达一定强度时（一般要求混凝土强度达到设计值的70%以上）张拉钢筋，其控制应力为 σ_{con}，总预拉力为 $N_{con}=\sigma_{con}A_p$。在张拉钢筋的同时，张拉设备（千斤顶）的反作用力作用在构件端部，使混凝土受到预压应力，这是后张法不同于先张法的主要特点。

在后张法中，第一批预应力损失是由于钢筋与孔道壁之间的摩擦及张拉端锚具变形和钢筋内缩所产生的，其值为 $\sigma_{l1}=\sigma_{l1}+\sigma_{l2}$。实际的钢筋应力由 σ_{con} 降低为

$$
\sigma_{pI} = \sigma_{con} - \sigma_{lI} \tag{10-28}
$$

由平衡条件（表10-6 阶段2），在混凝土中相应建立的预压应力为

$$
\sigma_{pcI} = \frac{(\sigma_{con} - \sigma_{lI})A_p}{A_n} = \frac{N_{pI}}{A_n} \tag{10-29}
$$

[注] 当混凝土中拉应力达到 f_t 时，将产生较大塑性变形，其变形模量约为弹性模量的一半，因此，预应力钢筋中的应力将增加 $2\alpha_E f_t$。为简化计算，按增加 $\alpha_E f_t$ 计算。

表 10-6

后张法预应力混凝土轴心受拉构件各阶段的应力分析

	应力阶段	简图	钢筋应力 σ_s	混凝土应力 σ_c	说 明
施工阶段	1 构件制作养护		0	0	
	2 张拉钢筋完成第一批损失	N_{p0}	$\sigma_{pⅠ}=\sigma_{con}-\sigma_{lⅠ}$	$\sigma_{pcⅠ}=\dfrac{(\sigma_{con}-\sigma_{lⅠ})A_p}{A_n}$	混凝土受压缩短，钢筋应力减少了 $\sigma_{lⅠ}$
	3 完成第二批损失		$\sigma_{pe}=\sigma_{con}-\sigma_l$	$\sigma_{pc}=\dfrac{(\sigma_{con}-\sigma_l)A_p}{A_n}$	混凝土和钢筋再缩短，钢筋应力减少了 $\sigma_l-\sigma_{lⅠ}$
使用阶段	4 加载至混凝土应力为零	N_{p0}	$\sigma_{con}-\sigma_l+\alpha_E\sigma_{pc}$	$\sigma_c=N_{p0}/A_0$ $\sigma_c-\sigma_{pc}=0$	混凝土被拉长，应力为零；钢筋被拉长
	4 加载至混凝土出现拉应力	N	$\sigma_{con}-\sigma_l+\alpha_E\sigma_c$	$\sigma_c=N/A_0$ $\sigma_c-\sigma_{pc}>0$	混凝土和钢筋再拉长，但混凝土未开裂，钢筋应力增加了 $\alpha_E\sigma_{pc}$
	5 加载至裂缝即将出现	N_{cr}	$\sigma_{con}-\sigma_l+\alpha_E(\sigma_{pc}+f_t)$	f_t	混凝土和钢筋再次拉长，混凝土拉应力为 f_t，钢筋应力增加了 $\alpha_E(\sigma_c-\sigma_{pc})$
	6 加载至破坏	N_u^0	f_{py}^0	0	混凝土断裂，拉力全部由钢筋承担

式中 $N_{\text{p I}}$——第一批损失出现后的预应力钢筋合力。对混凝土来说,也就是作用在净截面上的预压力。

当计算构件截面的净面积时,应在混凝土截面面积中扣除预留孔道面积。

式(10-28)与先张法式(10-17)不同之处在于式(10-17)中多减了一项 $\alpha_{\text{E}}\sigma_{\text{pc I}}$。这是由于在后张法中,张拉钢筋的同时,混凝土就受到预压,并建立了预压应力 $\sigma_{\text{pc I}}$。而先张法当从台座上放松钢筋使混凝土受到压缩时,预应力钢筋要随之回缩,其应力要减小 $\alpha_{\text{E}}\sigma_{\text{pc I}}$。

3)混凝土受到压缩后,由于它的收缩徐变及钢筋应力松弛等原因,产生了第二批预应力损失 $\sigma_{l\text{I}} = \sigma_{l4} + \sigma_{l5}$。全部损失($\sigma_l = \sigma_{l\text{I}} + \sigma_{l\text{II}}$)出现后,钢筋的预拉应力降低为 σ_{pe},混凝土的预压应力相应降低为 σ_{pc}(表 10-6 阶段 3)。与上面公式推导方法同理,可得出以下关系式:

全部损失出现后,预应力钢筋的合力为:

$$N_{\text{p}} = (\sigma_{\text{con}} - \sigma_l)A_{\text{p}} \tag{10-30}$$

相应地,

$$\sigma_{\text{pe}} = \sigma_{\text{con}} - \sigma_l \tag{10-31}$$

及

$$\sigma_{\text{pc}} = \frac{(\sigma_{\text{con}} - \sigma_l)\ A_{\text{p}}}{A_{\text{n}}} = \frac{N_{\text{p}}}{A_{\text{n}}} \tag{10-32}$$

式(10-29)、式(10-32)与先张法的式(10-18)、式(10-22)也有所不同。在先张法中,截面面积是以 A_0 计算的,而后张法则以 A_{n} 计算。由于 $A_0 > A_{\text{n}}$,如果两种方法取用相同的 N_{p} 值,后张法在混凝土中建立的预压应力要大一些。

(2)使用阶段

1)加荷时产生的拉应力,仍用公式 $\sigma_{\text{c}} = N/A_0$ 计算(N 为某一轴向拉力)。当轴向拉力加至 N_{p0} 时,截面上混凝土的法向应力为零(即 $\sigma_{\text{c}} - \sigma_{\text{pc}} = 0$)(表 10-6 阶段 4),预应力钢筋中的拉应力为:

$$\sigma_{\text{p0}} = \sigma_{\text{pe}} + \alpha_{\text{E}}\sigma_{\text{pc}} = \sigma_{\text{con}} - \sigma_l + \alpha_{\text{E}}\sigma_{\text{pc}} \tag{10-33}$$

N_{p0} 可由平衡条件得出:

$$N_{\text{p0}} = \sigma_{\text{p0}}A_{\text{p}} = (\sigma_{\text{con}} - \sigma_l + \alpha_{\text{E}}\sigma_{\text{pc}})A_{\text{p}}$$
$$= (\sigma_{\text{con}} - \sigma_l)A_{\text{p}} + \alpha_{\text{E}}\sigma_{\text{pc}}A_{\text{p}} = N_{\text{p}} + \alpha_{\text{E}}\sigma_{\text{pc}}A_{\text{p}}$$

由式(10-32)得,$N_{\text{p}} = \sigma_{\text{pc}}A_{\text{n}}$

则

$$N_{\text{p0}} = \sigma_{\text{pc}}A_{\text{n}} + \alpha_{\text{E}}\sigma_{\text{pc}}A_{\text{p}} = \sigma_{\text{pc}}\ (A_{\text{n}} + \alpha_{\text{E}}A_{\text{p}}) \tag{10-34}$$

即

$$N_{\text{p0}} = \sigma_{\text{pc}}A_0$$

2)加荷至即将出现裂缝时(表 10-6 阶段 5),可推出构件的抗裂轴向拉力为

$$N_{\text{cr}} = (\sigma_{\text{pc}} + f_{\text{t}})A_0 \tag{10-35}$$

式(10-34)及式(10-35)在形式上与式(10-25)及式(10-26)完全一致。但在相同的 N_{p} 时,后张法中的 σ_{pc} 值较大。

构件破坏时的应力图形及计算公式(表 10-6 阶段 6)均与先张法相同,兹不赘述。

3. 预应力构件与非预应力构件的比较

若以预应力（先张或后张）及非预应力混凝土两种轴心受拉构件为例，采用相同的截面尺寸、材料及配筋数量，通过对比分析可以看出以下几点：

（1）在非预应力构件中，钢筋中的应力值在构件开裂前很小，而预应力构件中的预应力钢筋则一直处于高拉应力状态。混凝土则在轴向拉力达 N_{p0} 之前处于受压状态，充分利用了两种材料的特性。

（2）对于预应力构件，当轴向拉力从零开始逐渐增加到使截面出现裂缝时，截面上的混凝土应力从 σ_{pc}（压应力）变化到零，再由零增加到 f_t，而对非预应力构件，混凝土应力只是由零增加到 f_t。二者相比，预应力构件产生裂缝时的外荷载远比非预应力构件为大。即预加应力使构件的抗裂度大为提高。但预应力构件的抗裂轴向拉力与破坏轴向拉力比较接近。

（3）在非预应力构件中出现裂缝后，混凝土脱离工作，在荷载作用下，钢筋应力增加较快。在预应力构件中，预应力钢筋虽在荷载作用前已有很大拉应力，但由于外荷载要用于抵消混凝土中的预压应力，故钢筋中的应力增长较慢，直到达 N_{cr} 后，钢筋的应力增长率才和非预应力构件相一致。最后，两种构件的破坏轴向拉力 N_u 是相同的，故预应力并不改变构件的承载力。

10.5.2　配有非预应力钢筋的预应力混凝土轴心受拉构件，混凝土法向应力及预应力钢筋应力的计算

在预应力构件中配置的非预应力钢筋（图 10-14），承受由于混凝土的收缩及徐变而产生压应力，而对预应力效果有所影响[10-5]。为方便起见，近似取非预应力钢筋压应力等于由于混凝土收缩和徐变引起的预应力钢筋 A_p 中的应力损失值 σ_{l5}（非预应力钢筋对混凝土构件施加拉应力），则预应力混凝土轴心受拉构件中预应力钢筋及非预应力钢筋的合力为

对先张法构件　　　　$N_{p0} = (\sigma_{con} - \sigma_l) A_p - \sigma_{l5} A_s$　　　　（10-36a）

对后张法构件　　　　$N_p = (\sigma_{con} - \sigma_l) A_p - \sigma_{l5} A_s$　　　　（10-36b）

计算时可将 N_{p0}（N_p）视为轴心压力作用在构件截面上（如图 10-14 所示，对先张法构件，N_{p0} 作用在换算截面上；对后张法构件，N_p 作用在净截面上）。

混凝土的法向应力及预应力钢筋中的应力应分别按下列公式计算：

1. 先张法构件（包括电热法）

由预加力产生的混凝土法向应力为

$$\sigma_{pc} = \frac{N_{p0}}{A_0}　　　　（10-37）$$

相应阶段预应力钢筋的有效预应力为

$$\sigma_{pe} = \sigma_{con} - \sigma_l - \alpha_E \sigma_{pc}　　　　（10-38）$$

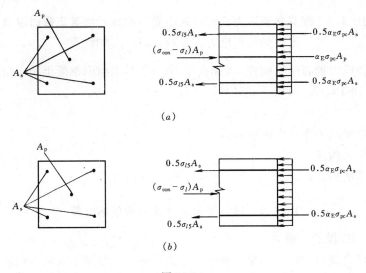

图 10-14

(a) 先张法预应力轴心受拉构件；(b) 后张法预应力轴心受拉构件

由外荷载产生的混凝土法向应力为：

$$\sigma_c = \frac{N}{A_0} \tag{10-39}$$

2. 后张法构件

由预加力产生的混凝土法向应力为：

$$\sigma_{pc} = \frac{N_p}{A_n} \tag{10-40}$$

相应阶段预应力钢筋的有效预应力为：

$$\sigma_{pe} = \sigma_{con} - \sigma_l \tag{10-41}$$

由外荷载产生的混凝土法向应力为：

$$\sigma_c = \frac{N}{A_n} \tag{10-42}$$

式中　A_0、A_n——换算截面面积（包括扣除孔道、凹槽等削弱部分以外的混凝土全部截面面积以及全部纵向预应力钢筋和非预应力钢筋截面面积换算成混凝土的截面面积；对由不同混凝土强度等级组成的截面，应根据混凝土弹性模量比值换算成同一强度等级混凝土的截面面积）、净截面面积（换算截面面积减去全部纵向预应力钢筋截面面积换算成混凝土的截面面积）；

　　　　σ_l——预应力钢筋全部预应力损失值；

　　　　N——轴向拉力；

　　　　σ_{l5}——预应力钢筋由于混凝土收缩和徐变所引起的损失值，按式（10-11）或式（10-13）计算。

10.5.3 配有非预应力钢筋的轴心受拉构件，当其正截面混凝土法向预压应力为零时 σ_{p0} 及 N_{p0} 的计算

对于预应力轴心受拉构件，当加荷至 N_{p0} 时，其正截面混凝土法向预压应力为零，由图 10-15，N_{p0} 可按下式计算：

$$N_{p0} = \sigma_{p0} A_p - \sigma_{l5} A_s \tag{10-43}$$

此时，预应力钢筋中的应力为

对先张法构件：

$$\sigma_{p0} = \sigma_{con} - \sigma_l \tag{10-44}$$

对后张法构件：

$$\sigma_{p0} = \sigma_{con} - \sigma_l + \alpha_E \sigma_{pc} \tag{10-45}$$

10.5.4 轴心受拉构件使用阶段的计算

1. 使用阶段的承载力

当构件自加荷到破坏，全部轴向拉力由预应力钢筋及非预应力钢筋承担（图 10-16），预应力混凝土轴心受拉构件的承载力应按下列公式计算，即

$$N \leqslant f_y A_s + f_{py} A_p \tag{10-46}$$

式中 N——轴向拉力设计值；

f_y、f_{py}——非预应力及预应力钢筋强度设计值。

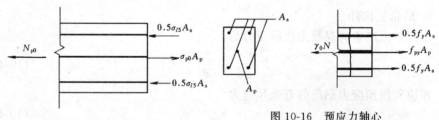

图 10-15

图 10-16 预应力轴心
受拉构件的承载力计算图式

2. 使用阶段裂缝控制验算

裂缝控制验算是预应力混凝土结构中的一项重要内容。其基本要求是，使结构物在使用荷载下满足不裂或裂缝宽度不超过容许值的要求。

在预应力混凝土结构构件设计中，应根据《规范》规定和使用要求选用不同的裂缝控制等级。对裂缝控制等级的划分，可分为三级，具体规定与 §8.1 节相同。《规范》对最大裂缝宽度允许值的规定，具体见附表 12，下面介绍使用阶段裂缝控制的验算。

（1）抗裂度验算

由式（10-26）或式（10-35），取 f_t 为混凝土抗拉强度标准值 f_{tk}，可得预应力混凝土轴心受拉构件抗裂轴向拉力为（图 10-17）：

$$N_{cr} = (\sigma_{pc} + f_{tk}) A_0 \tag{10-47}$$

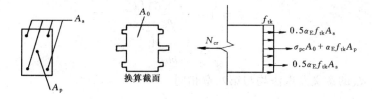

图 10-17 预应力混凝土轴心受拉构件的抗裂验算图式

式中，σ_{pc} 按式（10-37）或式（10-40）计算。

由式（10-47），并根据《规范》规定，对于使用阶段不允许出现裂缝的预应力混凝土轴心受拉构件，根据裂缝控制的不同要求，分别按下列公式计算：

一级　严格要求不出现裂缝的构件

在荷载效应标准组合下应符合下列要求

$$\sigma_{ck} - \sigma_{pc} \leqslant 0 \tag{10-48}$$

二级　一般要求不出现裂缝的构件

在荷载效应标准组合下应符合下列要求

$$\sigma_{ck} - \sigma_{pc} \leqslant f_{tk} \tag{10-49}$$

在荷载效应准永久组合下应符合下列要求

$$\sigma_{cq} - \sigma_{pc} \leqslant 0 \tag{10-50}$$

式中　σ_{ck}、σ_{cq}——分别为荷载效应的标准组合、准永久组合下抗裂验算边缘混

凝土的法向应力，$\sigma_{ck} = \dfrac{N_k}{A_0}$，$\sigma_{cq} = \dfrac{N_q}{A_0}$；

N_k、N_q——分别为荷载效应的标准组合及准永久组合计算的轴向拉力值。

（2）裂缝宽度验算

由图 10-15 所知，在 N_{p0} 作用下，混凝土法向应力为零。继续加荷载至 N_k（图 10-18）后产生一定裂缝宽度。此时，预应力钢筋及非预应力钢筋中均增加拉应力 $\Delta\sigma_p$，故应用此钢筋应力增量 $\Delta\sigma_p$（等效

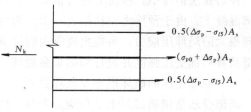

图 10-18

应力）来计算预应力混凝土轴心受拉构件的裂缝宽度值，$\Delta\sigma_p$ 亦可用 σ_{sk} 表示。

由式（8-18）对预应力混凝土轴心受拉构件，在荷载效应标准组合作用下，并考虑裂缝宽度分布的不均匀性和荷载长期效应的影响，其最大裂缝宽度的计算公式为

$$\omega_{max} = 2.2\psi\frac{\sigma_{sk}}{E_s}\left(1.9c + 0.08\frac{d_{eq}}{\rho_{te}}\right) \tag{10-51}$$

$$\sigma_{sk} = \frac{N_k - N_{p0}}{A_p + A_s} \tag{10-52}$$

$$\psi = 1.1 - \frac{0.65 f_{tk}}{\rho_{te} \cdot \sigma_{sk}} \tag{10-53}$$

$$\rho_{te} = \frac{A_p + A_s}{bh} \tag{10-54}$$

式中，c、d_{eq}的意义及取法均与第八章相同。

10.5.5　轴心受拉构件施工阶段验算

当用先张法放松钢筋或后张法张拉钢筋时，混凝土将受到最大的预压应力 σ_{cc}，故对先张法及后张法预应力混凝土轴心受拉构件，都要进行施工阶段的验算。对于后张法构件，预压力是通过端部锚头传递到混凝土上去的，在锚头下形成很大的局部应力，因此，还要进行局部受压的验算。

1. 放松（或张拉）预应力钢筋时混凝土预压应力的验算，其验算条件为

$$\sigma_{cc} \leqslant 0.8 f'_{ck} \tag{10-55}$$

式中　σ_{cc}——相应施工阶段混凝土的压应力；

　　f'_{ck}——与施工阶段混凝土立方体抗压强度 f'_{cu}相应的抗压强度标准值。

对于先张法构件，σ_{cc} 按第一批损失出现后的情况计算，即

$$\sigma_{cc} = \frac{(\sigma_{con} - \sigma_{l1}) A_p}{A_0} \tag{10-56}$$

对于后张法构件，σ_{cc} 按张拉力计算，即

$$\sigma_{cc} = \frac{\sigma_{con} A_p}{A_n} \tag{10-57}$$

2. 后张法构件中锚头承压区局部受压承载力的验算

在后张法构件中，预压力通过锚头（后张自锚法则通过传力架）经垫板传给端部混凝土。由于预压力往往很大，而垫板面积又相对较小，因而使该处混凝土受到很大的局部压应力，可能出现纵向裂缝或局部受压强度不足而破坏，故应在端部验算局部受压强度并进行局部加强处理[10-5][10-6]。

（1）局部受压的破坏形态及破坏机理

局部受压是钢筋混凝土及预应力混凝土结构中常见的受力形式之一。除后张法预应力混凝土构件锚固区外，还有承重结构的支座、装配式柱子接头及刚架或拱结构的铰支承等均承受局部压力。

如图 10-19 所示的局部受压情况，根据有限单元法的弹性分析，构件端部的应力状态较为复杂。沿加荷轴线方向，构件上部产生横向压应力，构件的中下部产生横向拉应力，其最大横向拉应力 σ_{ymax} 随 b/a（b 为构件宽度，a 为承压板宽度）大小而变化。当 $b/a = 1$ 时，构件全截面受压，不产生横向的劈裂拉力；当 b/a 很大时，σ_y 值很小；当 $b/a = 1.5 \sim 2.5$ 时，σ_{ymax} 值接近峰值。

试验表明，影响混凝土局部受压强度的主要参数有面积比 A_b/A_l（A_b 为计算底面积，A_l 为局部受压面积）、预留孔道及混凝土强度等，其中最主要的参数是面

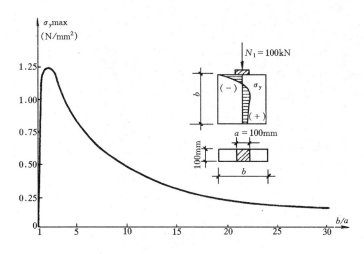

图 10-19 最大横向拉应力 σ_{ymax} 随 b/a 的变化

积比 A_b/A_l。

对于 A_l 对称布置于底面积上的轴心局部受压试件，其破坏形态大致有三种：

A. 当 $A_b/A_l<9$ 时，先开裂，后破坏。在 50%～90% 破坏荷载作用下，试件某一侧面首先出现纵向裂缝。随后，其他侧面也相继出现类似裂缝。破坏时承压板下的混凝土被冲切出一个楔形体，试件被劈成数块；

B. 当 $A_b/A_l>9$ 时，常表现为一开裂就破坏，破坏很突然。裂缝从顶面向下发展，上大下小，承压板下混凝土也被冲出一个楔形体，其外围混凝土被劈成数块；

C. 当 $A_b/A_l<3.6$ 时，在试件整体破坏前，承压板下的混凝土先局部下陷，沿承压板四周混凝土出现剪切破坏现象。此时，外周混凝土尚未开裂，承载能力还可增长，直到外围的混凝土被劈成数块而最后破坏。

关于混凝土局部受压强度的破坏机理，目前存在着两种理论：

A. 套箍理论，把承受局部压力区域的混凝土，视为在"套箍"下工作。这一理论认为局部承压区的混凝土受力后不断向外横向膨胀，而周围混凝土起套箍作用，阻止横向膨胀，从而提高了抗压强度（相当于多轴受压）；

B. 楔劈理论，将局部荷载作用下结构端部的受力特性形象地比拟为一个带多根拉杆的拱结构（图 10-20a）。紧靠承压板下部的混凝土（核芯混凝土）位于拱顶部位，处于多轴受压状态，故局部受压强度有明显提高。距承压板较深部位的混凝土起拱结构拉杆的作用，承受横向拉力。在局部受压荷载到达某一数值时（开裂荷载），部分拱拉杆到达极限强度，在相应位置产生局部纵向裂缝，但未形成破坏机构（10-20b），荷载可继续增加。此后，裂缝向更深部位延伸，拱机构中更多拉杆破坏。当局部压力 F_l 与侧压力 T 之比到达某一数值时，核芯混凝土区逐步形成破坏的楔形体，同时因劈裂力加大而导致拱机构的最终破坏。

（2）配置间接钢筋的钢筋混凝土构件局部受压承载力的计算

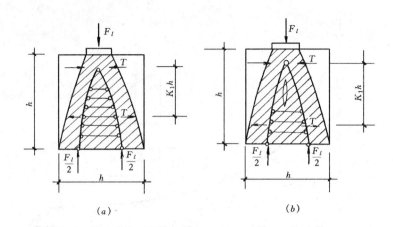

图 10-20 拱结构示意图

(a) 开裂前；(b) 开裂后

配置间接钢筋（方格网式或螺旋式）的钢筋混凝土构件，当其核芯截面面积 $A_{cor} \geqslant A_l$ 时，其局部受压承载力应按下式计算：

$$F_l \leqslant 0.9(\beta_c\beta_l f_c + 2\alpha\rho_v\beta_{cor} f_y)A_{ln} \tag{10-58}$$

$$\beta_l = \sqrt{\frac{A_b}{A_l}} \tag{10-59}$$

式中 F_l——局部受压面上作用的局部荷载或局部压力设计值；对后张法预应力混凝土构件中的锚头局部受压区的压力设计值，应取 1.2 倍张拉控制力；

　　　　β_c——混凝土强度影响系数，按式（4-21）中的规定采用；

　　　　β_l——混凝土局部受压强度提高系数；

　　　　A_l——混凝土局部受压面积；

　　　　A_{ln}——混凝土局部受压净面积，对后张法构件，应在混凝土局部受压面积中扣除孔道、凹槽部分的面积；

　　　　A_b——局部受压的计算底面积，可由局部受压面积与计算面积按同心、对称的原则确定，一般情况可按图 10-21 取用。

　　　　β_{cor}——配置间接钢筋的局部受压承载力提高系数，仍按式（10-59）计算，但 A_b 以 A_{cor} 代替；当 $A_{cor} > A_b$ 时，应取 $A_{cor} = A_b$；

　　　　α——间接钢筋对混凝土约束的折减系数，可按式（6-12）的规定采用；

　　　　A_{cor}——配置方格网或螺旋式间接钢筋内表面范围以内的混凝土核芯面积，但不应大于 A_b，且其重心应与 A_l 的重心相重合，计算中仍按同心、对称的原则取值（图 10-22）；

　　　　ρ_v——间接钢筋的体积配筋率（核芯面积 A_{cor} 范围内单位混凝土体积所含

间接钢筋体积）。

当为方格网配筋时，在钢筋网两个方向的单位长度内，其钢筋面积相差不应大于 1.5 倍。此时，ρ_v 按下式计算：

$$\rho_v = \frac{n_1 A_{s1} l_1 + n_2 A_{s2} l_2}{A_{cor} s} \qquad (10\text{-}60)$$

式中　n_1、A_{s1}——方格网沿 l_1 方向的钢筋根数、单根钢筋的截面面积；

n_2、A_{s2}——方格网沿 l_2 方向的钢筋根数、单根钢筋的截面面积；

s——方格网钢筋间距。

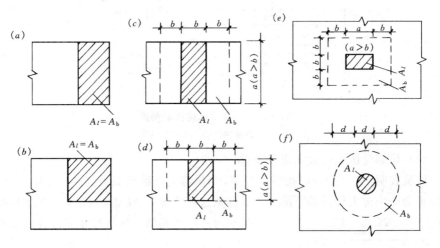

图 10-21　确定局部承压计算底面积 A_b 示意图

当为螺旋配筋时，ρ_v 应按下式计算：

$$\rho_v = \frac{4 A_{ss1}}{d_{cor} \cdot s} \qquad (10\text{-}61)$$

式中　A_{ss1}——单根螺旋式间接钢筋的截面面积；

d_{cor}——配置螺旋式间接钢筋内表面范围以内的混凝土截面直径；

s——螺旋式间接钢筋的间距。

间接钢筋应配置在图 10-22 所规定的 h 范围内。配置方格网钢筋应不少于 4 片，配置螺旋式钢筋应不少于 4 圈；间接钢筋间距宜取 30～80mm。

《规范》对局部受压构件的计算底面积 A_b 的取值，采用了"同心、对称、有效面积"的原则。该法要求计算面积与局部受压面积具有相同的重心位置，并呈对称（图 10-21）。沿 A_l 各边向外扩大的有效距离不超过承压板窄边尺寸（对圆形承压板，可沿周边扩大一倍圆板直径）。此法的优点是：①不论条形、矩形或方形承压板，不论单向或双向偏心，大多数试件的试验值与计算值符合较好，且偏于安全；②按同心、对称、有效面积的取法容易记忆及计算，在三面临空局部受压中，取 $\beta_l = 1.0$ 较为稳妥。

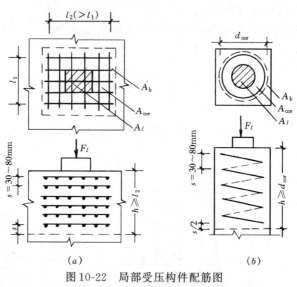

图 10-22　局部受压构件配筋图

(a) 方格钢筋网；(b) 螺旋形配筋

（3）局部受压区的截面限制条件

试验表明，如果配置间接钢筋过多，当局部受压区承载力到达一定限度时，则承压板会产生过大的局部下陷。为了避免这种情况，《规范》规定，对配置间接钢筋的构件，其局部受压区尺寸应符合以下要求

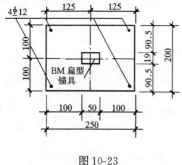

图 10-23

$$F_l \leqslant 1.35\beta_c\beta_l f_c A_{ln} \qquad (10\text{-}62)$$

满足上式后，一般可满足构件的抗裂度要求。

【例 9-1】　已知一预应力混凝土轴心受拉构件（屋架下弦），用后张法施加预应力，截面尺寸为 $b \times h = 250\text{mm} \times 200\text{mm}$（图 10-23），构件长度为 21m，混凝土强度等级为 C40，预应力钢筋用钢绞线（1×7），BM 扁型锚具，配置非预应力钢筋 4 Φ 12，当混凝土达到设计强度等级的 100% 时张拉预应力钢筋（在一端张拉，超张拉），孔道尺寸为 50mm×19mm（用预埋波纹管成型），按荷载效应基本组合轴向拉力设计值 $N = 480\text{kN}$，按荷载效应标准组合计算的轴向拉力值 $N_k = 350\text{kN}$，按荷载效应准永久组合计算的轴向拉力值 $N_q = 260\text{kN}$，该构件属一般要求不出现裂缝的构件（二级）。

要求：①根据使用阶段正截面受拉承载力计算，确定预应力钢筋数量；②使用阶段正截面抗裂验算；③施工阶段混凝土预压应力的校核；④施工阶段锚头受压区局部受压承载力验算。

【解】　（1）使用阶段正截面抗拉承载力（预应力钢筋配筋）计算。

非预应力钢筋强度设计值 $f_y=300\text{N/mm}^2$，面积 $A_s=452\text{mm}^2$。

预应力钢绞线强度设计值 $f_{py}=1320\text{N/mm}^2$。

由式（10-46）求得预应力钢筋的计算面积为：

$$A_p = \frac{N-f_y A_s}{f_{py}} = \frac{480000-300\times452}{1320} = 260.9\text{mm}^2$$

实配 $2\phi^s15.2$（1×7）（$A_p=278\text{mm}^2$）

（2）使用阶段正截面抗裂验算

1）截面几何特性

预应力钢筋的换算比：

$$\alpha_{E1} = \frac{E_s}{E_c} = \frac{1.95\times10^5}{3.25\times10^4} = 6.0$$

非预应力钢筋的换算比：

$$\alpha_{E2} = \frac{2.0\times10^5}{3.25\times10^4} = 6.15$$

净截面面积 $A_n=250\times200-50\times20+（6.15-1）\times452=51328\text{mm}^2$

换算截面面积 $A_0=51328+6.0\times278=52996\text{mm}^2$

2）张拉控制应力

预应力钢绞线强度标准值 $f_{ptk}=1860\text{N/mm}^2$

由表 10-1 张拉控制应力为 $\sigma_{con}=0.75f_{ptk}=0.75\times1860=1395\text{N/mm}^2$

3）预应力损失值的计算

A. 预应力钢筋由于锚具变形引起的损失 σ_{l1}

由表 10-2 查得 $\alpha=6\text{mm}$，则由式（10-1）得

$$\sigma_{l1} = \frac{\alpha}{l}E_3 = \frac{6}{21000}\times1.95\times10^5 = 55.7\text{N/mm}^2$$

B. 预应力钢筋与孔道壁之间摩擦引起的损失 σ_{l2}

由表（10-3）查得 $\kappa=0.0015$

由式（10-4）：

$$\sigma_{l2} = \sigma_{con}\left(1-\frac{1}{e^{\kappa x+\mu\theta}}\right) = 1395\times\left(1-\frac{1}{e^{0.0015\times21+0}}\right) = 43.3\text{N/mm}^2$$

第一批预应力损失：

$$\sigma_{l1}+\sigma_{l2} = 55.7+43.3 = 99\text{N/mm}^2$$

C. 钢筋应力松弛引起的损失 σ_{l4}

对钢绞线，普通松弛，由式（10-8）为：

$$\sigma_{l4} = 0.4\psi\left(\frac{\sigma_{con}}{f_{ptk}}-0.5\right)\sigma_{con}$$

当为超张拉时，$\psi=0.9$

$$\sigma_{l4} = 0.4\times0.9\times\left(\frac{1395}{1860}-0.5\right)\times1395 = 125.6\text{N/mm}^2$$

D. 混凝土收缩、徐变引起的预应力损失 σ_{l5}

第一批预应力损失出现后，预应力钢筋的合力为

$$N_{\text{p I}} = A_{\text{p}}(\sigma_{\text{con}} - \sigma_{l\,\text{I}}) = 260.9 \times (1395 - 99) = 338126\text{N}$$

由式（10-29）得

$$\sigma_{\text{pc I}} = \frac{N_{\text{p I}}}{A_{\text{n}}} = \frac{338126}{51328} = 6.59\text{N/mm}^2$$

（因配有非预应力钢筋 A_{s}，A_{n} 中包括了非预应力钢筋的换算截面面积 $\alpha_{\text{E}}A_{\text{s}}$）

则

$$\frac{\sigma_{\text{pc I}}}{f'_{\text{cu}}} = \frac{6.59}{40} = 0.17 < 0.5$$

而

$$\rho = \frac{A_{\text{p}} + A_{\text{s}}}{2A_{\text{n}}} = \frac{260.9 + 452}{2 \times 51328} = 0.0069$$

故由式（10-14）得

$$\sigma_{l5} = \frac{35 + 280\dfrac{\sigma_{\text{pc I}}}{f'_{\text{cu}}}}{1 + 15\rho} = \frac{35 + 280 \times 0.17}{1 + 15 \times 0.0069} = 74.9\text{N/mm}^2$$

第二批预应力损失：

$$\sigma_{l\,\text{II}} = \sigma_{l4} + \sigma_{l5} = 125.6 + 74.9 = 200.5\text{N/mm}^2$$

总的预应力损失：

$$\sigma_l = \sigma_{l\,\text{I}} + \sigma_{l\,\text{II}} = 99 + 200.5 = 299.5\text{N/mm}^2$$

4）正截面抗裂验算

全部预应力损失出现后预应力钢筋的合力为：

$$\begin{aligned}
N_{\text{p}} &= A_{\text{p}}(\sigma_{\text{con}} - \sigma_l) - \sigma_{l5}A_{\text{s}} \\
&= 260.9 \times (1395 - 229.5) - 74.9 \times 452 \\
&= 251961\text{N}
\end{aligned}$$

由预加应力产生的混凝土法向应力为：

$$\sigma_{\text{pc}} = \frac{N_{\text{p}}}{A_{\text{n}}} = \frac{251961}{51328} = 4.909\text{N/mm}^2$$

A. 按荷载效应标准组合的抗裂度验算

$$N_{\text{k}} = 350\text{kN}$$

$$\sigma_{\text{ck}} = \frac{N_{\text{k}}}{A_0} = \frac{350000}{52996} = 6.60\text{N/mm}^2$$

因　$\sigma_{\text{ck}} - \sigma_{\text{pc}} = 6.60 - 4.909 = 1.69\text{N/mm}^2 < f_{\text{tk}} = 2.51\text{N/mm}^2$

故　满足要求。

B. 按荷载效应准永久组合的抗裂度验算

$$N_{\text{q}} = 260\text{kN}$$

$$\sigma_{\text{cq}} = \frac{260000}{52996} = 4.906\text{N/mm}^2$$

因　$\sigma_{\text{cq}} - \sigma_{\text{pc}} = 4.906 - 4.909 < 0$

故 满足要求。

（3）施工阶段混凝土预压应力的校核

因
$$\sigma_{cc} = \sigma_{pc} = 4.909\text{N/mm}^2$$
$$< 0.8f'_{ck} = 0.8 \times 26.8 = 21.44\text{N/mm}^2$$

故 满足要求。

（4）施工阶段锚头承压区局部受压承载力验算

构件所采用的 BM 扁型锚具构造如图 10-24 所示[注]，其中锚板的尺寸为 80mm×48mm，锚垫板的尺寸为 160mm×80mm，设锚固区配Φ6焊接钢筋网（图 10-24c），网片间距 $s=50$mm，共 5 片。混凝土局部受压面积 A_l 可按预压力沿锚板边缘在锚垫板中沿 45° 的刚性角扩散后的面积计算，但不能大于锚垫板的尺寸（对固定端锚具其工作原理与张拉端锚具基本相同，但构造型式略有不同，图形从略）。

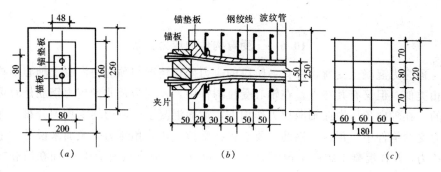

图 10-24

（a）承压面积图；（b）受拉端部锚固区；（c）钢筋网片

1）局部受压区尺寸的校核
$$A_l = (80 + 2 \times 20) \times 80 = 120 \times 80 = 9600\text{mm}^2$$
$$A_{ln} = 9600 - 50 \times 20 = 8600\text{mm}^2$$
$$A_b = 250 \times 200 = 50000\text{mm}^2$$

由式（10-59），$\beta_l = \sqrt{\dfrac{A_b}{A_l}} = \sqrt{\dfrac{50000}{9600}} = 2.28$
$$F_l = 1.2\sigma_{con}A_p = 1.2 \times 1395 \times 260.9 = 436747\text{N}$$
$$1.35\beta_c\beta_l f_c A_{ln} = 1.35 \times 1.0 \times 2.28 \times 19.1 \times 8600 = 505592\text{N}$$

因 $F_l < 1.35\beta_c\beta_l f_c A_{ln}$，故局部受压尺寸符合要求。

2）局部受压承载力验算

[注] 锚具按柳州海威姆建筑机械有限公司的产品选用。

$$\beta_{cor} = \sqrt{\frac{A_{cor}}{A_l}} = \sqrt{\frac{220 \times 180}{9600}} = 2.03$$

由式（10-60）得

$$\rho_v = \frac{n_1 A_{s1} l_1 + n_2 A_{s2} l_2}{A_{cor} \cdot s} = \frac{3 \times 28.3 \times 220 + 3 \times 28.3 \times 180}{220 \times 180 \times 50} = 0.017$$

$$0.9(\beta_c \beta_l f_c + 2\alpha \rho_v \beta_{cor} f_y) A_{ln} = 0.9 \times (1.0 \times 2.28 \times 19.1$$
$$+ 2 \times 1.0 \times 0.017 \times 2.03 \times 300) \times 8600$$
$$= 97326\mathrm{N} > F_l = 436747\mathrm{N}$$

端部钢筋网仍采用 5 片，网的间距仍用 50mm，已满足 $h > l_1$ 的要求（h 为自构件张拉端截面外表面算起网片间距的总长度，l_1 为网片短边长度。

§10.6　预应力混凝土受弯构件的计算

10.6.1　受弯构件的应力分析

预应力混凝土受弯构件在各阶段的应力变化情况与预应力混凝土轴心受拉构件相类似，但又有其特点。在轴心受拉构件中，预应力及非预应力钢筋是对称布置的，在轴向预压力或轴向拉力作用下，截面混凝土中应力均为均匀分布。在预应力受弯构件中，预应力钢筋主要布置在受拉一边，预压力对截面来说是一个偏心压力，并在混凝土中产生预压应力及预拉应力（或全截面受压），而在荷载的弯矩作用下，截面混凝土上下部的应力分别为压应力及拉应力，最终，截面混凝土应力仍呈不均匀分布状况。因此，预应力受弯构件截面的应力图形与计算公式亦均与轴心受拉构件不同。

同时，当在使用阶段受拉区配置较多预应力钢筋 A_p 时，在偏心压力作用下，在预拉区（一般为上缘）可能发生裂缝。为控制此类裂缝，有时尚需在预拉区（使用阶段受压区）配置预应力钢筋 A'_p。

此外，为了减少张拉工作量或构造原因，还常在梁上、下缘配置非预应力钢筋 A'_s 及 A_s。

预应力混凝土受弯构件的应力变化和轴心受拉构件一样，亦可分施工和使用两个阶段。

1. 施工阶段

在此阶段采用与预应力轴心受拉构件相同的处理方法，即将预应力钢筋和非预应力钢筋的合力视为外力作用在混凝土截面上，按弹性均质材料计算截面应力。但先张法与后张法预应力构件的受力情况是不同的，现分述如下。

（1）先张法构件　首先在台座上张拉钢筋，钢筋的控制应力为 σ_{con}。待混凝土达到一定强度后放松钢筋，使混凝土中获得预压应力（放松钢筋前，第一批预应

力损失 σ_{l1} (σ'_{l1}) 已产生)。此时,预应力钢筋的合力为 (图 10-25)。

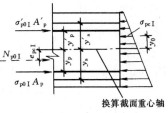

$$N_{po\,I} = \sigma_{po\,I} A_p + \sigma'_{po\,I} A'_p \qquad (10\text{-}63)$$

式中 $\sigma_{po\,I}$、$\sigma'_{po\,I}$——第一批预应力损失出现后,预应力钢筋合力点处混凝土法向应力为零时的预应力钢筋应力,其值为:

图 10-25

$$\sigma_{po\,I} = \sigma_{con} - \sigma_{l\,I}$$

$$\sigma'_{po\,I} = \sigma'_{con} - \sigma_{l\,I}$$

$N_{po\,I}$ 的合力点至换算截面重心轴的偏心距为

$$e_{po\,I} = \frac{\sigma_{po\,I} A_p y_p - \sigma'_{po\,I} A'_p y'_p}{\sigma_{po\,I} A_p + \sigma'_{po\,I} A'_p} \qquad (10\text{-}64)$$

由预加力产生的混凝土法向应力为

$$\sigma_{pc\,I} = \frac{N_{po\,I}}{A_0} \pm \frac{N_{po\,I} e_{po\,I}}{I_0} y_0 \qquad (10\text{-}65)$$

式中 I_0——换算截面惯性矩;

y_0——换算截面重心至所计算纤维处的距离。

第一批预应力损失出现后,预应力钢筋的有效预应力为

$$\sigma_{pe\,I} = \sigma_{con} - \sigma_{l\,I} - \alpha_E \sigma_{pc\,I} \qquad (10\text{-}66)$$

$$\sigma'_{pe\,I} = \sigma'_{con} - \sigma'_{l\,I} - \alpha_E \sigma'_{pc\,I} \qquad (10\text{-}67)$$

此处 $\sigma_{pc\,I}$、$\sigma'_{pc\,I}$——分别为预应力钢筋 A_p 及 A'_p 合力点处的混凝土预压应力值,当其为拉应力时,以负值代入。

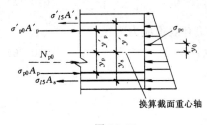

图 10-26

同理,当全部预应力损失出现后,预应力钢筋及非预应力钢筋的合力 (非预应力钢筋应力值近似取等于混凝土收缩和徐变在 A_s 及 A'_s 各自合力点处所引起的预应力损失值 σ_{l5} 及 σ'_{l5}) N_{p0}、偏心距 e_{p0}、由预加力产生的混凝土法向应力 σ_{pc} 及全部预应力损失出现后预应力钢筋的有效预应力 σ_{pe} (σ'_{pe}) 可分别按下列公式计算 (图 10-26)。

$$N_{po} = \sigma_{po} A_p + \sigma'_{po} A'_p - \sigma_{l5} A_s - \sigma'_{l5} A'_s \qquad (10\text{-}68)$$

$$e_{po} = \frac{\sigma_{po} A_p y_p - \sigma'_{po} A'_p y'_p - \sigma_{l5} A_s y_s + \sigma'_{l5} A'_s y'_s}{\sigma_{po} A_p + \sigma'_{po} A'_p - \sigma_{l5} A_s - \sigma'_{l5} A'_s} \qquad (10\text{-}69)$$

$$\sigma_{pc} = \frac{N_{po}}{A_0} \pm \frac{N_{po} \cdot e_{po}}{I_0} \cdot y_0 \qquad (10\text{-}70)$$

$$\sigma_{pe} = \sigma_{con} - \sigma_l - \alpha_E \sigma_{pc} \qquad (10\text{-}71)$$

$$\sigma'_{pe} = \sigma'_{con} - \sigma'_l - \alpha_E \sigma'_{pc} \tag{10-71a}$$

$$\sigma_{p0} = \sigma_{con} - \sigma_l \tag{10-72}$$

$$\sigma'_{p0} = \sigma'_{con} - \sigma'_l \tag{10-72a}$$

式中　σ_{p0}、σ'_{p0}——全部预应力损失出现后，预应力钢筋合力点处混凝土法向应力为零时的预应力钢筋应力。

在式（10-71）及式（10-71a）中 σ_{pc} 及 σ'_{pc} 分别为预应力钢筋 A_p 及 A'_p 合力点处混凝土的预压应力值，当 σ_{pc}（σ'_{pc}）为拉应力时，以负值代入。

在式（10-65）及式（10-70）中，以压应力为正，右边第二项与第一项的应力方向相同时，取正号；相反时取负号。

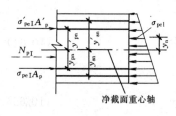

图 10-27

（2）后张法构件　后张法构件的特点为在张拉钢筋的同时混凝土受到预压，故预应力钢筋中的有效预应力值与先张法是不相同的，且在计算由预加力产生的混凝土法向应力时，应采用净截面面积（不包括预应力钢筋的换算截面面积）。

在预压结束前（已产生第一批预应力损失 σ_{l1} 及 σ'_{l1}），预应力钢筋的合力为（图 10-27）：

$$N_{pI} = \sigma_{peI} A_p + \sigma'_{peI} A'_p \tag{10-73}$$

N_{pI} 的合力点至净截面重心轴的偏心距为

$$e_{pnI} = \frac{\sigma_{peI} A_p y_{pn} - \sigma'_{peI} A'_p y'_{pn}}{\sigma_{peI} A_p + \sigma'_{peI} A'_p} \tag{10-74}$$

由预加应力产生的混凝土法向应力为

$$\sigma_{pcI} = \frac{N_{pI}}{A_n} \pm \frac{N_{pI} e_{pnI}}{I_n} y_n \tag{10-75}$$

第一批预应力损失出现后，预应力钢筋中的有效预应力为：

$$\sigma_{peI} = \sigma_{con} - \sigma_{l1} \tag{10-76}$$

及

$$\sigma'_{peI} = \sigma'_{con} - \sigma'_{l1} \tag{10-76a}$$

式中　I_n——净截面惯性矩；

y_n——净截面重心至所计算纤维处的距离。

同理，当全部预应力损失出现后，预应力钢筋及非预应力钢筋的合力 N_p、偏心距 e_{pn}、由预加应力产生的混凝土法向应力 σ_{pc} 及全部预应力损失出现后预应力钢筋的有效预应力 σ_{pe}（σ'_{pe}）可分别按下列公式计算（图 10-28）：

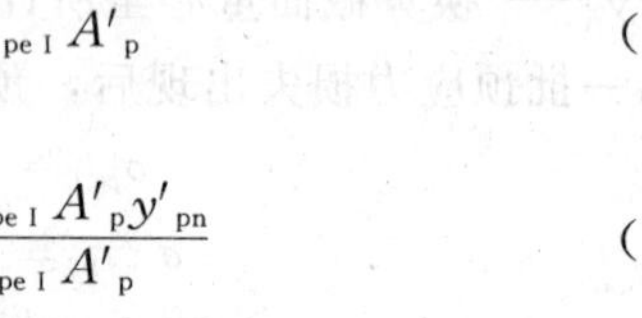

$$N_p = \sigma_{pe} A_p + \sigma'_{pe} A'_p - \sigma_{l5} A_s - \sigma'_{l5} A'_s \tag{10-77}$$

图 10-28

$$e_{pn} = \frac{\sigma_{pe} A_p y_{pn} - \sigma'_{pe} A'_p y'_{pn} - \sigma_{l5} A_s y_{sn} + \sigma'_{l5} A'_s y'_{sn}}{\sigma_{pe} A_p + \sigma'_{pe} A'_p - \sigma_{l5} A_s - \sigma'_{l5} A'_s} \quad (10\text{-}78)$$

$$\sigma_{pc} = \frac{N_p}{A_n} \pm \frac{N_p \cdot e_{pn}}{I_n} \cdot y_n \quad (10\text{-}79)$$

$$\sigma_{pe} = \sigma_{con} - \sigma_l \quad (10\text{-}80)$$

$$\sigma'_{pe} = \sigma'_{con} - \sigma'_l \quad (10\text{-}81)$$

2. 使用阶段

在此阶段，先张法与后张法构件的应力变化情况相同，可分为，混凝土边缘应力为零，混凝土即将开裂，混凝土开裂及破坏等几个阶段，现分述如下（图10-29）。

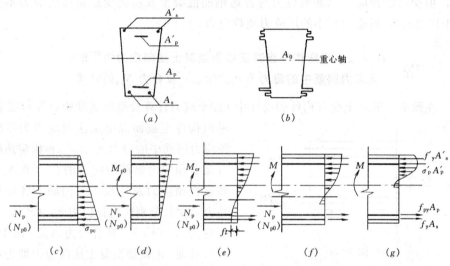

图 10-29 后张法受弯构件不同加载的应力变化

（a）截面图；（b）换算截面图；（c）截面下边缘受压应力；（d）加荷至下边缘混凝土应力为零；（e）裂缝即将出现；（f）裂缝出现后；（g）破坏

（1）加荷使混凝土下边缘应力为零

加荷前，在预应力及非预应力钢筋合力 N_p（N'_p）作用下，截面下边缘（预压区）原有预压应力 σ_{pc}（图10-29）加一特定荷载在截面上产生弯矩 M_{p0}，该弯矩使截面下边缘产生拉应力 $\dfrac{M_{p0}}{W_0}$（W_0 为换算截面下边缘的弹性抵抗矩），恰能将 σ_{pc} 抵消，使该处混凝土应力为零（图10-29d），即

$$\sigma_{pc} - \frac{M_{p0}}{W_0} = 0$$

因此
$$M_{p0} = \sigma_{pc} W_0 \quad (10\text{-}82)$$

（2）加荷至受拉区混凝土即将出现裂缝

继续加荷，在截面上增加弯矩 $f_t W_0$（约相当于普通钢筋混凝土构件的抗裂弯

矩）后，即达到预应力混凝土受弯构件的抗裂弯矩 M_{cr}（受拉区混凝土即将出现裂缝），其值为（图 10-29e）：

$$M_{cr} = M_{p0} + f_t W_0 = (\sigma_{pc} + f_t) W_0 \tag{10-83}$$

（3）加荷至裂缝开展后

受拉区混凝土中出现裂缝后，在某一弯矩 M 作用下钢筋应力继续增长，裂缝宽度不断增大（图 10-29f）。

（4）加荷至构件破坏

破坏时（弯矩达 M_u^p），预应力混凝土受弯构件的应力状态与普通钢筋混凝土受弯构件基本相同。对适筋梁，受拉区预应力钢筋及非预应力钢筋均达到各自的强度，但受压区预应力钢筋的应力与普通钢筋混凝土双筋梁受压钢筋的应力不同（图 10-29g），可能为较小的压应力或拉应力。

10.6.2 受弯构件当其正截面混凝土法向应力为零时， 预应力钢筋中的应力为 σ_{p0}（σ'_{p0}）及合力 N_{p0} 的计算

在预应力混凝土受弯构件的设计中（如承载力计算及裂缝宽度验算等），常需

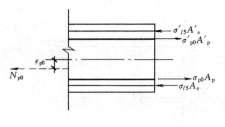

图 10-30

得出构件正截面混凝土法向应力为零时预应力钢筋中的应力 σ_{p0}、σ'_{p0} 和相应预应力及非预应力钢筋中应力的合力值 N_{p0}；假定在预应力及非预应力钢筋上各施加外力，使其分别产生拉应力 σ_{p0}（σ'_{p0}）及压应力 σ_{l5}（σ'_{l5}），其合力为 N_{p0}（图 10-30）。此时，正截面混凝土法向应力即为零（全截面消压）。

N_{p0} 按下列公式计算

$$N_{p0} = \sigma_{p0} A_p + \sigma'_{p0} A'_p - \sigma_{l5} A_s - \sigma'_{l5} A'_s \tag{10-84}$$

N_{p0} 的合力点至换算截面重心轴的距离 e_{p0} 为：

$$e_{p0} = \frac{\sigma_{p0} A_p y_p - \sigma'_{p0} A'_p y'_p - \sigma_{l5} A_s y_s + \sigma'_{l5} A'_s y'_s}{\sigma_{p0} A_p + \sigma'_{p0} A'_p - \sigma_{l5} A_s - \sigma'_{l5} A'_s} \tag{10-85}$$

式中 σ_{p0}、σ'_{p0}——受拉区及受压区的预应力钢筋合力点处混凝土法向应力为零时，预应力钢筋的应力。

对先张法构件，σ_{p0}、σ'_{p0} 按下式计算：

$$\sigma_{p0} = \sigma_{con} - \sigma_l \tag{10-86}$$

$$\sigma'_{p0} = \sigma'_{con} - \sigma'_l \tag{10-87}$$

对后张法构件，σ_{p0}、σ'_{p0} 按下式计算：

$$\sigma_{p0} = \sigma_{con} - \sigma'_l + \alpha_E \sigma_{pc} \tag{10-88}$$

$$\sigma'_{p0} = \sigma'_{con} - \sigma'_l + \alpha_E \sigma'_{pc} \tag{10-89}$$

式中　σ_{pc}、σ'_{pc}——后张法构件受拉区及受压区的预应力钢筋合力点处混凝土由
预加力产生的法向应力，按式（10-79）计算，当为拉应力时，
以负值代入。

在后张法构件中，N_{p0} 大于全部预应力损失出现后预应力钢筋及非预应力钢筋
的合力 N_p。

10.6.3　受弯构件使用阶段承载力计算

1. 正截面受弯承载力的计算

试验表明，预应力混凝土受弯构件正截面受弯的破坏特征与非预应力混凝土
受弯构件相同。计算的应力图形，基本假设及公式亦基本相同，破坏时受拉区预
应力钢筋及非预应力钢筋与受压区非预应力钢筋的应力均可达相应的强度（在计
算中以各自的抗拉及抗压强度设计值代入），但在受压区预应力钢筋中，因有预拉
应力存在，不能取为抗压强度设计值。只要将受压区预应力钢筋相应的应力值计
入，即可用类似于非预应力混凝土受弯构件的方法计算。

（1）相对界限受压区高度

对于预应力混凝土构件的钢筋（热处理钢筋、钢丝和钢绞线），由于无明显屈
服点，应根据条件屈服点的定义，尚应考虑 0.2% 的残余应变，计算相对界限受压
区高度 ξ_b。其公式为：

$$\xi_b = \frac{\beta_1}{1 + \dfrac{\dfrac{f_{py}}{E_s} + \dfrac{0.2}{100} - \dfrac{\sigma_{p0}}{E_s}}{\varepsilon_{cu}}} = \frac{\beta_1}{1 + \dfrac{0.002}{\varepsilon_{cu}} + \dfrac{f_{py} - \sigma_{p0}}{E_s \cdot \varepsilon_{cu}}} \tag{10-90}$$

式中　f_{py}——预应力钢筋抗拉强度设计值；

　　　ε_s——钢筋的弹性模量；

　　　ε_{cu}——正截面处于非均匀质受压的混凝土极限压应变，按式（3-5）计算；
当算出的 ε_{cu} 值大于 0.0033 时，应取为 0.0033；

　　　β_1——系数，为混凝土受压区高度与中和轴高度的比值，按表 3-6 取用。

（2）对受压区预应力钢筋应力的计算

根据平截面假定，考虑到受压区预应力钢筋中原有预拉应力 σ_{p0} 的影响，则根
据式（6-18a）的关系，其应力应按下式计算

$$\sigma'_p = E_s \varepsilon_{cu} \left(\frac{\beta_1 a'_p}{x} - 1 \right) + \sigma_{p0} \tag{10-91}$$

或按式（6-19a），按下列近似式计算

$$\sigma'_p = \frac{f_{py} - \sigma_{p0}}{\xi_b - \beta_1}\left(\frac{x}{a'_p} - \beta_1\right) + \sigma_{p0} \qquad (10\text{-}92)$$

且应符合下列条件

$$\sigma'_{p0} - f'_{py} \leqslant \sigma'_p \leqslant f_{py} \qquad (10\text{-}92a)$$

式中　a'_p——受压区纵向预应力钢筋 A'_p 合力点至受压区边缘的距离。

当 σ'_p 为拉应力，且其值大于 f_{py} 时，取 $\sigma'_p = f_{py}$；当 σ'_p 为压应力，且其绝对值大于 $(\sigma'_{p0} - f'_{py})$ 的绝对值时，取 $\sigma'_p = \sigma'_{p0} - f'_{py}$。在预应力混凝土受弯构件正截面承载力计算中，考虑到 σ'_p 对截面承载力影响不大，可近似取 $\sigma'_p = \sigma'_{p0} - f'_{py}$。

（3）计算的应力图形及计算公式

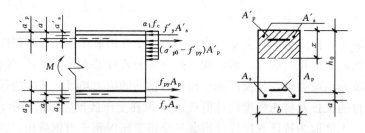

图 10-31　矩形截面预应力受弯构件正截面承载力计算图

$A.$ 矩形截面或翼缘位于受拉区的 T 形截面受弯构件

将预应力钢筋的因素计入后，和普通钢筋混凝土一样进行计算，其计算应力图形，如图 10-31 所示，计算公式为：

$$M \leqslant \alpha_1 f_c bx\left(h_0 - \frac{x}{2}\right) + f'_y A'_s(h_0 - a'_s) - (\sigma'_{p0} - f'_{py})A'_p(h_0 - a'_p)$$

$$(10\text{-}93)$$

此时，受压区高度按下列公式确定：

$$\alpha_1 f_c bx = f_y A_s - f'_y A'_s + f_{py} A_p + (\sigma'_{p0} - f'_{py})A'_p \qquad (10\text{-}94)$$

和普通钢筋混凝土受弯构件相同，预应力受弯构件正截面承载力计算中受压区高度应符合下列要求：

$$x \leqslant \xi_b h_0 \qquad (10\text{-}95)$$

$$x \geqslant 2a' \qquad (10\text{-}96)$$

式中　M——弯矩设计值；

　　　α_1——系数，按表 3-6 取用；

　　　a'_s——受压区纵向非预应力钢筋合力点至受压区边缘的距离；

　　　a'——受压区纵向钢筋合力点至受压区边缘的距离，当受压区未配置纵向预应力钢筋或受压区纵向预应力钢筋的应力为拉应力时，式（10-96）中的 a' 用 a'_s 代替。

在计算中考虑受压钢筋时，必须符合式（10-96）的条件，当不符合此条件，即计算出的受压高度 $x \leqslant 2a'$ 时，则正截面受弯承载力可按下列公式计算

$$M \leqslant f_{\mathrm{py}}A_{\mathrm{p}}(h - a_{\mathrm{p}} - a'_{\mathrm{s}}) + f_{\mathrm{y}}A_{\mathrm{s}}(h - a_{\mathrm{s}} - a'_{\mathrm{s}}) + (\sigma'_{\mathrm{p0}} - f'_{\mathrm{py}})A'_{\mathrm{p}}(a'_{\mathrm{p}} - a'_{\mathrm{s}})$$
$$(10\text{-}97)$$

式中 a_{s}、a_{p}——受拉区纵向非预应力钢筋及受拉区预应力钢筋合力点至受拉边缘的距离。

在实际工作中，也可能遇到截面选择和承载力校核两类问题，计算方法与普通钢筋混凝土梁类似。

B. 翼缘位于受压区的 T 形截面以及工字形截面

同普通钢筋混凝土受弯构件一样，若符合下列条件则属于第一类 T 形截面：

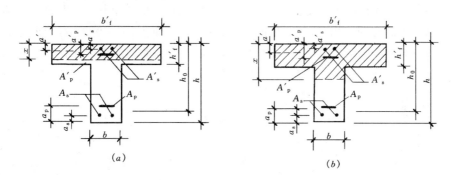

图 10-32 T 形截面预应力受弯构件受压区高度位置图

此时，应按宽度为 b'_{f} 的矩形截面计算（图 10-32*a*）。

$$M \leqslant \alpha_1 f_{\mathrm{c}} b'_{\mathrm{f}} x \left(h_0 - \frac{x}{2} \right) + f'_{\mathrm{y}}A'_{\mathrm{s}}(h_0 - a'_{\mathrm{s}}) - (\sigma'_{\mathrm{p0}} - f'_{\mathrm{py}})A'_{\mathrm{p}}(h_0 - a'_{\mathrm{p}})$$
$$(10\text{-}98)$$

受压区高度按下列公式确定：

$$f_{\mathrm{y}}A_{\mathrm{s}} + f_{\mathrm{py}}A_{\mathrm{p}} \leqslant \alpha_1 f_{\mathrm{c}} b'_{\mathrm{f}} x + f'_{\mathrm{y}}A'_{\mathrm{s}} - (\sigma'_{\mathrm{p0}} - f'_{\mathrm{py}})A'_{\mathrm{p}} \qquad (10\text{-}99)$$

当不符合上述条件时，说明中和轴通过腹板，为第二类 T 形截面，计算时应考虑截面腹板区混凝土的工作，其正截面受弯承载力按下列公式计算（图 10-32*b*）：

$$M \leqslant \alpha_1 f_{\mathrm{c}} b x \left(h_0 - \frac{x}{2} \right) + \alpha_1 f_{\mathrm{c}}(b'_{\mathrm{f}} - b)\left(h_0 - \frac{h'_{\mathrm{f}}}{2} \right)h'_{\mathrm{f}}$$
$$+ f'_{\mathrm{y}}A'_{\mathrm{s}}(h_0 - a'_{\mathrm{s}}) - (\sigma'_{\mathrm{p0}} - f'_{\mathrm{py}})A'_{\mathrm{p}}(h_0 - a'_{\mathrm{p}}) \qquad (10\text{-}100)$$

受压区高度按下列公式确定：

$$\alpha_1 f_{\mathrm{c}}[bx + (b'_{\mathrm{f}} - b)h'_{\mathrm{f}}] = f_{\mathrm{y}}A_{\mathrm{s}} - f'_{\mathrm{y}}A'_{\mathrm{s}} + f_{\mathrm{py}}A_{\mathrm{p}} + (\sigma'_{\mathrm{p0}} - f'_{\mathrm{py}})A'_{\mathrm{p}}$$
$$(10\text{-}101)$$

适用条件与矩形截面一样，计算方法与非预应力 T 形截面受弯构件相类似。

2. 斜截面受剪承载力的计算

预应力梁比相应的非预应力梁具有较高的抗剪能力。其原因主要在于预压力的作用阻滞了斜裂缝的出现和发展，增加了混凝土剪压区高度，从而提高了混凝

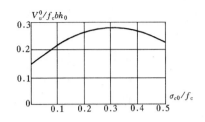

图 10-33   预应力梁 V_u^0/f_cbh_0

与 σ_{c0}/f_c 的关系

土剪压区所承担的剪力。

根据试验分析，预应力梁比非预应力梁受剪承载力的提高程度主要与预压力的大小有关，其次是预压力合力作用点的位置。试验表明，预应力不能无限提高梁的受剪承载力（图 10-33）。当换算截面重心处的混凝土预压应力 σ_{c0} 与混凝土轴心抗压强度 f_c 之比超过 0.3～0.4 后，预应力的有利作用就有下降的趋势（图

10-33 中，V_u^0 为预应力梁受剪承载力试验值）。因此，在设计中当考虑预压力对梁受剪承载力的有利作用时，σ_{c0}/f_c 的上限定为 0.3，即 $\sigma_{c0}/f_c \leqslant 0.3$。对于承受集中荷载预应力混凝土梁的受剪承载力的计算方法，可在非预应力梁计算公式的基础上加上一项施加预应力所提高的受剪承载力 V_p。

$$V_p = \zeta \frac{M_{p0}}{a} \qquad (10\text{-}102)$$

$$M_{p0} = N_{p0}e_{p0} + \frac{N_{p0}I_0}{A_0 y_t} \qquad (10\text{-}103)$$

式中 M_{p0}——为抵消纵向受拉钢筋重心水平处混凝土预压应力的弯矩（消压弯矩）[9-5]；

a——集中荷载作用点至支座截面的距离；

ζ——经验系数，是考虑加消压弯矩 M_{p0} 后，梁上剪压区的压应力随之增加，使预应力对提高梁的受剪承载力作用减小等因素而采用的系数；

y_t——换算截面重心轴至纵向受拉钢筋重心处的距离。

这一方法的物理概念是：对承受集中荷载的梁，在剪力 $\frac{M_{p0}}{a}$（或消压弯矩 M_{p0}）作用下，使计算截面纵向受拉钢筋重心水平处的混凝土拉应力降到零后，该预应力梁就变得与非预应力梁相近，其受剪承载力就可以用非预应力梁的有关公式计算。因此，预应力梁的受剪承载力是相应于非预应力梁的受剪承载力 V_{cs} 与 V_p 两者之和。

考虑到 N_{p0} 的作用点至换算截面重心的偏心距 e_{p0} 值一般在 $\frac{h}{2.5}$ 至 $\frac{h}{3.5}$ 之间，变化不大。为简化计算，忽略这一因素的影响，只考虑 N_{p0} 这一主要因素。根据对若干根矩形截面有箍筋（HPB235 级钢筋）预应力梁的试验分析，V_p 可采用实用的计算公式为：

$$V_p = 0.05 N_{p0} \qquad (10\text{-}104)$$

式中 N_{p0}——计算截面上的混凝土法向预应力为零时的纵向预应力钢筋及非预

应力钢筋的合力，按式（10-84）计算，当 $\sigma_{c0}=\dfrac{N_{p0}}{A_0}>0.3f_c$ 时，取

$\dfrac{N_{p0}}{A_0}=0.3f_c$，即 $N_{p0}=0.3f_cA_0$。

对于预应力钢丝及钢绞线配筋的先张法预应力混凝土构件，如果斜截面受拉区始端在预应力传递长度 l_{tr} 范围内，则预应力钢筋的合力应取 $A_p\sigma_{pe}\dfrac{l_p}{l_{tr}}$。其中，$l_{tr}$ 值按式（10-105）计算，l_p 为斜裂缝受拉区始端距构件端部的距离（图10-34）。

$$l_{tr}=\alpha\frac{\sigma_{pe}}{f'_{tk}}\cdot d \tag{10-105}$$

式中　σ_{pe}——放张时预应力钢筋有效预应力；

　　　d——预应力钢丝、钢绞线公称直径，详见附表；

　　　α——预应力钢筋外形系数，按表10-7取用；

　　　f'_{tk}——与放张时混凝土立方体抗压强度 f'_{cu} 相应的轴心抗拉强度标准值，可按附表1以线性内插法取用。

预应力钢筋的外形系数 α　　　　　　　　表10-7

预应力钢筋种类	刻痕钢丝	螺旋肋钢丝	钢 绞 线	
			三股	七股
α	0.19	0.13	0.16	0.17

注：当采用骤然放松预应力钢筋的施工工艺时，l_{cr} 的起点应从距构件末端 $0.25l_{cr}$ 处开始计算。

当混凝土法向预应力等于零时预应力钢筋及非预应力钢筋合力 N_{p0} 引起截面弯矩与外弯矩方向相同的情况，以及预应力混凝土连续梁和允许出现裂缝的预应力混凝土简支梁，均取 $V_p=0$。

《规范》规定，对于矩形、T 形和工字形截面的一般预应力受弯构件，当配有箍筋、非预应力弯起钢筋及预应力弯起钢筋时，在斜截面受剪承载力计算公式中除应加上 V_p 这一项外，尚需计入预应力弯起钢筋的影响，计算公式（图10-35）为

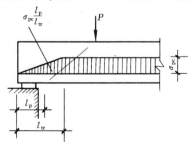

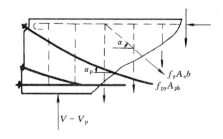

图10-34　预应力钢筋在预应力传递
长度 l_{tr} 范围内有效预应力值变化图

图10-35　预应力受弯构件当配有箍筋、
非预应力及预应力弯起钢筋时分离体图

$$V\leqslant V_{cs}+V_p+0.8f_yA_{sb}\sin\alpha_s+0.8f_{py}A_{pb}\sin\alpha_p \tag{10-106}$$

式中　V——配置弯起钢筋时计算截面处的剪力设计值；

　　　V_{cs}——构件斜截面上混凝土和箍筋的受剪承载力设计值，按第四章的有关公式计算；

　　　V_p——由预加力所提高的受剪承载力设计值，按式（10-104）计算，但计算 N_{p0} 时不考虑预应力弯起钢筋的作用；

A_{sb}、A_{pb}——同一弯起平面内非预应力弯起钢筋及预应力弯起钢筋的截面面积；

　α_s、α_p——斜截面上非预应力弯起钢筋和预应力弯起钢筋的切线与构件纵向轴线的夹角。

其余符号的意义与第四章相同。

关于斜截面上受压区混凝土和箍筋的受剪承载力 V_{cs} 的计算公式则与第四章相同。

10.6.4　使用阶段裂缝控制的验算

1. 正截面抗裂度验算

《规范》规定，对于在使用阶段不允许出现裂缝的预应力混凝土受弯构件，其正截面抗裂度根据裂缝控制的不同要求，分别按下列公式计算（以应力验算形式表达）：

（1）一级，严格要求不出现裂缝的构件

在荷载效应的标准组合下应符合下列规定：

$$\sigma_{ck} - \sigma_{pc} \leqslant 0 \qquad (10\text{-}107)$$

（2）二级，一般要求不出现裂缝的构件

在荷载效应的标准组合下应符合下列规定：

$$\sigma_{ck} - \sigma_{pc} \leqslant f_{tk} \qquad (10\text{-}108)$$

在荷载效应的准永久组合下宜符合下列规定：

$$\sigma_{cq} - \sigma_{pc} \leqslant 0 \qquad (10\text{-}109)$$

式中　σ_{ck}、σ_{cq}——荷载效应的标准组合、准永久组合下抗裂验算边缘混凝土法向应力：

$$\sigma_{ck} = \frac{M_k}{W_0}; \quad \sigma_{cq} = \frac{M_q}{W_0}$$

　　　M_k、M_q——分别为按荷载效应标准组合及准永久组合计算的弯矩标准值；

　　　　σ_{pc}——扣除全部预应力损失后在抗裂验算边缘混凝土的预压应力，按式（10-70）或式（10-79）计算。

2. 斜截面抗裂度验算

《规范》规定，预应力混凝土受弯构件应分别按下列规定进行斜截面抗裂验算：

（1）混凝土主拉应力

一级——对严格要求不出现裂缝的构件，应符合下列规定：

$$\sigma_{tp} \leqslant 0.85 f_{tk} \tag{10-110}$$

二级——对一般要求不出现裂缝的构件，应符合下列规定：

$$\sigma_{tp} \leqslant 0.95 f_{tk} \tag{10-111}$$

（2）混凝土主压应力

对要求不出现裂缝的构件，均应符合下列规定：

$$\sigma_{cp} \leqslant 0.6 f_{ck} \tag{10-112}$$

式中　　σ_{tp}、σ_{cp}——混凝土的主拉应力、主压应力；

　　　　f_{tk}——混凝土轴心抗拉强度标准值；

　　　　f_{ck}——混凝土轴心抗压强度标准值。

如不满足上述条件，则应加大截面尺寸。

在预应力梁的微分单元体上，除了由于外荷载（M、V）产生的水平方向正应力 σ_x 及剪应力 τ 以外，还会受到预应力引起的预压正应力 σ_{pc}。在后张法中配有弯曲的预应力钢筋时，则还会产生竖向预压正应力 σ_y，起减小剪应力的有利作用。由于这个原因，主拉应力变小，其抗裂性远较非预应力梁为好。

对预应力吊车梁实测资料及弹性理论分析表明[10-15]，在集中荷载作用点附近，除产生竖向压应力 σ_y 外，对水平方向正应力 σ_x 及剪应力 τ 均有局部影响，而对剪应力影响相当显著。在集中荷载附近，τ 实际上是曲线分布，为了简化计算，建议在 $0.6h$ 范围内以直线分布代替。在集中荷载作用下，σ_y 及 τ 的分布情况示于图10-36。

计算混凝土主拉应力和主压应力时，应选择跨度内最不利位置截面，对该换

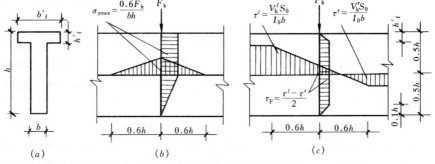

图 10-36　预应力混凝土吊车梁集中荷载作用点附近 σ_y、τ 分布图

（a）截面；（b）竖向压应力 σ_y 分布图；（c）剪应力 τ 分布图

F_k——集中荷载标准值；V_k^l、V_k^r——由 F_k 作用点左侧、右侧的剪力标准值；

τ^l、τ^r——由 F_k 作用点左侧、右侧 $0.6h$ 处截面上的剪应力；

τ_F——F_k 作用截面上的剪应力。

算截面重心处和截面宽度剧烈改变处进行验算。

混凝土的主拉应力和主压应力应按下式计算：

$$\left.\begin{array}{c}\sigma_{tp}\\\sigma_{cp}\end{array}\right\} = \frac{\sigma_x + \sigma_y}{2} \pm \sqrt{\left(\frac{\sigma_x - \sigma_y}{2}\right)^2 + \tau^2} \qquad (10\text{-}113)$$

$$\sigma_x = \sigma_{pc} + \frac{M_k y_0}{I_0} \qquad (10\text{-}114)$$

$$\tau = \frac{(V_k - \Sigma\sigma_{pe}A_{pb}\sin\alpha_p)S_0}{I_0 b} \qquad (10\text{-}115)$$

式中　σ_x——由预加力和弯矩值 M_k 在计算纤维处产生的混凝土法向应力；

σ_{pc}——扣除全部预应力损失后，在计算纤维处由预加力产生的混凝土法向应力，按式（10-70）及式（10-79）计算；

y_0——换算截面重心至计算纤维处的距离；

σ_y——由集中力标准值 F_k 作用而产生的混凝土竖向压应力。在集中力作用点两侧各 0.6h 的范围内，可按图 10-36 的线性分布取值；

τ——由剪力 V_k 值和预应力弯起钢筋的预加力在计算纤维处产生的混凝土剪应力；当有集中力标准值 F_k 作用时，在集中力作用点两侧各 0.6h 长度范围内，可按线性分布取值（图 10-36）；当计算截面上作用有扭矩时，尚应考虑扭矩引起的剪应力；

V_k——按荷载效应标准组合计算的剪力值；

S_0——计算纤维以上部分的换算截面面积对构件换算截面重心的面积矩；

A_{pb}——计算截面上同一弯起平面内预应力弯起钢筋的截面面积；

α_p——计算截面上各预应力弯起钢筋的切线与构件纵向轴线的夹角。

对式（10-113）、式（10-114）的 σ_x、σ_y、σ_{pc} 和 $\frac{M_k y_0}{I_0}$，当为拉应力时，以正号代入；当为压应力时，以负号代入。

在计算先张法预应力混凝土构件端部正截面和斜截面的抗裂度时，应考虑预应力钢筋在其传递长度 l_{tr} 范围内实际应力值的变化。预应力钢筋的实际预应力按线性规律增大，在构件端取为零，在其传递长度末端取有效预应力值 σ_{pe}，l_{tr} 的计算见式（10-105）。

3. 部分预应力混凝土受弯构件裂缝宽度的验算

近年来，部分预应力混凝土的应用日益广泛。迫切需要解决其构件裂缝宽度和刚度的计算问题[10-7]、[10-8]、[10-9]。关于部分预应力混凝土轴心受拉构件裂缝宽度的计算公式已列于 10-5-2 中。下面介绍部分预应力混凝土受弯构件裂缝宽度的计算公式。

如图 10-37 所示，在预应力钢筋及非预应力钢筋合力 N_p 作用下，截面混凝土中产生预压应力（图 10-37a），欲消除此预压应力，使全截面混凝土中应力为零（全截面消压），可假定在预应力钢筋及非预应力钢筋上各施加外力，使其分别产生拉应力 σ_{p0}（σ'_{p0}）及压应力 σ_{l5}（σ'_{l5}），其合力（偏心拉力）N_{p0}（图10-37b）为：

$$N_{p0} = \sigma_{p0}A_p + \sigma'_{p0}A'_p - \sigma_{l5}A_s - \sigma'_{l5}A'_s$$

由式（10-85），N_{p0} 的合力点至换算截面重心轴的距离 e_{p0} 为：

$$e_{p0} = \frac{\sigma_{p0}A_p y_p - \sigma'_{p0}A'_p y'_p - \sigma_{l5}A_s y_s + \sigma'_{l5}A'_s y'_s}{\sigma_{p0}A_p + \sigma'_{p0}A'_p - \sigma_{l5}A_s - \sigma'_{l5}A'_s}$$

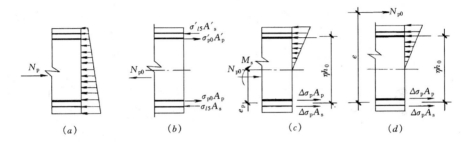

图 10-37

在预应力及弯矩标准值 M_k 作用下，预应力混凝土受弯构件的受力情况相当于图 10-37b 及图 10-37c 相叠加。在图 10-37c 中，偏心压力 N_{p0} 与图 10-37b 中的偏心拉力 N_{p0} 大小及作用点均相同，方向相反（其作用为抵消此假定的偏心拉应力 N_{p0}）。这样，部分预应力混凝土构件的裂缝宽度计算，可视为在 M_k 及 N_{p0} 作用下钢筋应力增量为 $\Delta\sigma_p$ 的非预应力混凝土构件的裂缝宽度计算问题。将 N_{p0} 及 M_k 组成为距纵向受拉钢筋截面重心的距离为 e 的等效偏心压力 N_{p0}（图 10-37d），与非预应力混凝土偏心受压构件的情况相对比，可得出部分预应力混凝土受弯构件裂缝宽度的计算公式。

在荷载效应标准组合下，平均裂缝宽度可按下列公式计算：

$$\omega_m = \alpha_c \psi_p \frac{\Delta\sigma_p}{E_s} l_{cr} \tag{10-116}$$

式中　ψ_p——裂缝间预应力受拉钢筋应变的不均匀系数，近似按非预应力混凝土构件的公式计算；

　　　$\Delta\sigma_p$——在 M_k 及 N_{p0}（N_{p0} 称等效偏心压力）作用下，受拉钢筋的应力增量，在《规范》中写作 σ_{sk}。

考虑裂缝宽度分布的不均匀性及荷载长期效应组合的影响，最大裂缝宽度可由平均裂缝宽度 ω_m 乘以扩大系数 τ 及荷载长期作用的影响系数 τ_l 求得：

$$\omega_{max} = \tau_l \tau \omega_m = \tau_l \tau \alpha_c \psi_p \frac{\Delta\sigma_p}{E_s} l_{cr} \tag{10-117}$$

试验表明，预应力混凝土受弯构件平均裂缝间距 l_{cr}、系数 α_c、τ 均可按非预应力混凝土偏心受压构件的规定采用（$\alpha_c = 0.85$、$\tau = 1.6$）。对于荷载长期作用影响系数 τ_l，由于预应力损失中已考虑了混凝土收缩和徐变的影响，故将 τ_l 值由 1.5 改为 1.2。受拉钢筋的应力增量 $\Delta\sigma_p$ 可按下式计算（图 10-37c 或图 10-37d）：

$$\Delta\sigma_p = \frac{M_k - N_{p0}\ (\eta h_0 - e_p)}{(A_p + A_s)\ \eta h_0} \tag{10-118}$$

或

$$\Delta\sigma_p = \frac{N_{p0}(e - \eta h_0)}{(A_p + A_s)\eta h_0} \tag{10-119}$$

式中　ηh_0——内力臂，亦可写成 Z，为受拉区纵向预应力钢筋和非预应力钢筋合力至受压区合力点的距离；

η——内力臂系数，由理论与试验分析，并与非预应力偏心受压构件相协调可

得[10-15]$\eta = 0.87 - 0.12(1 - \gamma_f')(h_0/e)^2 \leqslant 0.87$，$\left(\gamma_f' = \dfrac{(b_f' - b)\ h_f'}{bh_0} \right)$；

e——等效偏心压力 N_{p0} 合力点至受拉区全部纵向钢筋截面重心的距离：

$$e = \frac{M_k}{N_{p0}} + e_p$$

e_p——N_{p0} 作用点至受拉区全部纵向钢筋截面重心的距离。

由上述关系，《规范》规定，在矩形、T 形、倒 T 形及工字形截面的预应力混凝土受弯构件中，考虑裂缝宽度分布的不均匀性和荷载效应长期作用的影响，其最大裂缝宽度（mm）按下列公式计算：

$$\omega_{max} = 1.2 \times 1.6 \times 0.85 \psi_p \frac{\sigma_{sk}}{E_s}\left(1.9c + 0.08 \frac{d_{eq}}{\rho_{te}} \right) \tag{10-120}$$

为与普通钢筋混凝土受弯、偏心受压构件最大裂缝宽度计算公式相协调，近似取为

$$\omega_{max} = 1.7\psi_p \frac{\sigma_{sk}}{E_s}\left(1.9c + 0.08 \frac{d_{eq}}{\rho_{te}} \right) \tag{10-121}$$

$$\psi_p = \psi = 1.1 - \frac{0.65f_{tk}}{\rho_{te} \cdot \Delta\sigma_p}$$

$$\rho_{te} = \frac{A_s + A_p}{0.5bh + (b_f - b)\ h_f}$$

式中，c 的意义及取法与第 8 章相同。

10.6.5　使用阶段变形的验算

1. 刚度计算

(1) 在荷载效应标准组合作用下受弯构件短期刚度 B_s 的计算

1) 要求不出现裂缝的构件：即由于混凝土中产生塑性变形而使弹性模量的降低。根据试验结果，其降低折减系数可取 $\beta = 0.85$。

$$B_s = 0.85 E_c I_0 \tag{10-122}$$

2) 对于允许出现裂缝的构件，由于混凝土中塑性变形进一步发展及某些截面的开裂而使刚度继续降低，《规范》给出了其短期刚度的计算公式：

$$B_s = \frac{0.85 E_c I_0}{\kappa_{cr} + (1 - \kappa_{cr}) \omega} \tag{10-123}$$

$$\kappa_{cr} = \frac{M_{cr}}{M_k} \tag{10-124}$$

$$\omega = \left(1.0 + \frac{0.21}{\alpha_E \rho} \right) (1 + 0.45 \gamma_f) - 0.7 \tag{10-125}$$

$$M_{cr} = (\sigma_{pc} + \gamma f_{tk}) W_0 \tag{10-126}$$

$$\gamma_f = \frac{(b_f - b) h_f}{b h_0} \tag{10-127}$$

式中　α_E——钢筋弹性模量与混凝土弹性模量的比值，$\alpha_E = E_s / E_c$；

　　　ρ——纵向受拉钢筋配筋率：对预应力混凝土受弯构件，取 $\rho = (A_p + A_s) / b h_0$；

　　　I_0——换算截面惯性矩；

　　　γ_f——受拉翼缘截面面积与腹板有效截面面积的比值，其中，b_f、h_f 为受拉区翼缘的宽度、高度；

　　　κ_{cr}——预应力混凝土受弯构件正截面的开裂弯矩 M_{cr} 与荷载标准组合弯矩 M_k 的比值；当 $\kappa_{cr} > 1.0$ 时，取 $\kappa_{cr} = 1.0$；

　　　σ_{pc}——扣除全部预应力损失后在抗裂验算边缘的混凝土预压应力。

混凝土构件的截面抵抗矩塑性影响系数 γ 可按下列公式计算：

$$\gamma = \left(0.7 + \frac{120}{h} \right) \gamma_m \tag{10-128}$$

式中　γ——混凝土构件的截面抵抗矩塑性影响系数；

　　　γ_m——混凝土构件的截面抵抗矩塑性影响系数基本值，可按正截面应变保持平面的假定，并取受拉混凝土应力图形为梯形，受拉边缘混凝土极限拉应变为 $2 f_{tk} / E_c$ 确定：对常用的截面形状，γ_m 值可近似按表 10-8 取用；

　　　h——截面高度（按毫米计）：当 h 小于 400 时，取 h 等于 400；当 h 大于 1600 时，取 h 等于 1600；对圆形、环形截面，h 应以 $2r$ 代替，此处 r 为圆形截面半径和环形截面的外环半径。

（2）荷载按标准组合并考虑荷载长期作用影响的刚度 B 的计算

不论在使用阶段开裂或不开裂的构件，考虑部分荷载长期作用的影响时的截面刚度 B 仍可用式（8-36）计算，即

截面抵抗矩塑性影响系数基本值 γ_{m} 　　　　表 10-8

项　　次	1	2	3		4		5
截面形状	矩形截面	翼缘位于受压区的 T 形截面	对称工形截面或箱形截面		翼缘位于受拉区的 T 形截面		圆形和环形截面
			$b_f/b \leqslant 2$ h_f/h 为任意值	$b_f/b > 2$ $h_f/h < 0.2$	$b_f/b \leqslant 2$ h_f/h 为任意值	$b_f/b > 2$ $h_f/h < 0.2$	
γ_{m}	1.55	1.50	1.45	1.35	1.50	1.40	$1.6 - 0.24r_1/r$

注：1. r_1 为环形截面的内环半径，对圆形截面取 $r_1 = 0$；

　　2. 对 $b_f' > b_f$ 的工字形截面，可按项次 2 与项次 3 之间的数值采用，对 $b_f' \leqslant b_f$ 的工字形截面，可按项次 3 与项次 4 之间的数值采用；

　　3. 对于箱形截面，表中 b 值系各肋宽度的总和。

$$B = \frac{M_{\mathrm{k}}}{M_l\ (\theta - 1)\ + M_{\mathrm{k}}} B_{\mathrm{s}} \qquad (10\text{-}129)$$

此处，取 $\theta = 2.0$。

2. 外荷载作用下变形的计算

由上述方法求得刚度后，即可求出在正常使用极限状态时外荷载作用下的变形，计算方法与公式和普通钢筋混凝土构件相同。

3. 使用阶段反拱值的计算

预应力混凝土受弯构件在使用阶段的预加应力反拱值，可用结构力学方法按刚度 $E_c I_0$ 进行计算，并考虑预压应力长期作用的影响。此时，将计算求得的预加应力反拱值乘以增大系数 2.0；在计算中，预应力钢筋的应力应扣除全部预应力损失。

将外荷载作用下变形值扣除使用阶段反拱值得出预应力混凝土受弯构件总的变形值，此值若不超过允许变形值，即可视为满足变形验算的要求。

对恒载较小的构件，应考虑反拱过大对使用上的不利影响。

10.6.6　施工阶段的应力校核

在预应力构件施工阶段（指构件制作、运输和安装阶段），截面上受到偏心压力，梁下缘受压，上缘受拉。在运输安装时，自重使吊点截面上也产生负弯矩。因此，对于预应力混凝土构件，应进行施工阶段的应力校核。

对制作、运输及安装等施工阶段在预拉区不允许出现裂缝的构件，或预压时全截面受压的构件，在预加力、自重及施工荷载作用下（必要时应考虑动力系

数）截面边缘的混凝土法向应力（图 10-38）应符合以下条件

$$\sigma_{ct} \leqslant 1.0 f'_{tk} \tag{10-130}$$

$$\sigma_{cc} \leqslant 0.8 f'_{ck} \tag{10-131}$$

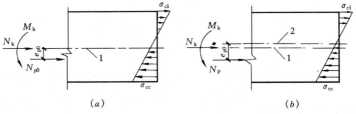

(a) (b)

图 10-38　预应力混凝土构件施工阶段验算

(a) 先张法构件；(b) 后张法构件

1—换算截面重心轴；2—净截面重心轴

截面边缘的混凝土法向应力可按下列公式计算：

$$\sigma_{cc} \text{ 或 } \sigma_{ct} = \sigma_{pc} + \frac{N_k}{A_0} \pm \frac{M_k}{W_0} \tag{10-132}$$

式中　σ_{cc}、σ_{ct}——相应施工阶段计算截面边缘纤维的混凝土压应力、拉应力；

　　　f'_{tk}、f'_c——与各施工阶段混凝土立方体抗压强度 f'_{cu} 相应的抗拉强度标准值、抗压强度标准值；

　　　N_k、M_k——构件自重及施工荷载的标准组合产生在计算截面的轴向力值、弯矩值；

　　　W_0——验算边缘的换算截面弹性抵抗矩。

注：①预拉区系指施加预应力时形成的截面拉应力区；

②当 σ_{pc} 为压应力时，取正值；当 σ_{pc} 为拉应力时，取负值。当 N_s 为轴向压力时取正值；当 N_s 为轴向拉力时，取负值；当 M_k 产生的边缘纤维应力为压应力时式（10-132）中符号取加号，拉应力时式中符号取负号。

对制作、运输及安装等施工阶段预拉区允许出现裂缝的构件，当预拉区不配置预应力钢筋时，截面边缘的混凝土法向应力应符合下列条件：

$$\sigma_{ct} \leqslant 2.0 f'_{tk} \tag{10-133}$$

$$\sigma_{cc} \leqslant 0.8 f'_{ck} \tag{10-134}$$

此外，σ_{ct}、σ_{cc} 仍按式（10-132）计算。

除进行施工阶段的应力校核外，对后张法预应力混凝土受弯构件，尚需进行端部局部受压的验算，具体验算方法与后张法预应力混凝土轴心受拉构件相同。

§10.7　预应力混凝土构件的构造要求[*]

预应力混凝土构件根据张拉工艺的不同，在构造上有某些要求也有所不同。

10.7.1　一般规定

1. 截面形式和尺寸

跨度较短的预应力混凝土梁及预应力混凝土板多为矩形截面。当荷载或跨度较大时常采用T形、工字形及箱形截面，因为它们的核心范围较大，具有较大的惯性矩及抵抗矩，在使用阶段或施工阶段的承载力和抗裂性能均较好。

由于预应力梁的抗裂度及刚度较大，故其截面尺寸可比非预应力梁稍小些，其截面高度一般可取为 $(1/20\sim1/14)\,l$，大致为非预应力梁高度的70%，翼缘宽度一般可取为 $(1/3\sim1/2)\,h$，翼缘厚度可取为 $(1/10\sim1/6)\,h$，腹板宽度宜尽可能薄些，可根据构造及施工条件，取为 $(1/15\sim1/8)\,h$。

2. 预应力纵向钢筋的布置

直线布置　当跨度和荷载不大时，一般采用直线布置（图10-39a、c），用先张法或后张法施工均可。

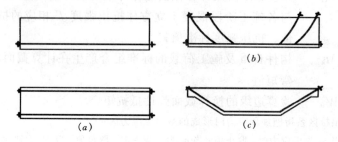

图10-39　预应力钢筋的布置
(a) 直线形；(b) 曲线形；(c) 折线形

曲线布置　当跨度和荷载较大时（如吊车梁及屋面梁等），为防止施加预应力时，在构件端部截面中部产生纵向水平裂缝及减小支座附近主拉应力，宜在靠近支座部分，将一部分预应力钢筋弯起，且预应力钢筋尽可能沿构件端部均匀布置（图10-39b），施工时一般用后张法。

折线布置　折线布置可用于有倾斜受拉边的梁（图10-39c），一般可用先张法施工。

10.7.2　先张法构件的构造要求

（1）当先张法预应力钢丝按单根方式配筋困难时，可采用相同直径钢丝并筋的配筋形式。并筋可采用双并筋或三并筋其等效直径取等于与其截面面积相同的等效圆截面直径，对双并筋可取为单直径的 1.4 倍；对三并筋可取为单筋直径的 1.7 倍。

并筋应视为重心与其重合的等效直径钢筋，其保护层厚度、锚固长度、预应力传递长度计算及正常使用极限状态对挠度、裂缝计算均应按等效直径考虑。

(2) 先张法预应力钢筋之间的净间距应根据浇灌混凝土、施加预应力及钢筋锚固等要求确定。预应力钢筋的净间距不应小于其公称直径或等效直径的 1.5 倍，且应符合下列规定：热处理钢筋及钢丝不应小于 15mm；对三股钢绞线不应小于 20mm；对七股钢绞线不应小于 25mm。

(3) 先张法预应力混凝土构件端部钢筋周围的混凝土应采取下列加强措施：

1) 单根预应力钢筋（如板肋的配筋）端部宜设置长度不小于 150mm 且不小于 4 圈的螺旋筋。当有可靠经验时，亦可利用支座垫板上的插筋代替螺旋筋，但插筋数量不应少于 4 根，其长度不宜小于 120mm。

2) 对多根预应力钢筋，在构件端部 $10d$（d 为预应力钢筋直径）范围内，应设置 3～5 片与预应力筋垂直的钢筋网。

3) 对采用预应力钢丝配筋的薄板，在板端 100mm 范围内应适当加密横向钢筋。

(4) 在预应力混凝土屋面梁、吊车梁等构件中，宜在靠近支座部分将一部分预应力钢筋弯起，以防止施加预应力产生裂缝并减少支座附近的主拉应力。

(5) 对预应力钢筋在构件端部全弯起的受弯构件或直线配筋的先张法构件，当构件端部与下部支承结构焊接时，应考虑混凝土收缩、徐变及温度变化所产生的不利影响，宜在构件端部可能产生裂缝的部位应设置足够的非预应力纵向构造钢筋。

(6) 对槽形板类构件，为防止板面端部产生纵向裂缝，宜在构件端部 100mm 范围内沿构件板面设置附加的横向钢筋，其数量不小于 2 根。

10.7.3 后张法构件的构造要求

(1) 后张法预应力钢筋的锚固应选用可靠的锚具，其形式及质量要求应符合现行有关标准的规定。

(2) 后张法预应力钢丝束、钢绞线的预留孔道宜符合下列规定：

1) 对预制构件，孔道之间的净间距不宜小于 50mm；孔道至构件边缘的净距不宜小于 30mm，且不宜小于孔道直径的一半；

2) 在框架梁中，预留孔道在竖直方向的净间距不应小于孔道的外径，水平方向的净间距不小于 1.5 倍孔道的外径；从孔壁算起的混凝土保护层厚度，梁底不宜小于 50mm，梁侧不宜小于 40mm；

3) 预留孔道的直径应比预应力钢丝束或钢绞线外径及需穿过孔道的锚具外径大 10～15mm；

4）在构件两端及跨中应设置灌浆孔或排气孔，其孔距不宜大于 12m；

5）凡制作时需要预先起拱的构件，预留孔道宜随构件同时起拱。

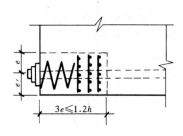

图 10-40　防止沿孔道
劈裂的配筋范围

（3）对后张法预应力混凝土构件的端部锚固区，应按本章第 10.5.5 节进行局部受压承载力计算，并配置间接钢筋（图 10-40），其体积配筋百分率 ρ_v 不应小于 0.5%。

为防止孔道劈裂，在间接钢筋配置区以外，构件端部长度不小于 $3e$（e 为截面重心线上部或下部预应力钢筋的合力点至邻近边缘的距离）但不大于 $1.2h$（h 为构件端部截面高度），高度 $2e$ 的附加配筋区范围内均匀布置附加箍筋或网片，其体积配筋率不应小 0.5%。

（4）后张法预应力构件宜在构件端部将一部分预应力钢筋靠近支座处弯起，弯起的预应力钢筋宜沿构件端部均匀布置。如预应力钢筋在构件端部不能均匀布置而需集中布置在端部截面的下部或集中布置在上部和下部时，应在构件端部 $0.2h$（h 为构件端部截面高度）范围内设置附加竖向焊接钢筋网、封闭式箍筋或其他形式的构造钢筋，其中，附加竖向钢筋宜采用带肋钢筋，其截面面积应符合下列规定：

当 $e \leqslant 0.1h$ 时

$$A_{sv} \geqslant 0.3\frac{N_p}{f_y} \tag{10-135}$$

当 $0.1h \leqslant e \leqslant 0.2h$ 时

$$A_{sv} \geqslant 0.15\frac{N_p}{f_y} \tag{10-136}$$

当 $e > 0.2h$ 时，可根据实际情况适当配置构造钢筋。

式中　N_p——作用在构件端截面重心线上部或下部预应力钢筋的合力，可按本章 10.5.2 节有关公式进行计算，但应乘以预应力分项系数 1.2，此时，仅考虑混凝土预压前的预压力损失值；

　　　e——截面重心线上部或下部预应力钢筋的合力点至截面近边缘的距离；

　　　f_y——附加竖向钢筋的抗拉强度设计值，按附表 3 取用。

当端部截面上部和下部均有预应力钢筋时，附加竖向钢筋的总截面面积按上部和下部的 N_p 分别计算的数值叠加后采用。

（5）当构件在端部有局部凹进时，为防止在施加预应力过程中端部转折处产生裂缝，应增设折线构造钢筋（图 10-41）。[注]

注：当有充分依据时，亦可采用其他端部附加钢筋的配置方法。

（6）对后张法预应力构件端部的有特殊要求时，可通过有限元分析方法进行设计。

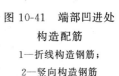

（7）后张法预应力混凝土构件中，曲线预应力钢丝束、钢绞线束的曲率半径，不宜小于 4m。对折线配筋的构件，在折线预应力钢筋弯折处的曲率半径可适当减小。

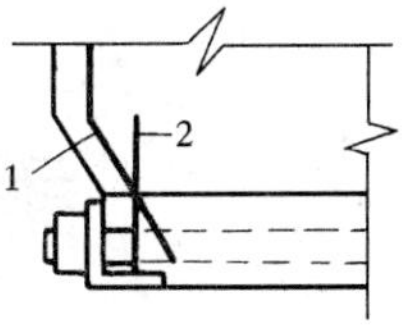

图 10-41　端部凹进处
构造配筋
1—折线构造钢筋；
2—竖向构造钢筋

（8）在后张法构件的预拉区和预压区中，应设置纵向非预应力的构造钢筋；在预应力钢筋弯折处，应加密箍筋或沿弯折处内侧设置钢筋网片。

（9）构件端部尺寸，应考虑锚具的布置、张拉设备的尺寸和局部受压的要求，必要时应适当加大。

在预应力钢筋锚具下及张拉设备的支承处，应设置预埋钢垫板并需设置间接钢筋和附加钢筋。

外露金属锚具应采取可靠的防锈措施。

参 考 文 献

[10-1]　混凝土结构设计规范（GB50010）．北京：中国建筑工业出版社，2002

[10-2]　混凝土结构设计规范（GBJ10—89）．北京：中国建筑工业出版社，1990

[10-3]　天津大学，同济大学，南京工学院．钢筋混凝土结构．北京：中国建筑工业出版社，1979

[10-4]　河海大学等．水工钢筋混凝土结构第三版，北京：水利电力出版社，1996

[10-5]　中国建筑科学研究院等．钢筋混凝土结构设计与构造．1985

[10-6]　王振东，施岚青，黄成若主编．《混凝土结构设计规范，设计方法》．北京：地震出版社，1991

[10-7]　赵国藩，刘亚平．部分预应力混凝土梁截面应力计算的分区降低逼近法．建筑结构学报．1987 年第 2 期

[10-8]　陈永春．部分预应力混凝土梁开裂后截面应力的简捷计算．建筑结构学报．1985 年第 2 期

[10-9]　李树瑶，陈本沛，秦明乐．部分预应力混凝土受弯构件的裂缝宽度的简化计算方法．建筑结构．1986 年第 1 期

第 11 章　单层厂房结构

§11.1　概　　述

在建筑工程中，单层厂房是各类厂房中最基本的一种型式。一般对于冶金、机械、纺织、化工等工业房屋的厂房，由于一些机器设备和产品较重，且轮廓尺寸较大而难于上楼时，较普遍地采用单层厂房。

采用单层厂房的优点是便于设计标准化、提高构配件生产工厂化和施工机械化的程度，同时可以缩短设计和施工期限，保证施工质量。

在进行厂房设计中，平面布置力求简单，在满足工艺要求和条件许可情况下，应尽可能地把一些生产性质相接近，而各自独立的单跨厂房合并成一个多跨厂房。采用多跨厂房的优点：由于横向的跨数增加，提高了厂房横向的整体刚度，从而可以减少柱子的截面尺寸。根据调查，一般单层双跨厂房结构的重量约比单层单跨的轻 20%，而三跨又比双跨的轻 10%～15%左右。此外，采用多跨厂房可以减少围护结构的墙体、工程管线、道路的长度以及可以提高建筑面积和公共设施的利用率。

单层厂房的主体布置，应尽量统一和简单化。在平行跨之间，应尽量避免设置高度差，同时，应尽量避免采用相互垂直的跨间，以免造成构造上的复杂性。

单层厂房的纵向柱距，通常采用 6m 及 6m 的倍数，从现代化生产发展趋势来看，采用扩大柱距对增加车间有效面积、提高设备和工艺布置的灵活性等都是有利的。目前常用的是 12m 扩大柱距，采用 12m 柱距的优点是可以利用现有设备做成 6m 屋面板设有托架的支承系统；同时又可直接采用 12m 屋面板无托架的支承系统。

单层厂房的横向跨度在 18m 及以下时，其跨度尺寸应采用 3m 的倍数；在 18m 以上时，宜采用 6m 的倍数。

单层厂房承重结构随其所用材料的不同可以分为混合结构、钢筋混凝土结构和钢结构。对于无吊车或吊车起重量不超过 5t、跨度小于 15m、柱顶标高不超过 8m 的小型厂房，可以采用混合结构（砖柱、各种类型的屋架）。对于吊车起重量超过 150t、跨度大于 36m 的大型厂房，或有特殊工艺要求的厂房（如设有 5t 以上锻锤的车间或高温车间等），则应采用钢屋架、钢筋混凝土柱或采用全钢结构。对上述两种情况以外的大部分厂房，均可采用钢筋混凝土结构。近几年来，由于我国钢材在市场上供应较为充足，当跨度为 24m 及以上的厂房，亦有采用钢屋架的。

钢筋混凝土单层厂房的承重结构主要由屋面梁或屋架、柱和基础组成，其结构形式通常有排架或刚架两种。

当柱与屋面梁或屋架为铰接，而与基础刚接所组成的平面结构，称为排架结构。排架结构可做成等高、不等高或锯齿形等多种形式（图11-1）。

当柱与梁为刚接其所组成的平面结构，称为刚架结构。当厂房跨度在18m及以下时，多采用三铰门式刚架（图11-2a）；跨度更大时多采用两铰门式刚架（图11-2b）。

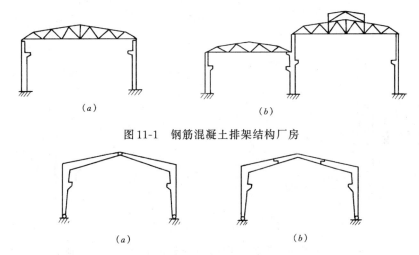

（a）　　　　　　　　　　　（b）

图11-1　钢筋混凝土排架结构厂房

（a）　　　　　　　　　　　（b）

图11-2　钢筋混凝土门式刚架结构厂房

（a）三铰门式刚架；（b）两铰门式刚架

§11.2　单层厂房结构的组成和布置

11.2.1　结构的组成

单层厂房结构通常是由下列各种结构构件所组成并连成一个整体（图11-3）。

1. **屋盖结构**

屋盖结构和厂房柱组成排架承受作用于厂房结构的各种荷载，可分为：

有檩体系屋盖结构　包括由小型屋面板（或其他瓦材）、檩条、屋架和屋盖支撑体系所组成（图11-4）。这种结构体系由于其构造和施工都比较复杂，其刚度和整体性亦较差，因此，目前较少采用。

无檩体系屋盖结构，包括由大型屋面板、屋架（或屋面梁）和屋盖支撑体系所组成；有时还设有天窗架及托架等。其各个构件的作用为：

屋面板　直接承受屋面上的荷载（包括自重、雪荷载、防水层、保温层、积灰荷载及施工荷载等），并把它传给屋架或天窗架；

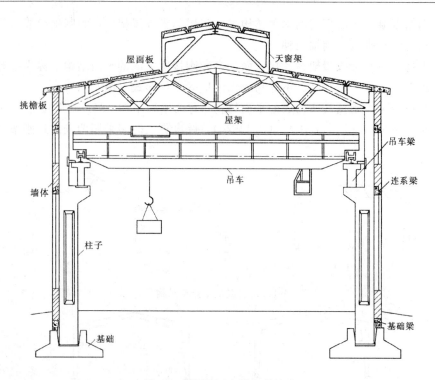

图 11-3   单层厂房结构的组成

天窗架   其下端支承在屋架上,用以承受天窗上的荷载(包括天窗架自重、屋面板传来的荷载及风荷载等),并把它传给屋架;

屋架   承受屋架上的全部荷载(包括屋架自重、屋面板及天窗架传来的荷载,以及风荷载和悬挂吊车重等),并把它传给柱子或托架;

托架   当柱子间距比屋架间距大时,用托架支承两个柱子之间的屋架,该屋架荷载通过托架再传给柱子。

2. 吊车梁

承受吊车荷载(包括吊车梁自重、吊车桥架重、吊车运载重物时所产生的垂直轮压、以及启动或制动时所产生的纵向及横向水平力等),并把它传给柱子。

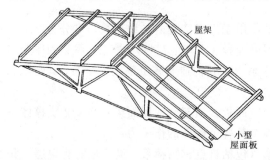

图 11-4   有檩体系屋盖

3. 柱子

承受屋架、吊车梁、外墙和支撑传来的荷载等,并把它传给基础,是厂房的主要承重结构构件。

4. 支撑

其作用是加强厂房结构的空间刚度,保证结构构件安装和使用时的稳定和安全,同时起到传递山墙风荷载、吊车纵向水平荷载等的作用。

5. 基础

承受柱子和基础梁传来的荷载，并将它们传至地基。

6. 围护结构（包括墙体）　外纵墙和山墙承受风荷载，并把它传给柱子；

抗风柱（有时还有抗风梁或抗风桁架）承受山墙传来的风荷载，并把它传给屋盖和地基；

连系梁和基础梁　承受外墙重量，并把它传给柱子和基础。

一般中型厂房的各部分构件材料用量的统计，大致见表11-1。

钢筋混凝土结构中型单层厂房各主要构件材料用量表　　　　表 11-1

材　料	每平方米建筑面积构件材料用量	各种构件材料用量占总用量百分比（%）				
		屋面板	屋架	吊车梁	柱	基础
混凝土	0.13～0.18m³	30～40	8～12	10～15	15～20	25～35
钢筋	0.018～0.02t	20～30	25～32	20～32	18～25	8～12

注：本表以混凝土C20，钢筋HRB335级进行估算。

11.2.2　支　撑　的　布　置

在装配式钢筋混凝土单层厂房结构中，横向排架承受由屋架和吊车梁等传来的垂直荷载，以及风荷载、吊车横向刹车力等水平荷载。而厂房在纵向虽然有屋面板、吊车梁和连系梁等构件的连系，组成纵向排架，但该排架和屋盖等在纵向连系的整体性和水平刚度仍较差；因此，设置支撑体系使其与厂房纵向连系构件一起，加强厂房的整体性和总体刚度，共同承受作用在厂房的各种水平荷载。反之，如果支撑设置不当，不仅厂房的整体性不好，而且还可能引起结构构件的局部破坏，甚至厂房总体的倒塌，故应予引起足够的重视。

厂房支撑体系可分为屋盖支撑和柱间支撑两类，分述如下：

1. 屋盖支撑

（1）屋架上弦横向水平支撑

当大型屋面板与屋架（或屋面梁）的连接不符合要求、不能起水平支撑作用时的无檩体系屋盖，则应在伸缩缝区段内两端各设一道上弦横向水平支撑（图11-5）。

当大型屋面板与屋架或屋面梁有三点焊接，能保证屋盖平面的稳定并能传递山墙水平风荷载时，则认为起上弦支撑的作用，可不必

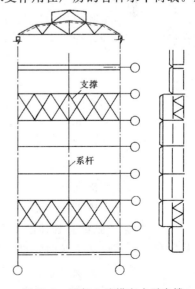

图 11-5　屋架上弦横向水平支撑

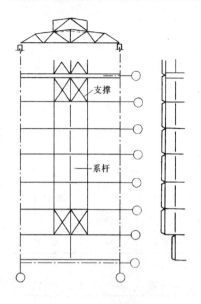

图 11-6　有天窗的伸缩缝处
屋架上弦横向水平支撑

设置上弦横向水平支撑。但当天窗通过伸缩缝时，因屋面板不连续，则应在伸缩缝处天窗架跨度范围内设置屋架上弦横向水平支撑（图 11-6）。

厂房当有天窗时，并应沿屋脊设置一道通长的钢筋混凝土受压水平系杆。

上弦横向水平支撑的作用是：增强屋盖的整体刚度，保证屋架上弦或屋面梁上翼缘的出平面稳定，同时可将山墙风荷载传至厂房两侧的纵向排架柱列，为抗风柱上端提供不动的侧向支点，改善了抗风柱的受力状态。

（2）屋架间垂直支撑与下弦水平系杆

在下列情况下应考虑设置屋架间垂直支撑和纵向下弦水平系杆：

A. 当屋架下弦设有悬挂吊车时，应在吊车所在节点处，设置屋架间垂直支撑（图 11-7）。

B. 当厂房跨度 $l \geqslant 18m$ 时，应在伸缩缝区段两端第一或第二柱间的跨中，设置一道屋架间垂直支撑；并在各跨跨中下弦处，设置一道通长的水平系杆。当厂房跨度 $l > 30m$ 时，则须增设一道屋架间垂直支撑和下弦水平系杆。

当采用梯形屋架时，除按上述要求处理外，应在伸缩缝区段两端第一或第二柱间内，在屋架两端支座处设置端部垂直支撑和通长的下弦水平系杆。

垂直支撑和下弦水平系杆是用以保证屋架在施工和使用中以及吊车在运行时产生的纵向水平力作用下的稳定性。

（3）天窗架支撑

天窗架支撑的作用是增加天窗架系统的空间刚度，并将天窗壁板传来的风荷载传递给屋盖系统（图 11-8）。

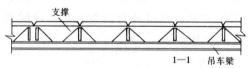

图 11-7　悬挂吊车节点处垂直支撑

（4）屋架下弦横向和纵向水平支撑

在下列情况下应考虑设置屋架下弦横向或纵向水平支撑：

A. 当屋架下弦设有悬挂吊车或厂房有振动设备，或山墙抗风柱与屋架下弦连接将风荷载传至屋架下弦时，则应设置下弦横向水平支撑。下弦横向水平支撑的作用是：它与屋架下弦结合在一起，形成水平桁架，以传递山墙抗风柱传来的风荷载以及将其他纵向水平荷载传至柱顶，同时防止下弦颤动。

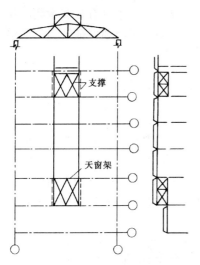

图 11-8 天窗架支撑

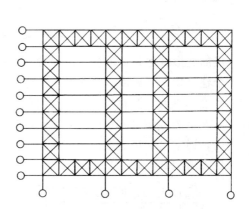

图 11-9 屋架下弦横向和纵向水平支撑

B. 当厂房中设有托架以支承屋盖时,或当采用有檩体系屋盖而其吊车起重吨位较大时,应在屋架下弦端节点间,沿纵向设置通长的下弦纵向水平支撑。下弦纵向水平支撑的作用是为了保证横向水平荷载的纵向传递,提高厂房的刚度。如果厂房尚没有横向水平支撑,则纵向水平支撑应尽可能地同横向水平支撑形成封闭的支撑体系(图 11-9)。

2. 柱间支撑

柱间支撑一般由上、下两组十字交叉的钢拉杆组成。厂房凡属下列情况之一时,应设置柱间支撑:

(1) 设有悬臂式吊车或起重量

$$Q \geqslant 3t \text{ 的悬挂吊车;}$$

(2) 设有起重量 $Q \geqslant 10t$ 的吊车;

(3) 厂房跨度 $l \geqslant 18m$,或柱高在 8m 以上时;

(4) 纵向柱列其柱的总根数少于七根时;

(5) 露天吊车栈桥的柱列。

柱间支撑的作用主要是提高厂房的纵向刚度和稳定性。对于上部柱间支撑,是用以承受作用在山墙上的水平风荷载;而对于下部柱间支撑,用以承受上部支撑传来的力和吊车梁传来的吊车纵向刹车力,并把它传至基础(图 11-10)。

柱间支撑一般设置在厂房伸缩缝区段的中央(图 11-10)。这样有利于在温度变化或混凝

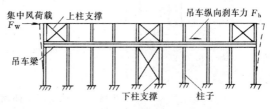

图 11-10 柱间支撑设置位置

土收缩时不致发生较大的温度和收缩应力。当厂房纵向排架内具有足够承载力和稳定性的内隔墙时，该隔墙可以代替柱间支撑，但在施工时必须保证结构的稳定性。

11.2.3 变 形 缝

厂房的变形缝包括伸缩缝、沉降缝和防震缝三种。

一个建筑物，当温度有变化时，由于埋在地下部分和暴露在大气中部分的结构伸缩程度不一致，同时当厂房的长度和宽度过大时，则易产生过大的温度内力和变形，严重的可使墙体和屋面开裂，影响使用（图 11-11）。为了减少结构内的温度内力，通常沿厂房的纵向及横向在一定长度内从构件上设置伸缩缝，而在设计中可以不考虑其影响。

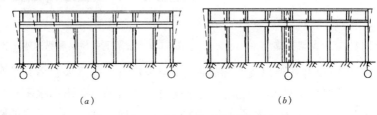

图 11-11 厂房因温度变化引起的变形

(a) 无伸缩缝时；(b) 有伸缩缝时

伸缩缝的做法是将厂房结构从基础顶面开始将相邻两个温度区段的上部结构构件完全分开，并留出一定宽度的缝隙，使上部结构在气温有变化时在水平方向可以自由地发生变形。《规范》规定，对于排架结构；当有墙体封闭时的室内结构，其伸缩缝最大间距不得超过 100m；而对于无墙体封闭的露天结构，则不得超过 70m。

厂房纵向伸缩缝一般采用双排柱、双屋架（图 11-12a），基础不分开做成双杯口，两侧柱子同立于一个基础上。厂房横向伸缩缝，通常可以采用在柱顶设置滚动铰支座来实现（图 11-12b）。

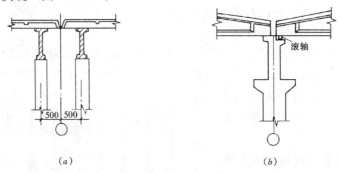

图 11-12 单层厂房伸缩缝做法

(a) 采用双排柱的纵向伸缩缝；(b) 采用滚动铰支座的横向伸缩缝

沉降缝是考虑防止由于结构上部大小不同的相邻荷载传到地基引起不均匀沉降，使结构产生裂缝而设置的。沉降缝只有在特殊情况下才考虑设置，如厂房相邻跨间吊车起重量相差悬殊，厂房相邻部分高度相差很大（如10m以上），分期建造而施工时间相隔很长的房屋交界处，厂房地基土壤的压缩性有显著的差异时等等。沉降缝的做法是从基础底面到屋顶全部结构都分开，以使其在缝的两侧发生不同沉降时不致损坏整个建筑物。沉降缝最小宽度不得小于50mm。一般情况，沉降缝可兼作伸缩缝（图11-13）。

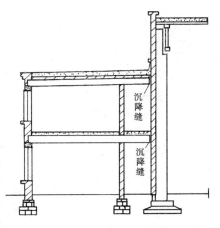

图11-13 单层厂房沉降缝的设置

当厂房有抗震设防要求时，为了减轻厂房的震害，其伸缩缝和沉降缝均应按防震缝的要求来处理。防震缝的宽度，应根据《建筑抗震设计规范》的规定确定。

§11.3 排 架 计 算

单层厂房结构是一个空间受力体系，设计时为了简化计算，一般按纵向及横向的平面结构来分析。

厂房的横向由屋架与柱子相连接，构成一个横向平面排架受力体系，厂房的各种荷载都是通过排架的柱子传递到基础和地基中去的。

厂房的纵向由屋面板、吊车梁及柱间支撑和柱列，构成一个纵向结构体系。通常由于厂房在纵向的柱子较多，水平刚度较大，每根柱子所受的相应水平荷载不大，因而往往不必进行具体计算，而是设置柱间支撑和屋盖支撑，从构造上加强其受力效能，使其水平荷载能够安全地传给柱子及基础。仅当柱子的刚度较差或数量较少，或需要考虑地震荷载或温度内力时，才进行纵向结构体系计算。这样就把复杂的空间受力体系，简化成为横向的"平面排架"问题。

11.3.1 计 算 简 图

横向排架的计算，是从厂房平面图中相邻柱距的轴线之间，截出一个典型区段作为计算单元（图11-14a中的阴影部分）。

在确定排架计算简图时，根据实践经验，作如下假定：

1. 柱顶端与屋架或横梁为铰接：由于屋架或横梁在柱顶，采用预埋钢板焊接或预埋螺栓连接，在构造上只能传递垂直压力和水平剪力的作用，故计算时按铰接考虑；

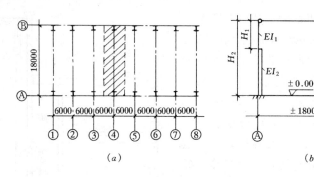

图 11-14 厂房单跨排架

(*a*) 平面图；(*b*) 剖面图

2. 柱下端与基础顶面为固接：由于柱子插入基础杯口内有一定的深度，并用细石混凝土和基础紧密浇捣成一体，对于一般土质的地基，基础的转动不大，因此这样的假定较为符合实际；但对于一些土质较差、地基变形较大或有较大的地面荷载时，则应考虑基础的位移或转动对排架的影响。

3. 横梁为没有轴向变形的刚性杆：认为横梁受力后长度变化很小，可以忽略不计，即视其两端柱顶处的水平位移相等。但对于下弦由圆钢或小型角钢等刚度较小的弦杆组成的钢筋混凝土组合屋架或两铰拱屋架，亦应考虑其轴向变形对排架的影响。

4. 排架之间相互无联系：不考虑排架之间的影响而按平面排架来考虑。

11.3.2 排架荷载计算

作用在排架上的荷载分永久荷载及可变荷载两种（图 11-15）。有时还应考虑地震、温度内力（当温差很大而伸缩缝间距超过《规范》规定值时）等偶然荷载。

1. 永久荷载（恒荷载）

（1）屋盖荷载：包括屋面荷载的天窗架、屋架、托架及支撑等自重，荷载通过屋架作用于柱顶，如图 11-15 中 G_1 所示；

（2）柱子自重：如图 11-15 中上柱自重 G_2 及下柱自重 G_3 所示；

（3）悬墙、吊车梁及轨道等自重：作用在柱子的牛腿顶面上，如图 11-15 中 G_4 和 G_5 所示。

对屋盖荷载作用点，当采用屋架承重时，可以认为是通过屋架上弦和下弦中心线的交点作用于柱顶（图 11-16*a*）；当采用屋面梁承重时，可以认为是通过梁端支承垫板中心线作用于柱顶（图 11-16*b*）。

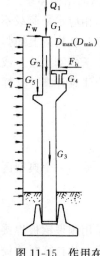

图 11-15 作用在柱子上的荷载

对于边柱的定位轴线当采用封闭结合的厂房，亦即边柱外缘和外墙内缘与纵向定位轴线相重合时，根据定型设计中的构造规定，无论采用任何形式的屋架（或屋面梁）及任何形式的柱，其柱顶集中荷载的作用点，均位于厂房纵向定位轴线内侧150mm处，上柱截面高度通常为400mm，故其偏心距一般为$e_1=50$mm。这样，就可按排架分析的方法，进行内力计算。

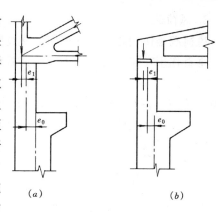

图11-16 屋盖荷载作用点
(a) 屋架承重；(b) 屋面梁承重

对于吊车梁和柱子等构件，考虑到施工时是在屋架（或屋面梁）没有吊装之前就位的，此时排架还没有形成，因此对吊车梁及柱子的自重可不按排架分析的方法计算，而是按悬臂柱来分析内力[注]。

2. 屋面可变荷载（活荷载）

屋面活荷载包括屋面均布活荷载、雪荷载和积灰荷载三种，均按屋面的水平投影面积计算。

屋面均布活荷载按《建筑结构荷载规范》（GBJ50009）（以下简称《荷载规范》）的规定采用，当施工荷载较大时，则按实际情况采用。

屋面水平投影面上的雪荷载标准值s_k（kN/m²）按下式计算

$$s_k = \mu_r \cdot s_0 \tag{11-1}$$

式中 s_0——基本雪压（kN/m²），是以当地一般空旷平坦地面上由概率统计所得的50年一遇最大积雪的自重确定的，其值由《荷载规范》查得；

μ_r——屋面积雪分布系数，根据不同屋面形式，由《荷载规范》查得。

对于在生产中有大量排灰的厂房及其邻近建筑，在设计时应考虑其屋面的积灰荷载，具体按《荷载规范》中规定采用。

在排架计算时，屋面均布活荷载一般不与雪荷载同时考虑，仅取两者中的较大值。屋面活荷载及雪荷载所取用的组合值系数，见表11-2。

屋面活荷载及雪荷载的组合值系数　　　　　　　　　　　　　　表 11-2

系数 荷载	组合值系数 ψ_{ci}	准永久值系数 ψ_{qi}
屋面活荷载	0.7	0（不上人屋面） 0.4（上人屋面）
雪荷载	0.7	Ⅰ类：0.5；Ⅱ类：0.2；Ⅲ类：0

注：表中Ⅰ类指东北、内蒙、新疆北部等；Ⅱ类指华北、西北等地；Ⅲ类指江南等省，具体划分见《荷载规范》。

[注] 计算时，亦可按排架分析的方法，但其内力差别不大。

3. 风荷载

风荷载是作用在厂房外表面，通过围护结构的墙身及屋面传递到排架柱上去的。垂直作用在建筑物表面上的风荷载标准值按下式计算

$$\omega_k = \mu_s u_z \omega_0 \tag{11-2}$$

式中　ω_0——基本风压（kN/m^2），系以当地比较空旷平坦地面上离地 10m 高由概率统计所得的 50 年一遇 10 分钟平均最大风速 v_0（m/s）为标准，按 $\omega_0 = \dfrac{1}{2}\rho v_0^2$ 确定的风压；ρ 为空气密度（t/m^3），可按式（11-3）近似估算；

$$\rho = 0.0012 e^{-0.0001Z} \quad (t/m^3) \tag{11-3}$$

　　　　z——观测建筑物风速地点的海拔高度（m）。

　　　　μ_z——风压高度变化系数，应根据地面粗糙度类别，按《荷载规范》的规定确定；

　　　　μ_s——建筑物的风载体型系数，正值表示压力，负值表示吸力（图 11-17）；

基本风压 ω_0 值一般应按《荷载规范》中全国基本风压分布图或其附录 D.4 中给出的风压（50 年一遇）采用，但不得小于 $0.3kN/m^2$。

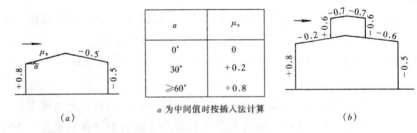

图 11-17　风载体型系数
(a) 封闭式双坡屋面；(b) 有天窗双坡屋面

风荷载其他情况的体型系数，按《荷载规范》的规定采用。

风荷载实际是以均布荷载的形式作用于屋面及外墙面上。在计算排架时，柱顶以上的均布风荷载通过屋架，考虑以集中荷载 F_w 的形式作用于柱顶。F_w 值为屋面风荷载合力的水平分力和屋架高度范围内墙体迎风面和背风面风荷载的总和；对 μ_s 值，可按例 11-1 的方法取值。对柱顶以下外墙面上的风荷载，以均布荷载的形式通过外墙作用于排架的边柱，故按沿边柱高度均布风荷载考虑，其风压高度变化系数可按柱顶标高处取值。

在平面排架计算时，其迎风面和背风面的荷载设计值 q_1 和 q_2 应按下式计算

$$q = \gamma_Q \omega_k B \tag{11-4}$$

式中　ω_k——作用于厂房单位面积墙面上的风压标准值，按式（11-2）确定；

　　　　B——计算单元宽度；

γ_Q——可变荷载分项系数，$\gamma_Q=1.4$。

风荷载的组合值和准永久值系数可分别取 0.6 和 0。

【**例 11-1**】　某厂房排架各部尺寸如图 11-18 所示，屋面坡度为 1∶10，排架的间距为 6m，基本风压值 $\omega_0=0.40\text{kN/m}^2$。求：作用在排架上的风荷载设计值 F_w。

【**解**】　由《荷载规范》查得：风压高度变化系数，按 B 类地面粗糙度取：

对柱顶（标高 11.4m 处）$\mu_z=1.04$；对屋顶（标高 12.5m 处）$\mu_z=1.07$；（标高 13.0m 处）$\mu_z=1.08$；（标高 15.8m 处）$\mu_z=1.16$。

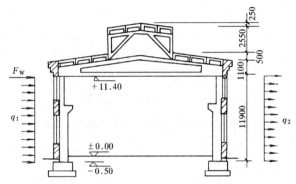

图 11-18　单跨厂房剖面尺寸

风荷载体型系数，如图 11-17（b）所示，则得均布风荷载标准值：

迎风面　$\omega_1=\mu_{s1}\mu_z\omega_0=0.8\times1.04\times0.40=0.333\text{kN/m}^2$；

背风面　$\omega_2=\mu_{s2}\mu_z\omega_0=0.5\times1.04\times0.40=0.208\text{kN/m}^2$；

作用在厂房排架边柱上的均布风荷载设计值

迎风面　$q_1=\gamma_Q\omega_1B=1.4\times0.333\times6=2.80\text{kN/m}$；

背风面　$q_2=\gamma_Q\omega_2B=1.4\times0.208\times6=1.75\text{kN/m}$。

作用于柱顶标高以上集中风荷载的设计值

$$F_w=\gamma_Q\left[(\mu_{s1}+\mu_{s2})\,\mu_zh_1+(\mu_{s3}+\mu_{s4})\,\mu_zh_2\right.$$
$$\left.+(\mu_{s2}+\mu_{s6})\,\mu_zh_3+(\mu_{s7}+\mu_{s8})\,\mu_zh_4\right]\times\omega_0B$$
$$=1.4\left[(0.8+0.5)\times1.07\times1.1+(-0.2+0.6)\times1.08\times0.5\right.$$
$$\left.+(0.6+0.6)\times1.16\times2.55+(-0.7+0.7)\times1.16\times0.25\right]$$
$$\times0.40\times6.0$$
$$=17.8\text{kN}$$

4. 吊车荷载

厂房中的吊车以往是按吊车荷载达到其额定值的频繁程度分成 4 种工作制：

轻级　在生产过程中不经常使用的吊车（吊车运行时间占全部生产时间不足 15%者），例如用于机器设备检修的吊车等。

中级　当运行为中等频繁程度的吊车，例如机械加工车间和装配车间的吊车等。

重级 当运行较为频繁的吊车（吊车运行时间占全部生产时间不少于 40％者），例如用于冶炼车间的吊车等。

超重级 当运行极为频繁的吊车，这在极个别的车间采用。

我国国家标准《起重机设计规范》（GB3811—83）为了与国际有关规定相协调，参照国际标准《起重设备分级》（ISO4301—1980）的原则，按吊车在使用期内要求的总工作循环次数和载荷状态将吊车分为 8 个工作级别，作为吊车设计的依据。

根据设计经验，按 4 级工作制而不考虑吊车的利用次数的因素时，实际上也不会影响到厂房的结构设计，但是在执行国家标准《起重机设计规范》（GB3811—83）以来，所有吊车的生产和定货，工艺设计以及土建原始资料的提供，都是以工作级别为依据的。为此《荷载规范》规定，在厂房结构设计时，可按表 11-3 中吊车的工作制等级与工作级别的对应关系进行设计。

吊车的工作制等级与工作级别的对应关系　　　　　表 11-3

工作制等级	轻　级	中　级	重　级	超重级
工作级别	A1～A3	A4、A5	A6、A7	A8

吊车按其自身结构形式不同，可分为梁式吊车和桥式吊车。梁式吊车用于起吊重量较小的情况。

吊车的结构是由大车（桥架）和小车组成。大车在吊车梁的轨道上沿厂房的纵向行驶，小车在大车的轨道上沿厂房的横向运行，在小车上安装带有吊钩的起重卷扬机，用以起吊重物（图 11-19）。

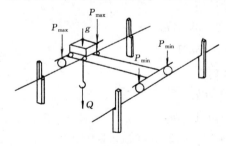

图 11-19 吊车轮压作用在
排架上的竖向荷载

吊车作用于排架上的荷载有竖向荷载和水平荷载两种：

（1）吊车竖向荷载

当小车吊起额定的最大起重量运行到大车一侧的极限位置时，则小车所在一侧的每个大车轮压称为吊车的最大轮压 $P_{\max}$；与此同时，另一侧的每个大车轮压称为吊车的最小轮压 $P_{\min}$。此时，对一般常用四轮吊车，其相应的 $P_{\min}$ 值，可按下式求得

$$P_{\min} = \frac{1}{2}(G + g + Q) - P_{\max} \qquad (11-5)$$

式中　G——大车重量（kN）；

g——横向行驶小车重量（kN）；

Q——吊车额定起重量（kN）。

对 P_{max} 值通常可根据吊车型号、规格等由"机械产品目录"或有关设计手册中查得。附表 16 给出了大连起重机械厂生产的几种电动桥式吊车的各项技术数据。也可查用过去颁布的专业标准《起重基本参数尺寸系列》(EQI—62—8—62) 中对吊车有关各项参数的规定。但是由于生产技术的发展，各工厂设计的起重机械其参数和尺寸可能有变，设计时应直接参照制造厂当时的产品规格作为设计的依据。

吊车竖向荷载是指吊车在运行时作用在排架上的吊车轮压，对柱子所产生的最大或最小竖向荷载 D_{max}、D_{min}；其值除与小车的位置有关外，还与吊车台数以及大车沿厂房纵向运行位置有关。

在计算同一跨内可能有多台吊车作用在排架上所产生的竖向荷载时，《荷载规范》规定，对单跨厂房每个排架，参与组合的吊车台数不宜多于两台；对多跨厂房每个排架，不宜多于四台。

吊车在纵向运行位置，直接影响其轮压对柱子所产生的竖向荷载。由于吊车是移动荷载，因而必须用吊车梁的支座反力影响线来求得由 P_{max} 对排架柱所产生的最大竖向荷载值。计算表明，仅当两台起重量不同吊车靠紧并行，且其中较大一台吊车的内轮正好运行至所计算排架柱顶的位置上时，则作用在排架上的吊车轮压对柱子所产生的竖向荷载为最大，取其值为 D_{max}（图 11-20）。与此同时，大车在另一侧排架上，则由 P_{min} 对柱子所产生的最小竖向荷载为 D_{min}。D_{max} 及 D_{min} 值可由图 11-20 的反力影响线求得。

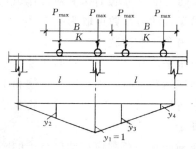

图 11-20 吊车纵向运行最不利位置及吊车梁反力影响线

实际上对多台吊车按同时满载，且其小车又同时处于最不利位置的情况极少出现，因此，在计算排架时，多台吊车在计算竖向荷载和水平荷载时，应考虑其荷载的折减。这样，D_{max}、D_{min} 值应表达为：

$$D_{max} = \gamma_Q \psi_c P_{max} \Sigma y_i \tag{11-6}$$

$$D_{min} = \gamma_Q \psi_c P_{min} \Sigma y_i = D_{max} \frac{P_{min}}{P_{max}} \tag{11-7}$$

式中　P_{max}、P_{min}——吊车的最大及最小轮压；

　　　　Σy_i——吊车各轮子下反力影响线坐标的总和；

　　　　ψ_c——多台吊车的荷载折减系数，见表 11-4；

　　　　γ_Q——可变荷载超载系数；

　　D_{max}、D_{min}——吊车轮压对排架柱所产生的最大及最小竖向荷载设计值。

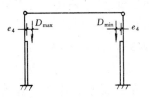

图 11-21   吊车竖向荷载
对下柱的作用

多台吊车的荷载折减系数 ψ_c 值   表 11-4

参与组合的吊车台数	吊车工作级别	
	A1～A5	A6～A8
2	0.90	0.95
3	0.85	0.90
4	0.80	0.85

当求得 D_{max} 及 D_{min} 后，则可求出作用于下柱顶面的外力矩值为（图11-21）。

$$\left.\begin{array}{l} M_{max}=D_{max}\cdot e_4 \\ M_{min}=D_{min}\cdot e_4 \end{array}\right\} \tag{11-8}$$

式中 e_4——吊车梁支座钢垫板的中心线至下柱截面高度中心线的距离。

《荷载规范》规定：当计算吊车梁及其连接的强度时，吊车竖向荷载（P_{max}、P_{min}值），还应乘以动力系数。对悬挂吊车（包括电动葫芦）及工作级别 A1～A5 的软钩吊车，动力系数可取 1.05；对工作级别为 A6～A8 的软钩吊车、硬钩吊车和其他特种吊车，动力系数可取为 1.1。

（2）吊车水平荷载

吊车水平荷载分横向和纵向两种。当吊车起吊重物，小车在大车的桥架上横向运行而突然刹车时，则将由于重物和小车惯性力的作用而产生一个横向水平刹车力，它将通过吊车桥架两侧的车轮及轨道，传给两侧的吊车梁，并由吊车梁最终传给柱子。

吊车横向水平荷载应按两侧柱子的刚度大小分配，为简化计算，《荷载规范》规定，横向水平荷载应等分给桥架的两端，分别由轨道上的车轮平均传至轨道，其方向与轨道垂直。考虑到小车的制动轮数约占总轮数的一半，这样，对四轮吊车通过吊车桥架，其每个轮子在吊车轨道上的横向水平荷载设计值为：

$$F_{h1}=\gamma_Q\cdot\frac{\alpha}{4}(g+Q) \tag{11-9}$$

式中 α——横向水平荷载系数（或称小车制动力系数），按下列规定取用：

对于软钩吊车

当 $Q\leqslant10t$ 时 $\alpha=0.12$

当 $Q=15\sim50t$ 时 $\alpha=0.10$

当 $Q\geqslant75t$ 时 $\alpha=0.08$

对硬钩吊车 $a=0.20$

上述所谓软钩吊车是指吊车采用钢索通过滑轮组带动吊钩起吊重物的，这种吊车在操作时因有钢索的缓冲作用，所以对结构所产生的冲击和振动力较小。而硬钩吊车是指吊车采用刚臂操作或起吊重物的。这种吊车在操作时所产生的振动力和冲击力都较大，如炼钢车间的加料吊车等。

在计算吊车横向水平荷载作用下的排架内力时，《荷载规范》规定，对单跨或多跨厂房的每个排架参与组合的吊车台数不应多于2台，并需考虑正反两个方面的刹车情形。当按式（11-9）求得吊车每个轮子横向刹车力 F_{h1} 后，便可按与吊车竖向荷载完全相同的方法，来确定吊车每个轮子刹车力 F_{h1} 对柱子所产生的**最大横向水平荷载设计值** F_h，可得

$$F_h = \psi_c F_{h1} \cdot \Sigma y_i$$

将式（11-6）代入上式，则得

$$F_h = \frac{1}{\gamma_Q} F_{h1} \cdot \frac{D_{max}}{P_{max}} = F_{h1k} \cdot \frac{D_{max}}{P_{max}} \tag{11-10}$$

如图11-22所示，每个轮子的横向刹车力是作用在轨道的顶面，然后通过吊车梁传递到柱子上去。

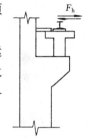

图 11-22 横向水平荷载

吊车纵向水平荷载为：当吊车起吊重物，大车沿厂房纵向运行而突然刹车时，则由惯性力的作用而引起纵向水平力。纵向水平荷载的作用点位于刹车轮与轨道的接触点，方向与轨道方向一致，其荷载总设计值应按下式确定：

$$F_{h0} = \gamma_Q \frac{n \cdot P_{max}}{10} \tag{11-11}$$

式中 n——作用在一边轨道上最大刹车轮压总数。

计算吊车纵向水平荷载作用下排架的内力，与计算吊车横向水平荷载相同，每个排架参与组合的吊车台数不应多于2台。当无柱间支撑时，吊车纵向水平荷载将由同一伸缩缝区段内所有各柱共同承担，并按各柱沿厂房纵向的抗侧移刚度大小按比例分配给各柱。当设有柱间支撑时，全部纵向水平荷载由柱间支撑承担。一般在排架计算中，由于厂房纵向刚度较大，纵向水平荷载可以不予计算，仅当无柱间支撑，在伸缩缝区段内厂房的纵向柱数较少，或厂房纵向刚度特别弱时才进行计算。

吊车荷载的组合值及准永久值系数可按表11-5取用。

吊车荷载的组合值及准永久值系数 表 11-5

吊车工作的级别	组合值系数 ψ_c	准永久值系数 ψ_q
软钩吊车		
工作级别 A1～A3	0.7	0.5
工作级别 A4、A5	0.7	0.6
工作级别 A6、A7	0.7	0.7
硬钩吊车及工作级别 A8 的软钩吊车	0.95	0.95

在厂房排架设计时，对荷载准永久组合，一般不考虑吊车荷载。必要时对吊车梁的正常使用极限状态设计，可采用吊车荷载的准永久值进行设计。

【例 11-2】　已知某单层单跨厂房，跨度为 18m，柱距为 6m，设计时考虑两台中级工作制起重量为 10t 的桥式软钩吊车，吊车桥架跨度 $L_k = 16.5$ m，求 D_{max}、D_{min} 及 F_h。

【解】　由附表 16 所列电动桥式吊车数据查得：桥架宽度 $B = 5150$mm，轮距 $K = 4050$mm，小车重量 $Q = 39.0$kN，吊车最大及最小轮压 $P_{max} = 117$kN，$P_{min} = 26$kN，吊车总重量为 186kN。则得（图 11-20）。

$$D_{max} = \psi_c \gamma_Q P_{max} \Sigma y_i = 0.9 \times 1.4 \times 117 \times \left(1 + \frac{1.95 + 4.90 + 0.85}{6} \right) = 336.61 \text{kN}$$

$$D_{min} = D_{max} \frac{P_{min}}{P_{max}} = 336.61 \times \frac{26}{117} = 74.80 \text{kN}$$

$$F_{h1k} = \frac{\alpha}{4} (g + Q) = \frac{0.12}{4} \times (39 + 100) = 4.17 \text{kN}$$

$$F_h = F_{h1k} \cdot \frac{D_{max}}{P_{max}} = 4.17 \times \frac{336.61}{117} = 12.0 \text{kN}$$

11.3.3　排架内力计算

1. 下端固定上端铰支变截面柱的反力计算

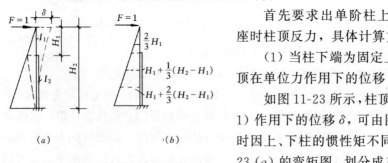

图 11-23　单阶柱位移计算

首先要求出单阶柱上端为不动铰支座时柱顶反力，具体计算方法为。

（1）当柱下端为固定上端为自由，柱顶在单位力作用下的位移

如图 11-23 所示，柱顶在单位力（$F = 1$）作用下的位移 δ，可由图乘法求得。此时因上、下柱的惯性矩不同，故需将图 11-23（a）的弯矩图，划分成三个三角形，每个三角形的相应重心处高度见图 11-23（b），则其柱顶（$F = 1$）的位移 δ 为

$$\delta = \frac{1}{EI_1} \cdot \frac{H_1^2}{2} \cdot \frac{2}{3} H_1 + \frac{1}{EI_2} \cdot \frac{H_1 (H_2 - H_1)}{2} \left[H_1 + \frac{1}{3} (H_2 - H_1) \right]$$

$$+ \frac{1}{EI_2} \cdot \frac{H_2 (H_2 - H_1)}{2} \left[H_1 + \frac{2}{3} (H_2 - H_1) \right]$$

取 $n = \dfrac{I_1}{I_2}$；$\lambda = \dfrac{H_1}{H_2}$，代入上式经整理后得

$$\delta = \frac{H_2^3}{3EI_2} \left[1 + \lambda^3 \left(\frac{1}{n} - 1 \right) \right] \tag{11-12}$$

取

$$C_0 = \frac{3}{1 + \lambda^3 \left(\dfrac{1}{n} - 1 \right)} \tag{11-13}$$

则得
$$\delta = \frac{1}{C_0} \cdot \frac{H_2^3}{EI_2}$$
(11-14)

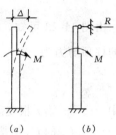

当 $n=1$ 时，$C_0=3$，则 $\delta = \frac{H_2^3}{3EI_2}$，此值即为等截面悬臂梁在自由端作用一单位力（$F=1$）时的挠度。

式中 I_1、I_2——上柱及下柱惯性矩；

H_1、H_2——上柱及全柱高度；

C_0——系数，按式（11-13）计算，或由附表 15 中附图 15-1 查得。

图 11-24 求柱上端为不动铰支座时反力

（a）上端为自由端；

（b）上端为不动铰支座

（2）当柱下端为固定上端为不动铰支座时柱顶反力计算

取基本结构如图 11-24 所示，则该柱顶的不动铰支座反力 R 值，可按力法方程求得

$$-\delta \cdot R + \Delta = 0$$

故
$$R = \frac{\Delta}{\delta}$$
(11-15)

式中 Δ——在荷载（以 M 为例）作用下，上端为自由端时柱顶的位移。Δ 值可由图乘法求得。

当单阶柱作用其他荷载时，其柱顶的不动铰支座反力 R 值，同样亦可求出。实际设计时，可直接查用图表（见附表 15）得出。

当求得柱顶反力 R 值之后，即可按静定悬臂柱求得其内力图。

2. 等高排架内力计算

对于等高排架一般运用剪力分配法求解，具体计算如下。

（1）排架柱顶作用集中荷载时

计算时假定排架横梁的刚度为无限大（即 $EA=\infty$），当排架发生侧移时，各柱顶位移相同。如图 11-25 所示，若取各柱顶的侧移分别为 Δ_1、$\Delta_2 \cdots \Delta_i \cdots \Delta_n$，则其变形协调方程为

$$\Delta_1 = \Delta_2 \cdots = \Delta_i \cdots = \Delta_n = \Delta$$
(11-16)

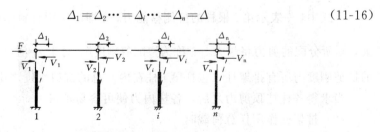

图 11-25 多跨等高排架计算简图

在图 11-25 中，若沿横梁与柱的连接部位切开，则在各柱与横梁间的切开面上，将出现相应的水平剪力 V_1、$V_2 \cdots V_i \cdots V_n$，故其平衡方程为

$$F = V_1 + V_2 \cdots + V_i \cdots + V_n = \sum_{i=1}^{n} V_i \tag{11-17}$$

由图 11-23 可知，单阶柱的柱顶产生单位位移时所需之剪力应为 $\frac{1}{\delta}$，则得第 i 柱的柱顶剪力为

$$V_i = \frac{1}{\delta_i} \cdot \Delta_i = \frac{1}{\delta_i} \cdot \Delta \tag{11-18}$$

式中　δ_i——第 i 根变阶柱在柱顶作用单位力时的侧移，按式（11-12）求得，其中的 C_0 值按式（11-13）或由附表图 15-1 查得。

将式（11-18）代入式（11-17）可得

$$F = V_1 + V_2 \cdots + V_i \cdots + V_n$$

$$= \left(\frac{1}{\delta_1} + \frac{1}{\delta_2} \cdots + \frac{1}{\delta_i} \cdots + \frac{1}{\delta_n} \right) \Delta = \sum_{i=1}^{n} \frac{1}{\delta_i} \cdot \Delta$$

则得

$$\Delta = \frac{1}{\sum\limits_{i=1}^{n} \frac{1}{\delta_i}} \cdot F \tag{11-19}$$

将其代入式（11-18），得

$$V_i = \frac{\frac{1}{\delta_i}}{\sum\limits_{i=1}^{n} \frac{1}{\delta_i}} \cdot F = \mu_i F \tag{11-20}$$

式中　μ_i——第 i 根柱的剪力分配系数。

$$\mu_i = \frac{\frac{1}{\delta_i}}{\sum\limits_{i=1}^{n} \frac{1}{\delta_i}} \tag{11-21}$$

上式中，$\frac{1}{\delta_i}$ 表示第 i 根柱的抗侧移能力，亦即当所用材料相同时，柱的截面愈大，则所分配的剪力将越大。$\frac{1}{\delta_i}$ 称为"抗剪刚度"。对于 μ_i 值：它等于第 i 柱自身的抗剪刚度与所有排架柱（包括第 i 柱在内）总的抗剪刚度之比。

当求得各柱柱顶剪力之后，各柱内力便可容易求得。

（2）排架柱作用任意荷载时

当排架柱作用任意荷载时（图 11-26a），则可利用上述剪力分配系数，将计算过程分成两个步骤进行：先将作用有荷载的排架柱柱顶视为不动铰支座，求出其支座反力值（图 11-26b）；然后将所求得的不动铰支座反力 R 值反向作用于排架柱顶（图 11-26c），以恢复到原来的受力情况。这样，将上述两种情形所求得的内力

相叠加，即可求出排架的实际内力。

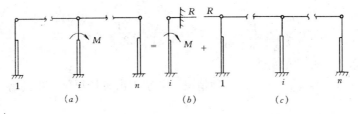

图 11-26　多跨排架柱在任意荷载下的计算简图

【例 11-3】　已知某双跨等高排架，作用其柱顶上的风荷载设计值 $F_w=$ 3.88kN，$q_1=3.21$kN/m，$q_2=1.60$kN/m；A 柱与 C 柱截面尺寸相同，$I_1=2.13 \times 10^9$mm^4，$I_2=11.67 \times 10^9$mm^4；B 柱 $I_1=4.17 \times 10^9$mm^4，$I_2=11.67 \times 10^9$mm^4；上柱高度均为 $H_1=3.0$m，柱总高均为 $H_2=12.2$m。试计算各排架柱内力（图 11-27）。

【解】　（1）求各柱的剪力分配系数

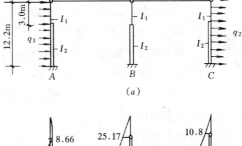

$$\lambda=\frac{H_1}{H_2}=\frac{3.0}{12.2}=0.246$$

对 A、C 柱：

$$n=\frac{I_1}{I_2}=\frac{2.13 \times 10^9}{11.67 \times 10^9}=0.183$$

对 B 柱：

$$n=\frac{I_1}{I_2}=\frac{4.17 \times 10^9}{11.67 \times 10^9}=0.357$$

C_0 值按式（11-13）求得，或由附表图 15-1 查得

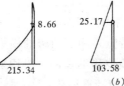

图 11-27

则对 A、C 柱　$C_0=2.813$

$$\delta_A=\delta_C=\frac{H_2^3}{C_0EI_2}=\frac{(12.2 \times 1000)^3}{2.813E \times 11.67 \times 10^9}=55.31\frac{1}{E}\text{mm}$$

对 B 柱　$C_0=2.922$

$$\delta_B=\frac{H_2^3}{C_0EI_2}=\frac{(12.2 \times 1000)^3}{2.922E \times 11.67 \times 10^9}=53.25\frac{1}{E}\text{mm}$$

剪力分配系数

$$\mu_A=\mu_C=\frac{\dfrac{1}{\delta_A}}{2\dfrac{1}{\delta_A}+\dfrac{1}{\delta_B}}=\frac{\dfrac{1}{55.31}}{2 \times \dfrac{1}{55.31}+\dfrac{1}{53.25}}=0.329$$

$$\mu_B = \cfrac{\cfrac{1}{\delta_B}}{2\cfrac{1}{\delta_A}+\cfrac{1}{\delta_B}} = \cfrac{\cfrac{1}{53.25}}{2\times\cfrac{1}{55.31}+\cfrac{1}{53.25}} = 0.342$$

（2）求各柱柱顶的剪力

将风荷载分成 F_w、q_1、q_2 三种情况，分别求出各柱顶所产生的剪力，再相叠加。

由于 q_1 的作用，查附表图 15-8 得柱顶不动铰支座反力

$$R_A = C_{11}q_1H_2 = 0.357\times3.21\times12.2 = 13.98\text{kN}$$

由于 q_2 的作用，其柱顶不动铰支座反力

$$R_C = R_A \cdot \frac{q_2}{q_1} = 13.98\times\frac{1.60}{3.21} = 6.97\text{kN}$$

各柱顶的总剪力

$$V_A = \mu_A(F_w+R_A+R_C)-R_A$$
$$= 0.329(3.88+13.98+6.97)-13.98 = -5.81\text{kN}\ (\leftarrow)$$
$$V_B = \mu_B(F_w+R_A+R_C)$$
$$= 0.342(3.88+13.98+6.97) = 8.49\text{kN}\ (\rightarrow)$$
$$V_C = \mu_C(F_w+R_A+R_C)-R_C$$
$$= 0.329(3.88+13.98+6.97)-6.97 = 1.20\text{kN}\ (\rightarrow)$$

（3）绘制柱的弯矩图（11-27b）。

3. 不等高排架内力计算*

不等高排架的特点是相邻两跨的横梁在不同的标高上，因而在荷载作用下高跨柱与低跨柱的柱顶位移不等，一般均采用力法进行内力分析，但也可借助于现成图表（附表 15），使计算简化。

图 11-28 所示为两跨不等高排架，在排架的柱顶作用一水平集中力 F，则其计算方法为：

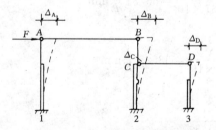

图 11-28　两跨不等高排架在外
荷载作用下的变形

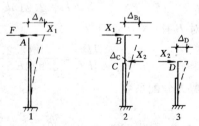

图 11-29　两跨不等高排架
按力法计算时结构基本体系

假定横梁刚度 $EA=\infty$，切断横梁以未知力 X_1、X_2 代替其作用，则其结构基本体系如图 11-29 所示。按力法列出其方程式为

$$\left.\begin{array}{l} \delta_{11}X_1+\delta_{12}X_2+\Delta_{1F}=0 \\ \delta_{21}X_1+\delta_{22}X_2+\Delta_{2F}=0 \end{array}\right\} \tag{11-22}$$

式中　　δ_{11}——为基本体系在 $X_1=1$ 作用下，在 X_1 作用点沿 X_1 的方向所产生的位移；

δ_{22}——为基本体系在 $X_2=1$ 作用下，在 X_2 作用点沿 X_2 的方向所产生的位移；

δ_{12}——为基本体系在 $X_2=1$ 作用下，在 X_1 作用点沿 X_1 的方向所产生的位移（$\delta_{21}=\delta_{12}$）；

Δ_{1F}（Δ_{2F}）——为基本体系在外载的作用下，在 X_1（或 X_2）作用点，沿 X_1（或 X_2）的方向所产生的位移。

在上述位移 δ、Δ 的下脚标，第一个表示位移的方向，第二个表示位移的原因。

这样，式（11-22）的力学意义为：由于假定横梁刚度为无限大，即认为横梁本身不变形，则该公式的第一式表示横梁 AB 在内、外力作用下，其相对位移为零（即 $\Delta_A=\Delta_B$）；第二式表示横梁 DC 在内、外力作用下，其相对位移为零（即 $\Delta_C=\Delta_D$）。

在计算时，上述的 δ_{11}、δ_{22}、Δ_{1F}、Δ_{2F} 等值，可查附表 15 而得。但应注意，在图 11-29 中，X_1 是作用于两个柱，所以 δ_{11} 是由两部分（$\delta_{11左}+\delta_{11右}$）组成的，其值为

对 1 柱：

$$\delta_{11左}=\frac{H_2^3}{C_0EI_2} \tag{11-14a}$$

对 2 柱：

$$\delta_{11右}=\frac{H_2^3}{C_0EI_2} \tag{11-14b}$$

式（11-14a、b）具体证明见式（11-14）。

此外，对 δ_{12}、δ_{21} 值可应用图乘法求出。如图 11-30 所示，对 δ_{12}（$=\delta_{21}$）的求法为

$$\delta_{12}=\delta_{21}=-\frac{1}{EI_2}\cdot\frac{(H_2-H_1)^2}{2}\Big[H_1+\frac{2}{3}(H_2-H_1)\Big]$$

$$=-\frac{1}{EI_2}\Big[\frac{H_2^3-H_1^3}{3}-\frac{H_1(H_2^2-H_1^2)}{2}\Big] \tag{11-23}$$

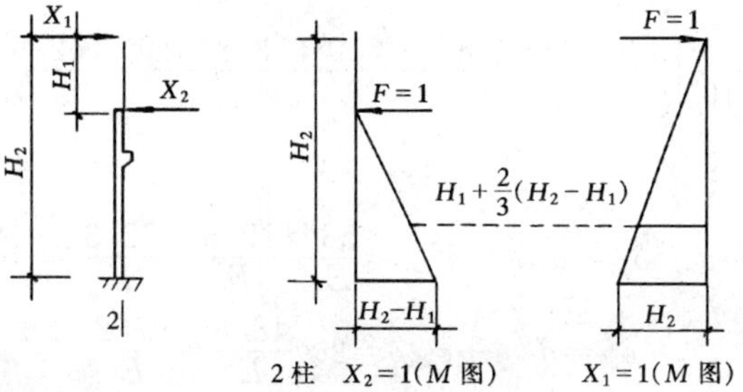

图 11-30　用图乘法求排架柱位移

由于 X_2 的作用所产生的位移与 X_1 的方向相反，故上式取负号。

最后，由式（11-22）解联立方程式，可求出 X_1、X_2 值，从而可以做出各柱相应截面的内力图。

【例11-4】　图11-31所示为两跨不等高排架，A 柱 $I_1 = 2.13 \times 10^9 \text{mm}^4$，$I_2 =$

5.96×10⁹mm⁴；B 柱与 C 柱截面尺寸相同 $I_1 = 2.13 \times 10^9 \text{mm}^4$，$I_2 = 15.8 \times 10^9 \text{mm}^4$，各柱高度如图11-31所示；若作用在 A 柱牛腿标高处外荷载 $M = 92.7 \text{kN} \cdot \text{m}$，试求各柱的柱顶反力 X_1、X_2 值。

图11-31　不等高排架内力计算例题

【解】　根据式（11-22）的力法方程求解，其中的计算系数为

对 A 柱

$$\lambda = \frac{H_1}{H_2} = \frac{2.7}{9.7} = 0.278, \quad n = \frac{I_1}{I_2} = \frac{2.13 \times 10^9}{5.96 \times 10^9} = 0.357$$

查附表15得：$C_0 = 2.888$；$C_3 = 1.333$

故

$$\delta_{11左} = \frac{H_2^3}{C_0 E I_2} = \frac{(9.7 \times 10^3)^3}{E \times 2.888 \times 5.96 \times 10^9} = \frac{53}{E} \text{mm}$$

$$\Delta_{1F} = -M \cdot \delta \frac{C_3}{H} = -92.7 \times 10^6 \times \frac{53}{E} \times \frac{1.333}{9.7 \times 10^3} = -\frac{675 \times 10^3}{E} \text{mm}$$

对 B 柱

$$\lambda = \frac{H_1}{H_2} = \frac{3.8}{12.5} = 0.304, \quad n = \frac{I_1}{I_2} = \frac{2.13 \times 10^9}{15.8 \times 10^9} = 0.135$$

查附表15-1得：$C_0 = 2.543$

故

$$\delta_{22左} = \delta_{22右} = \frac{(12.5 \times 10^3)^3}{E \times 2.543 \times 15.8 \times 10^9} = \frac{48.6}{E} \text{mm}$$

$$\delta_{11右} = \frac{H_2^3}{3 E I_2} = \frac{(9.7 \times 10^3)^3}{3 E \times 15.8 \times 10^9} = \frac{19.3}{E} \text{mm}$$

用式（11-23）计算 δ_{12}、δ_{21}

$$\delta_{12} = \delta_{21}$$

$$= -\frac{1}{E \times 15.8 \times 10^9} \left[\frac{(12.5^3 - 3.8^3) \times 10^9}{3} - \frac{3.8 \times 10^3 (12.5^2 - 3.8^2) \times 10^6}{2} \right]$$

$$= -\frac{23}{E}$$

则得

$$\delta_{11} = \delta_{11左} + \delta_{11右} = \frac{53}{E} + \frac{19.3}{E} = \frac{72.3}{E}$$

$$\delta_{22} = \delta_{22左} + \delta_{22右} = 2 \times \frac{48.6}{E} = \frac{97.2}{E}$$

$$\Delta_{2F} = 0$$

将以上系数代入基本方程式

$$\begin{cases} \dfrac{72.3}{E}X_1 - \dfrac{23}{E}X_2 - \dfrac{675\times10^3}{E} = 0 \\ -\dfrac{23}{E}X_1 + \dfrac{97.2}{E}X_2 = 0 \end{cases}$$

解上式得 $x_1 = 9.41\text{kN}$ $x_2 = 2.23\text{kN}$

4. 内力组合

内力组合的目的，是把作用在排架上各种可能同时出现的荷载，经过综合分析，求出在某些荷载作用下柱的控制截面处所产生的最不利内力，作为柱子及基础截面设计的依据。

（1）控制截面

控制截面是指对柱内配筋量计算起控制作用的截面，对于一般单阶柱；

上柱底部 I-I 截面的内力比上柱其他截面大，故取该截面作为上柱的控制截面。

对于下柱，在牛腿顶面 II-II 截面及下柱底部基础顶面处 III-III 截面的内力较大，故取此二截面作为下柱的控制截面（图11-32）。此外，当柱上作用有较大的荷载（如墙体重量）时，则需再取集中荷载作用点处的截面作为控制截面。

（2）荷载效应组合

在排架分析中，当分别算出各种荷载单独作用下的内力后，就必须考虑各种荷载同时出现最不利内力的可能性，即所谓进行荷载效应组合。

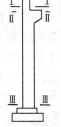

图 11-32

实践证明，几种荷载同时出现的情况是可能的，但同时都达到最大值的概率毕竟是不多的。例如50年一遇的大风和50年一遇的大雪几乎不可能同时发生；吊车满载又是急刹车的同时刚好发生大地震，这也是几乎不可能遇到。因此，当有多个荷载共同作用时，为了避免所分析的内力过大，应考虑荷载的折减问题，即所谓荷载效应组合。

荷载效应组合的具体方法，已在本书第2章中作了介绍；对于承载能力极限状态，应按荷载效应的基本组合或偶然组合，进行结构设计；对于正常使用极限状态，应根据不同的设计要求，采用荷载效应的标准组合、或准永久组合。

（3）内力组合

排架柱在各种不同荷载作用下，对柱子产生多种的弯矩 M 和轴力 N 的组合值，很难直接看出那一种组合为最不利，因此，一般总是先确定几种可能最不利内力的组合值，经过计算分析比较，从中选择其配筋量较大者，作为最后的计算值。

影响内力组合的因素很多，对于工字形或矩形截面柱，从分析其偏心受压计算公式来看，通常当 M 越大相应的 N 越小，其偏心距 e_0 就越大，可能形成大偏心受压，这对受拉钢筋不利；有时当 M 和 N 都大，但 N 增加得多一些，由于 e_0 值的减少，可能反而使所需的受拉钢筋面积减少了，而对受压钢筋不利；在少数情况下，由于 N 值较大或混凝土强度等级过低等原因，使柱子形成小偏心受压。

根据以上分析和设计经验，通常应考虑以下四种的内力组合

A. $+M_{max}$ 及相应的 N、V；

B. $-M_{max}$ 及相应的 N、V；

C. N_{max} 及相应的 M、V；

D. N_{min} 及相应的 M、V。

在以上四种内力组合中，第 A、B、D 的组合主要是考虑构件可能出现大偏心受压破坏的情况；第 C 的组合是考虑构件可能出现小偏心受压破坏的情况；从而使柱子能够避免任何一种形式的破坏。

在内力组合时，剪力对一般排架实腹柱的配筋影响很小，计算时可以不必考虑。

在计算基础时，可根据柱子底部Ⅲ-Ⅲ截面（图 11-32）内力，求得基础底面处的内力进行设计和配筋，并通常采用第 C 种的内力组合进行计算。在计算时，Ⅲ-Ⅲ截面的剪力 V 对基础底面产生的附加弯矩较大不能忽视；此外，基础梁传来的墙体等荷载，计算时也不能漏项。

在进行内力组合时，应注意以下几点：

A. 在任何一种内力组合中，必须将永久荷载组合进去。

B. 对可变荷载只能以一种内力组合的目标决定其取舍。例如，当考虑第 A 种内力组合时，就必须以得到 $+M_{max}$ 为目标，然后求与其对应的 N、V 值。

C. 当以 N_{max} 或 N_{min} 为组合目标时，应使相应的 M 尽可能地最大。

D. 风荷载只能对风自左向右吹或自右向左吹两者考虑其一。

E. 吊车荷载在 D_{max} 或 D_{min} 所产生的内力值中，两者只能选择其一。

§11.4 单 层 厂 房 柱

11.4.1 柱 子 形 式

在单层厂房中普遍使用的柱子形式，有下列几种（图 11-33）：

(1) 矩形截面柱（图 11-33a）   一般用于吊车起重量 $Q \leqslant 5t$，轨顶标高在 7.5m 以内，截面高度 $h \leqslant 700mm$。其主要优点为外形简单、施工方便，但自重大费材料，经济指标较差。

(2) 工字形柱（图 11-33b）   通常吊车起重量在 $Q \leqslant 30t$，轨顶标高在 20m 以

下，截面高度 $h \geqslant 600$mm。其主要优点为截面形式合理，适用范围比较广泛。但若截面尺寸较大（如 $h > 1600$mm），吊装将比较困难。

（3）双肢柱（图 11-33c）　一般用在吊车起重量较大（$Q \geqslant 50$t）的厂房，与工字形柱相比，自重轻受力性能合理，但其整体刚度较差，构造钢筋布置复杂，用钢量稍多。

双肢柱可分为平腹杆和斜腹杆两种形式。平腹杆双肢柱构造简单，制造方便，通常吊车的竖向荷载沿其中一个肢的轴线传递，构件主要承受轴向压力，受力性能合理；此外，其腹部的矩形孔洞整齐，便于工艺管道布置。斜腹杆双肢柱的斜腹杆与肢杆斜交呈桁架式，主要承受轴向压力和拉力，其所产生的弯矩较小，因而能节约材料。同时，构件刚度比平腹杆双肢柱好，能承受较大的水平荷载，但节点构造复杂，施工较为不便。

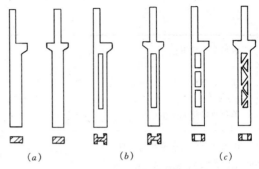

图 11-33　柱的形式
(a) 矩形截面；(b) 工字形截面；(c) 双肢柱

总之，在决定柱子的选型时，应力求受力合理，构件截面刚度大，自重轻，能节约材料，维护简便，并要考虑有无吊车及吊车规格、柱高和柱距等因素，同时要考虑制作、运输、吊装及材料供应等具体情况。在同一工程中，柱型、规格不宜过多，为施工工厂化、机械化创造条件。

对于柱的截面高度（h），可参照以下界限选用：

当 $h \leqslant 500$mm 时，采用矩形；

当 $h = 600 \sim 800$mm 时，采用矩形或工字形；

当 $h = 900 \sim 1200$mm 时，采用工字形；

当 $h = 1300 \sim 1500$mm 时，采用工字形或双肢柱；

当 $h \geqslant 1600$mm 时，采用双肢柱。

其他柱型可根据实践经验及工程具体条件选用。

11.4.2　矩形、工字形截面柱的设计

1. 截面尺寸

柱截面尺寸不仅应满足构件截面承载力的要求，同时还应保证柱子具有足够的刚度，以免造成厂房横向和纵向变形过大，使墙体及屋盖产生裂缝，影响吊车正常运行及厂房正常使用。为此，根据刚度要求，对于柱距为 6m 的厂房和露天吊车栈桥柱的截面尺寸，可参考表 11-6 及表 11-7 确定。

应该注意到，上述参考表中的数据是在混凝土强度等级较低的情况下做出的。

随着我国建材工业的发展，目前柱子采用的混凝土强度等级，一般提高至以 C30～C40 为主，为此，设计者在参考表中数据时，在满足柱子的刚度及承载能力要求的情况下，可根据自己的经验，作合理的变动。

柱距 6m 矩形及工字形柱截面尺寸参考表　　　　　表 11-6

项次	柱 的 类 型	截 面 尺 寸			
		b	h		
			$Q \leqslant 10t$	$10t < Q < 30t$	$30t \leqslant Q \leqslant 50t$
1	有吊车厂房下柱	$\geqslant \dfrac{H_l}{25}$	$\geqslant \dfrac{H_l}{14}$	$\geqslant \dfrac{H_l}{12}$	$\geqslant \dfrac{H_l}{10}$
2	露天吊车柱	$\geqslant \dfrac{H_l}{25}$	$\geqslant \dfrac{H_l}{10}$	$\geqslant \dfrac{H_l}{8}$	$\geqslant \dfrac{H_l}{7}$
3	单跨及多跨无吊车厂房	$\geqslant \dfrac{H}{30}$	$\geqslant \dfrac{1.5H}{25}$（单跨）；$\geqslant \dfrac{1.25H}{25}$（多跨）		
4	山墙柱（仅受风荷载及自重）	$\geqslant \dfrac{H_b}{40}$	$\geqslant \dfrac{H_l}{25}$		
5	山墙柱（同时承受由连系梁传来的墙重）	$\geqslant \dfrac{H_b}{30}$	$\geqslant \dfrac{H_l}{25}$		

注：表中符号为：

H_l——从基础顶面至装配式吊车梁底面或现浇式吊车梁顶面的柱下部高度；

H——从基础顶面算起的柱全高；

H_b——山墙柱从基础顶面至柱平面外（柱宽度 b 方向）支撑点的距离。

柱距 6m 中级工作制吊车单层厂房柱截面型式及尺寸参考表（mm）　　表 11-7

吊车起重量（t）	轨顶标高（m）	边　柱		中　柱	
		上　柱	下　柱	上　柱	下　柱
无吊车	4～5.4	□ 400×400（或是 350×400）		□ 400×500（或是 350×500）	
	6～8	I 400×600×100		I 400×600×100	
≤5	5～8	□ 400×400	I 400×600×100	□400×400	I 400×600×100
10	8	□ 400×400	I 400×700×100	□400×600	I 400×800×150
	10	□ 400×400	I 400×800×150	□400×600	I 400×800×150
15～20	8	□ 400×400	I 400×800×150	□400×600	I 400×800×150
	10	□ 400×400	I 400×900×150	□400×600	I 400×1000×150
	12	□ 500×400	I 500×1000×200	□400×600	I 500×1200×200
30	8	□ 400×400	I 400×1000×150	□400×600	I 400×1000×150
	10	□ 400×500	I 400×1000×150	□500×600	I 500×1200×200
	12	□ 500×500	I 500×1000×200	□500×600	I 500×1200×200
	14	□ 600×600	I 600×1200×200	□600×600	I 600×1200×200
50	10	□ 500×500	I 500×1200×200	□500×700	双 500×1600×300
	12	□ 500×600	I 500×1400×200	□500×700	双 500×1600×300
	14	□ 600×600	I 600×1400×200	□600×700	双 600×1800×300

注：□—矩形截面 $b×h$；I—工字形截面 $b_f×h×t_f$；双—双肢柱 $b×h×h_v$；（h_v 为肢杆截面高度）。

《规范》规定：工字形截面柱的翼缘厚度不宜小于120mm，腹板厚度不宜小于100mm，当腹板开洞时，在洞孔周边宜设置2～3根直径不小于8mm的封闭钢筋。

对腹板开孔的工字形柱，当孔的横向尺寸小于截面高度的一半，孔的竖向尺寸小于相邻两孔之间的净距时，柱的刚度可按实腹工字形柱计算，但在计算承载力时应扣除孔洞的削弱部分；当开孔尺寸超过上述规定时，柱的刚度和承载力应按双肢柱计算。

对柱子在支承屋架和吊车梁的局部处，应做成矩形截面；柱子下端插入基础杯口部分，根据柱子吊装就位的临时固定和校正的施工方法需要，一般做成矩形截面。

2. 截面设计

根据排架计算求得柱子控制截面最不利组合的内力 M 和 N，则按偏心受压构件进行截面配筋计算。下面仅对单层厂房柱的计算长度及柱子施工吊装验算作补充说明。

(1) 柱子计算长度的确定

在进行偏心受压构件承载力计算时，必须知道该构件的计算长度。在材料力学中，柱的计算长度按两端为铰支座、一端固定一端为自由端、一端铰支座一端为固定和两端为固定等不同支承情况而异。而单层厂房柱的实际支承情况要复杂得多，如柱上端和屋架连接，其变形视屋盖的刚度和厂房的跨数而异，因此屋盖对柱顶是属于一种弹性支承，也可认为是可动铰支承；柱子和吊车梁、圈梁等纵向构件相连接，上下柱又是变阶截面；柱下端插入基础杯口由基础支承在地基上，其固定程度与地基土的压缩性有关，也不是理想的固定端等等。因此要准确地确定柱子计算长度比较困难。《规范》在综合分析和工程实践的基础上，给出了如表11-8所示的柱子计算长度 l_0 的规定值。

采用刚性屋盖的单层工业厂房排架柱、

露天吊车柱和栈桥柱的计算长度 l_0   表 11-8

柱 的 类 型		排 架 方 向	垂 直 排 架 方 向	
			有柱间支撑	无柱间支撑
无吊车厂房柱	单 跨	$1.5H$	$1.0H$	$1.2H$
	两跨及多跨	$1.25H$	$1.0H$	$1.2H$
有吊车厂房柱	上 柱	$2.0H_u$	$1.25H_u$	$1.5H_u$
	下 柱	$1.0H_l$	$0.8H_l$	$1.0H_l$
露天吊车和栈桥柱		$2.0H_l$	$1.0H_l$	

注：1. 表中 H 为从基础顶面算起的柱子全高；H_l 为从基础顶面算起至装配式吊车梁底面或现浇吊车梁顶面的柱子下部高度；H_u 为从装配式吊车梁底面或从现浇式吊车梁顶面算起的柱子上部高度；

    2. 表中有吊车房屋排架柱的计算长度，当计算中不考虑吊车荷载时，可按无吊车房屋采用；但上柱的计算长度仍按有吊车房屋采用；

    3. 表中有吊车房屋排架柱的上柱在排架方向的计算长度，仅适用于 $H_u/H_l \geqslant 0.3$ 的情况；当 H_u/H_l <0.3 时，宜采用 $2.5H_u$。

（2）吊装阶段柱的验算

预制柱的吊装可以采用平吊，也可以采用翻身吊，其柱子的吊点一般均设在牛腿的下边缘处，起吊方法及计算简图如图 11-34 所示。吊装验算应满足承载力和裂缝宽度的要求。

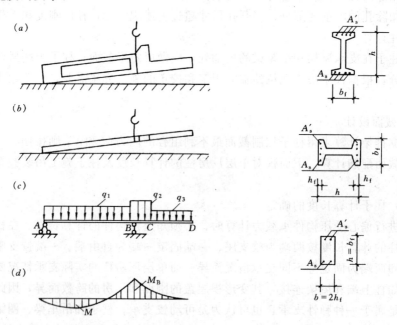

图 11-34   柱吊装验算的计算简图及截面选取
（a）翻身吊；（b）平吊；（c）计算简图；（d）M 图

一般应尽量采用平吊，以便于施工。但当采用平吊须较多地增加柱中的配筋量时，则应考虑采用翻身吊。当采用翻身吊时，其截面的受力方向与使用阶段的受力方向一致，因而其承载力和裂缝宽度不会发生问题，一般不必验算。

当采用平吊时截面受力方向是柱子的平面外方向，对工字形截面柱的腹板作用可以忽略不计，并可简化为宽度为 $2h_f$ 高度为 b_f 的矩形截面梁进行验算，此时其纵向受力钢筋只考虑两翼缘上下最外边的一排作为 A_s 及 A_s' 的计算值。在验算时，考虑到起吊时的动力作用，其自重须乘以动力系数 1.5，但根据构件的受力情况，可适当增减。此外，考虑到施工荷载是临时性质的，因此，结构构件的重要性系数应降低一级取用。

在平吊时构件裂缝宽度的验算，《规范》对钢筋混凝土构件未作专门的规定，一般可按允许出现裂缝的控制等级进行吊装的验算。

【例 11-5】 已知某厂房排架边柱，柱的各部尺寸和截面配筋如图 11-35 所示，混凝土的强度等级用 C30，若采用一点起吊，试进行吊装验算。

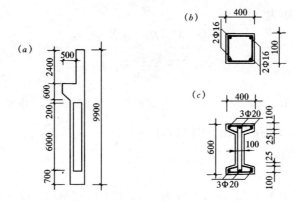

图 10-35 柱子尺寸

(a) 柱子；(b) 上柱截面；(c) 下柱截面

【解】 (1) 荷载计算

上柱矩形截面面积 0.16m^2

下柱矩形截面面积 0.24m^2

下柱工字形截面面积 0.1275m^2

上柱线荷载

$$q_3 = 0.16 \times 25 = 4\text{kN/m}$$

下柱平均线荷载

$$q_1 = \frac{0.24 \times (0.7+0.2) + 0.1275 \times 6.0}{6.9} \times 25 = 3.56\text{kN/m}$$

牛腿部分线荷载

$$q_2 = \left[0.24 + \frac{0.4 \times (0.3 \times 0.3 + \frac{1}{2} \times 0.3 \times 0.3)}{0.60} \right] \times 25 = 8.25\text{kN/m}$$

(2) 弯矩计算

如图 11-34 及图 11-35 所示

$$l_1 = 0.7 + 6.0 + 0.2 = 6.9\text{m}$$

$$l_2 = 0.6\text{m}; \quad l_3 = 2.4\text{m}$$

则得：

$$M_C = -\frac{1}{2} \times 4 \times 2.4^2 = 11.52\text{kN·m}$$

$$M_B = -4 \times 2.4 \times \left(0.6 + \frac{1}{2} \times 2.4 \right) - \frac{1}{2} \times 8.25 \times 0.6^2 = -18.77\text{kN·m}$$

求 AB 跨最大弯矩，先求反力 R_A：

$$\Sigma M_B = 0 \quad R_A = \frac{\frac{1}{2} \times 3.56 \times 6.9^2 - 18.77}{6.9} = 9.56\text{kN}$$

故 AB 跨最大弯矩为

$$令 \quad V = R_A - q_1 X = 0$$

$$X = \frac{R_A}{q_1} = \frac{9.56}{3.56} = 2.69\text{m}$$

$$M_{AB} = 9.56 \times 2.69 - \frac{1}{2} \times 3.56 \times 2.69^2 = 12.84\text{kN}$$

故最不利截面为 B 及 C 截面（图 11-34）。

（3）配筋验算

对 B 截面

荷载分项系数为 1.2，动力系数为 1.5，对一般建筑物，构件的重要性系数取降低一级后的 γ_0 值为 0.9，则其弯矩设计值为

$$M_B = -1.2 \times 1.5 \times 0.9 \times 18.77 = -30.41\text{kN} \cdot \text{m}$$

受拉钢筋截面面积（为偏于安全，下柱取工字形截面计算）

$$\alpha_s = \frac{M}{\alpha_1 f_c b h_0^2} = \frac{30410000}{1.0 \times 14.3 \times 200 \times 365^2} = 0.080$$

查得 $\gamma_s = 0.958$

$$A_s = \frac{M}{f_y \gamma_0 h_0} = \frac{30410000}{300 \times 0.958 \times 365} = 290\text{mm}^2$$

下柱原配受拉钢筋 2 Φ 20 （$A_s = 628\text{mm}^2$）

因 $290\text{mm}^2 < 628\text{mm}^2$，故安全

对 C 截面（计算从略）

（4）裂缝宽度验算

对 B 截面

按式（8-15a）计算裂缝最大宽度

取 $E_s = 2.0 \times 10^5 \text{N/mm}^2$

$$\rho_{te} = \frac{A_s}{0.5bh} = \frac{628}{0.5 \times 400 \times 200} = 0.016$$

$$M_{Bk} = -1.5 \times 18.77 = -28.16\text{kN} \cdot \text{m}$$

由式（8-11）得

$$\sigma_{sk} = \frac{M_k}{0.87 A_s h_0} = \frac{28160000}{0.87 \times 628 \times 365} = 141\text{N/mm}^2$$

由式（8-13）得

$$\psi = 1.1 - \frac{0.65 f_{tk}}{\rho_{te} \cdot \sigma_{sk}} = 1.1 - \frac{0.65 \times 2.01}{0.016 \times 141} = 0.521$$

由式（8-15a）得：

$$\omega_{max} = 2.1\psi \frac{\sigma_{sk}}{E_s} \left(1.9c + 0.08 \frac{d_{eq}}{\rho_{te}} \right)$$

$$=2.1\times\frac{0.521\times141}{2.0\times10^5}\left(1.9\times25+0.08\times\frac{20}{0.016}\right)$$

$$=0.114\text{mm}^2<0.3\text{mm}^2$$

故满足要求。

对 C 截面（计算从略）

11.4.3 牛 腿 设 计

在单层厂房钢筋混凝土柱中，通常在其支承屋架、吊车梁及连系梁的部位，设置从侧向伸出的短悬臂梁，或称为牛腿，以支承其荷载；其设置的目的是在不增大柱截面的情况下加大其支承面积，以保证构件之间的可靠连系。由于作用在牛腿上大多是负载较大的构件或是有动力作用的荷载，所以它是一个重要的部件。

1. 牛腿的受力特征

如图 11-36 所示，若取

a——竖向力 F_V 的作用点至下柱边缘的水平距离，此时应考虑安装偏差 20mm；当竖向力的作用点位于下柱截面以内时取为零。

h_0——牛腿与下柱交接处的垂直截面有效高度 $(h_1-a_s+c\cdot\text{tg}\alpha)$；当 α 大于 45°时，取 $\alpha=45°$；α 为牛腿斜边倾角，c 为下柱外边缘至牛腿悬臂端的水平距离。

试验分析说明：牛腿当 $a>h_0$ 时，其受力性能一般与悬臂梁相似。故可按悬臂梁进行设计。而当 $a\leqslant h_0$ 时，此时牛腿的受力状态实质上是一个变截面短悬臂深梁。

牛腿在竖向荷载和水平拉力作用下，其受力特征可比拟为由牛腿顶部的水平钢筋为拉杆和牛腿内的斜压混凝土为斜向压杆组成的简单桁架模型来描述。桁架拉杆的拉力由牛腿顶面的水平钢筋来承担，斜压杆的压力由牛腿内的混凝土来承担。设计时按照这一模型（图 11-36b）进行受力性能的分析。

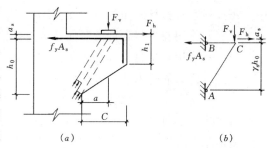

图 11-36 牛腿计算简图
（a）斜压破坏；（b）三角形桁架

2. 牛腿截面尺寸的确定

试验表明：当牛腿内产生的斜向压力较大以及随着 a/h_0 值的增加，有可能导致牛腿的斜向开裂，由于这种斜裂缝会造成明显的不安全感，且加固困难，故在确定截面尺寸时，一般牛腿截面宽度取与柱等宽，高度要求在使用阶段不出现裂缝为控制条件。因而《规范》根据试验分析，对确定截面高度 h_0 在满足上述裂缝控制条件要求下，给出了如下规定的验算经验公式：

$$F_{vk} \leqslant \beta \left(1 - 0.5 \frac{F_{hk}}{F_{vk}} \right) \frac{f_{tk}bh_0}{0.5 + \dfrac{a}{h_0}} \tag{11-24}$$

式中　F_{vk}——作用于牛腿顶部按荷载标准组合计算的竖向荷载；

f_{hk}——作用于牛腿顶部按荷载标准组合计算的水平拉力；

β——裂缝控制系数。对需作疲劳验算的牛腿，取 $\beta = 0.65$；其他牛腿，取 $\beta = 0.80$；

b——牛腿宽度；

h_1——牛腿外边缘高度，其值不应小于 $h/3$，且不应小于 200mm（图 11-37）。

在式（11-24）中的 $\left(1 - 0.5 \dfrac{F_{hk}}{F_{vk}} \right)$ 项，是牛腿在竖向力 F_{vk} 和水平拉力 F_{hk} 同时作用下，其斜裂缝宽度以不超过 0.1mm 为控制条件，由试验结果给出的。

3. 牛腿顶面水平拉杆设计

在牛腿中，顶面水平拉杆由承受竖向力所需的受拉钢筋截面面积和水平拉力所需的锚筋截面面积的和；即纵向受力钢筋的总截面面积，可由图 11-36b 所示的桁架模型，按平衡条件 $\Sigma M_A = 0$ 近似地得出：

$$F_v \cdot a + 1.2 F_h \cdot \gamma_0 h_0 = f_y A_s \cdot \gamma_0 h_0$$

则

$$A_s = \frac{F_v a}{0.85 f_y h_0} + 1.2 \frac{F_h}{f_y} \tag{11-25}$$

当 $a < 0.3 h_0$ 时，取 $a = 0.3 h_0$。

式中　A_s——水平拉杆所需的纵向受拉钢筋截面面积；

F_v——作用在牛腿顶部的竖向荷载设计值；

F_h——作用在牛腿顶部的水平拉力设计值；

γ_0——内力偶臂系数，近似取 0.85；

1.2——考虑水平拉力偏心影响时的增大系数，由经验确定。

4. 牛腿斜截面承载力

牛腿由于在常用的构件尺寸和配筋情况下，其受剪承载力总是高于其开裂时承载力，所以在满足裂缝控制条件式（11-24）要求后，《规范》不再要求受剪承载力的验算，设计时仅按构造要求配置箍筋及弯起钢筋。

5. 牛腿局部受压承载力

垫板下局部受压承载力可按下式进行验算

$$\sigma_l = \frac{F_{vk}}{A_l} \leqslant 0.75 f_c \tag{11-26}$$

式中　A_l——局部受压面积，$A_l = a \times b$，其中 a、b 分别为垫板的长边和短边尺寸。

6. 牛腿的构造要求

（1）纵向受拉钢筋宜采用 HRB335 级或 HRB400 级钢筋。全部纵向受力钢筋及弯起钢筋宜沿外边缘向下伸入柱内 150mm 后截断。纵向受力钢筋及弯起钢筋伸入上柱的锚固长度，当采用直线锚固时不应小于按式（4-31）确定的受拉钢筋锚固长度 l_a 值；当上柱尺寸不足以设置直线锚固长度时，上部纵向钢筋应伸至节点对边并向下 90°弯折，其弯折前的水平投影长度不应小于 $0.4l_a$，弯折后的垂直投影长度不应小于 15d（图 11-37a）。

承受竖向力所需的纵向受拉钢筋的配筋率 $\left(\rho_{\min} = \dfrac{A_s}{bh_0} \right)$，不应小于 0.2% 及 $0.45f_t/f_y$，也不宜大于 0.6%，且根数不宜少于 4 根，直径不应小于 12mm。

当牛腿设于上柱柱顶时，宜将柱对边的纵向受力钢筋沿柱顶水平弯入牛腿，作为牛腿纵向受拉钢筋使用；若牛腿纵向受拉钢筋与柱对边纵向钢筋分开设置，则牛腿纵向受拉钢筋弯入柱外侧后，应与柱外边纵向钢筋可靠搭接，其搭接长度不应小于 $1.7l_a$。

（2）牛腿的水平箍筋直径宜取用 6～12mm，间距宜为 100～150mm，且在上部 $2h_0/3$ 范围内水平箍筋总截面面积不宜小于承受竖向力的受拉钢筋截面面积的 1/2（图 11-37b）。

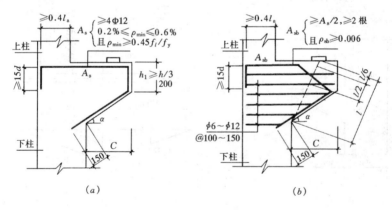

图 11-37 牛腿构造要求

（a）牛腿尺寸及纵筋构造要求；（b）牛腿箍筋及弯起钢筋构造要求

（3）当 $a/h_0 \geqslant 0.3$ 时，牛腿内宜设置弯起钢筋。弯起钢筋宜采用 HRB335 级或 HRB400 级钢筋，并宜使其与集中荷载作用点和牛腿斜边下端点连线的交点位于牛腿上部 $l/6$ 至 $l/2$ 之间的范围内，l 为该连线长度（图 11-37b），其截面面积 A_{sb} 不宜小于承受竖向力的受拉钢筋截面面积的 1/2，且不宜小于 $0.001bh$，其根数不宜少于 2 根，直径不宜小于 12mm。

弯起钢筋下端伸入下柱及上端与上柱锚固，其构造规定与纵向受拉钢筋的作法相同，见图 11-37b。纵向受拉钢筋不得兼做弯起钢筋。

【例 11-6】 某单层厂房，上柱截面尺寸为 400mm×400mm，下柱截面尺寸为 400mm×600mm（图 11-38），厂房跨度 18m，牛腿上吊车梁承受两台 10t 中级工作制吊车，其最大轮压 P_{max}=109kN，混凝土强度等级为 C30，纵筋、弯起钢筋及箍筋均采用 HRB335 级，试确定其牛腿的尺寸及配筋。

【解】　（1）荷载计算

两台吊车反力影响线见图 11-39，故得吊车的竖向荷载

$$D_{kmax}=0.9×109×（1+0.325+0.817+0.142）=224.1kN$$

吊车梁加轨道重（由标准图查得自重 30.4kN，<u>轨道重 4.8kN</u>）=35.2kN

共计=259.3kN

（2）截面尺寸验算

取牛腿外形尺寸为 h_1=250mm，h=500mm，C=400mm（图 11-38），则 h_0=500−35=465mm，a=750−600=150mm，f_{tk}=2.01N/mm²，F_{hk}=0，$β$=0.80。

$$β\left(1-0.5\frac{F_{hk}}{F_{vk}}\right)\frac{f_{tk}·bh_0}{0.5+\dfrac{a}{h_0}}=0.8×\frac{2.01×400×465}{0.5+\dfrac{150}{465}}$$

$$=363.6kN＞F_{vk}=259.3kN$$

$α＜45°$，故满足要求。

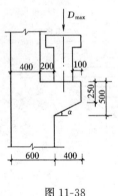

图 11-38

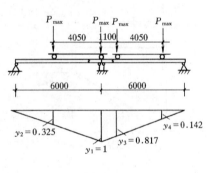

图 11-39

（3）配筋计算

纵筋截面积　　$F_v=1.2×35.2+1.4×224.1=356kN$

$$A_s=\frac{150×356×10^3}{0.85×300×465}=450mm^2$$

又　　　　　　　$A_s=ρ_{min}bh=\frac{0.2}{100}×400×500=400mm^2$

选用 4 Φ12（A_s=452mm²）

箍筋选用 Φ8 间距@=100mm（2 Φ8，A_{sh}=101mm²），则在上部 $\dfrac{2}{3}h_0$ 处实配箍筋截面面积为

$$A_{sh} = \frac{101}{100} \times \frac{2}{3} \times 465 = 313mm^2 > \frac{1}{2}A_s = \frac{1}{2} \times 450$$

$$= 225mm^2 \quad 故符合要求$$

弯起钢筋因 $a/h_0 = 150/465 = 0.32 > 0.3$，故需设置，所需截面面积：

$$A_{sb} = \frac{1}{2}A_s = \frac{1}{2} \times 450 = 225mm^2$$

及 $$A_{sb} = 0.001bh = 0.001 \times 400 \times 500 = 200mm^2$$

故选用 2 Φ 12（$A_{sb} = 226mm^2$）满足要求。

§11.5 柱下独立基础（扩展基础）

11.5.1 概　　述

柱下独立基础按受力性能不同可分为：轴心受压基础和偏心受压基础两类。单层厂房中常用的是偏心受压钢筋混凝土独立基础，其形式有阶梯形和锥体形两种（图 11-40a、b）。因为它与预制柱连接部分做成杯口，故又称杯口形基础。当基础由于地质条件所限制，或是附近有较深的设备基础或地坑而需深埋时，为了不使预制柱过长，可做成把杯口位置升高到和其他柱基相同的标高处，从而使预制柱长度一致的高杯口基础（图 11-40c）。

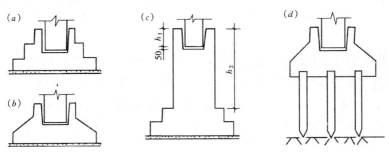

图 11-40 常用柱下独立基础形式

（a）阶梯形基础；（b）锥形基础；（c）高杯口基础；（d）桩基础

当上部结构的荷载较大，地基的土质差，对基础不均匀沉降要求较严格的厂房，一般可采用桩基础（图 11-40d）。

11.5.2 独立基础设计

根据《建筑地基基础设计规范》（GB50007）的规定，对各级建筑物的地基和基础，均应进行承载力的计算，对一些重要的建筑物或土质较为复杂的地基，尚

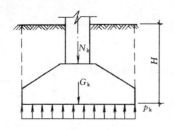

图 11-41　轴心受压荷载压力分布

应进行变形或稳定性验算。同时规定,当计算地基的承载力时,应取用荷载效应的标准值;当计算基础的承载力时,应取用荷载效应的设计值。

1. 基础底边尺寸

(1) 轴心荷载作用下的基础

假定基础底面处的压力为均匀分布 (图 11-41),设计时应满足

$$p_k = \frac{N_k + G_k}{A} \leqslant f_a \tag{11-27}$$

式中　N_k——相应于荷载效应标准组合时上部结构传至基础的竖向压力值;

　　　G_k——基础自重和基础上土重标准值;

　　　A——基础底面面积,$A = l \times b$;

　　　l——基础底面的长度,对偏心基础则为垂直于力矩作用方向的基础底面长度;

　　　b——基础底面的宽度;

　　　p_k——相应于荷载效应标准组合时基础底面处单位面积的平均压力值;

　　　f_a——经过深度及宽度修正后的地基承载力特征值。

若取基础的埋置深度为 H,并取基础及其上填土的平均自重为 γ_0(一般可近似取 $\gamma_0 = 20\text{kN/mm}^3$),则 $G_k = \gamma_0 H A$,代入式 (11-27) 可得

$$A = \frac{N_k}{f_a - \gamma_0 H} \tag{11-28}$$

设计时先对土的承载力特征值作深度修正求得其 f_a 值,则按式 (11-28) 可算出 A 值及相应的基础底面的宽度 b;当求得的 b 值若大于 3m 时,还须作宽度修正重求 f_a 值及相应的 b 值;如此经过几次试算,若求得的基础底面宽度 b 值与其用作宽度修正的 b 值前后一致时,则该 b 值即为最后确定的基础底面宽度。

(2) 偏心荷载作用下的基础

假定基础底面处的压力按线性的均匀分布 (图 11-42),则基础底边下地基的反力可按下式计算:

$$p_{\substack{k,\max \\ k,\min}} = \frac{N_k + Q_k}{A} \pm \frac{M_{kb}}{W} \tag{11-29}$$

式中　$p_{k,\max}$、$p_{k,\min}$——相应于荷载效应标准组合时基础底面边缘单位面积的最大和最小地基反力;

　　　M_{kb}——相应于荷载效应标准组合时,基础底面的弯矩标准值,$M_{kb} = M_k + V_k h$,其 M_k、V_k 为基础顶面的弯矩和剪力标准值;

　　　W——基础底面的弹性抵抗矩,$W = lb^2/6$;

取 $e_0 = \dfrac{M_{kb}}{N_k + G_k}$，并将 $W = lb^2/6$ 代入式（11-29），可得

$$p_{k,\max}^{k,\min} = \frac{N_k + G_k}{l \cdot b}\left(1 \pm \frac{6e_0}{b}\right) \qquad (11\text{-}30)$$

从上式可知：当 $e_0 < \dfrac{b}{6}$ 时，基础底面全部受压，$p_{k,\min} > 0$，地基反力图为梯形；当 $e_0 = \dfrac{b}{6}$ 时，其底面亦为全部受压，$p_{k,\min} = 0$，地基反力图为三角形（图 11-42a、b）。

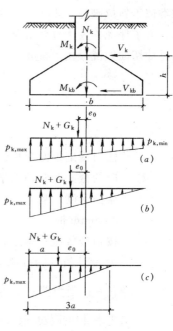

图 11-42 偏心受压荷载下基础底面处压力分布

当 $e_0 > \dfrac{b}{6}$ 时，这时基础底面积的一部分将受拉应力，但实际上基础与土的接触面不可能受拉，这说明其底边需进行内力调整，基础受压底面积不是 $l \cdot b$ 而是 $3al$（图 11-42c），此时，根据基础底面上的荷载与地基总反力相等的条件，计算地基底面的最大反力为：

$$p_{k,\max} = \frac{2(N_k + G_k)}{3al} \qquad (11\text{-}31)$$

此处 a 值为偏心荷载（$N_k + G_k$）作用点至基础底面最大压力边缘的距离，等于 $b/2 - e_0$。

偏心受压基础底面的压力，应符合下式的要求：

$$p_{k,\max} \leqslant 1.2f_a \qquad (11\text{-}32)$$

在确定偏心荷载下基础底面尺寸时，一般亦采用试算法：设计时一般先按轴心受压公式（11-28）计算，并考虑偏心的影响底面积再增加 20%～40%，初步估算出基础底面边长 l 和 b 的尺寸，然后验算是否满足式（11-32）的要求。否则应调整其基础底面尺寸重作验算，直至满足为止。

2. 基础高度及冲切验算

基础高度是指自与柱交接处基础顶面至基础底面的垂直距离。根据《地基规范》规定：柱下独立基础高度应按混凝土的受冲切及受剪承载力公式，由计算确定，对于阶梯形基础，尚应验算变阶处的基础高度。

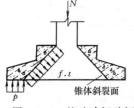

图 11-43 基础冲切破坏

试验表明：基础在承受柱传来的荷载时，如果沿柱周边（或变阶处）的高度不够，将会发生如图 11-43 所示的由于受冲切承载力不足的斜裂面而破坏。冲切破坏

形态类似于斜拉破坏，其所形成的斜裂面与水平线大致呈45°的倾角，是一种脆性破坏。为了保证不发生冲切破坏，必须使冲切面以外的地基反力所产生的冲切力不超过冲切面处混凝土所能承受的冲切力（图11-44），具体可按下列式计算：

$$F_l \leqslant 0.7\beta_h f_t a_m h_0 \tag{11-33}$$

$$F_l = p_j A_l \tag{11-34}$$

$$a_m = \frac{a_t + a_b}{2} \tag{11-35}$$

式中　h_0——柱与基础顶面交接处或基础变阶处的截面有效高度，取两个配筋方向的截面有效高度平均值；

β_h——截面高度影响系数，当基础高度 $h \leqslant 800mm$ 时，即 $\beta_h = 1.0$；当 $h \geqslant 2000mm$ 时，取 $\beta_h = 0.9$；其间按线性内插法取用；

p_j——按荷载效应基本组合计算并考虑结构重要系数的基础底面地基净反力设计值（扣除基础自重及其上的土重）；当为轴心荷载时，$p_j = \dfrac{N}{b \cdot l}$；当为偏心受力时，可取最大的净反力设计值，$p_j = p_{nmax}$。

A_l——考虑冲切荷载时取用的多边形面积（图11-44中的阴影面积 $ABCDEF$）；

a_t——冲切破坏锥体最不利一侧斜截面的上边长；当计算柱与基础交接处的抗冲切承载力时，取柱宽；当计算基础变阶处的抗冲切承载力时，取上阶宽；

a_b——柱与基础交接处或基础变阶处的冲切破坏锥体最不利一侧斜截面的下边长，即 $a_b = a_t + 2h_0$；当 $a_t + 2h_0 \geqslant l$ 时，取 $a_b = l$。

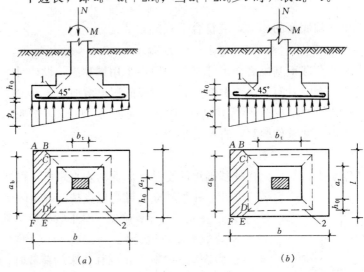

图11-44　基础底面冲切面积
（a）柱与基础交接处；（b）基础变阶处
1—冲切破坏锥体最不利一侧的斜截面；2—冲切破坏锥体的底面线

在设计时，一般是根据构造要求先假定基础高度，然后按式（11-33）进行验算，如不满足要求，则应增大基础高度再进行验算，直至满足要求为止。当基础底面落在 45°线以内时，可不进行冲切验算。

3. 配筋计算

基础在上部结构传来的荷载和地基净反力的共同作用下，可以将其倒过来看做一呈线性的均布荷载作用下支承于柱上的悬臂板（图 11-45）。这样，其底板配筋计算的方法为：

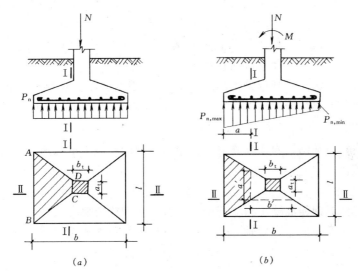

图 11-45　基础底板配筋计算图

（a）轴心荷载；（b）偏心荷载

对轴心荷载作用下的基础，沿边长 b 方向截面 I-I 处的弯矩设计值 M_{I}，等于作用在梯形面积 $ABCD$ 上的地基总净反力与该面积形心到柱边截面的距离相乘之积，即（图 11-45a）：

$$M_{\text{I}} = \frac{P_{\text{n}}}{24} (b - b_{\text{t}})^2 (2l + a_{\text{t}}) \qquad (11\text{-}36)$$

则沿边长 b 方向分布的截面 I-I 处受力钢筋截面面积 $A_{s\text{I}}$，可按下列近似公式计算

$$A_{s\text{I}} = \frac{M_{\text{I}}}{0.9 h_0 f_y} \qquad (11\text{-}37)$$

式中　$0.9 h_0$——由经验确定的内力偶臂，h_0 为截面 I-I 处底板的有效高度。

同理，沿边长 l 方向的截面 II-II 处按上述相同的方法可以求出 M_{I} 及相应的 $A_{s\text{I}}$，如果在底板两个方向受力钢筋直径相同，则截面 II-II 的有效高度应为 $h_0 - d$，故得

$$A_{s\text{II}} = \frac{M_{\text{I}}}{0.9 (h_0 - d) f_y} \qquad (11\text{-}38)$$

式中　d——底板的受力钢筋直径。

对偏心荷载作用下的基础，沿弯矩作用方向在任意截面 I-I 处的弯矩设计值 M_I 及垂直于弯矩作用方向柱边截面处的弯矩设计值 M_{II}，可按下列公式计算（图 11-45b）。

$$M_I = \frac{1}{12}a_1^2 \left[(2l+a')(p_{n,max}+p_n) + (p_{n,max}-p_n) \right] \quad (11\text{-}39)^{[注]}$$

$$M_{II} = \frac{1}{48}(l-a')^2 (2b+b')(p_{n,max}+p_{n,min}) \quad (11\text{-}40)$$

式中　$p_{n,max}$、$p_{n,min}$——相应于荷载效应基本组合时的基础底面边缘的最大和最小单位面积净反力设计值；

　　　　　p_n——相应于荷载效应基本组合时的柱任意截面 I-I 处基础底面单位面积净反力设计值；

　　　　　a_1——基础最大净反力 $p_{n,max}$ 作用点至任意截面 I-I 的距离。

当求得弯矩 M_I 及 M_{II} 设计值以后，其相应的受力钢筋截面面积近似按式（11-37）及式（11-38）进行计算。

对于阶梯形基础，尚应计算变阶截面处的配筋，最终取其两者的较大值作为所需的配筋量。

4. 构造要求

（1）对柱下钢筋混凝土独立基础，应符合下列构造要求

基础底面平面尺寸：对轴心受压基础一般采用正方形。对偏心受压基础应为矩形，其长边与弯矩作用方向平行，长、短边之比不应超过 3，一般在 1.5～2.0 之间。

锥形基础边缘高度一般不小于 200mm，阶梯形基础的每阶高度一般为 300～500mm。

基础的混凝土强度等级不宜低于 C20。底板受力钢筋的最小直径不宜小于 10mm，间距不宜大于 200mm，也不宜小于 100mm，当基础边长大于 2.5m 时，沿此方向的 50% 钢筋长度，可以减短 10%，并交错放置。

在基础底面下通常要做强度等级较低（宜用 C10）的混凝土垫层，厚度一般为 100mm。当有垫层时，混凝土保护层厚度不宜小于 35mm；当土质较好且又干燥时，可不做垫层，但其保护层厚度不宜小于 70mm。

（2）对于现浇柱的基础，如基础与柱不同时浇筑，其插筋的数目及直径应与柱内纵向受力钢筋相同。插筋的锚固及与柱的纵向受力钢筋的搭接，均应符合钢筋搭接长度的要求。

（3）预制钢筋混凝土柱与杯口基础的连接，应符合下列要求（图 11-46）。

A. 预制柱插入基础杯口内应有足够的深度，使柱可靠地嵌固在基础中；其插

［注］　式（11-39）及式（11-40）与《地基基础规范》（GB50007）规定的公式（8.2.7-4）及（8.2.7-5）相比，形式有所不同，但计算结果相同，而且计算简便。

入深度 h_1 可按表 11-9 选用，并应满足柱纵向钢筋锚固长度的要求，为保证吊装时柱的稳定性，还应使 $h_1 \geqslant$ 吊装时柱长的 0.05 倍。

    $B.$ 基础的杯底厚度和杯壁厚度，可按表 11-10 选用。

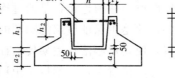

图 11-46 柱与独立基础的连接构造

注：$t = a_1 \geqslant 200$mm；$a_2 \geqslant a_1$

    $C.$ 杯壁内配筋：当柱为轴心或小偏心受压，且 $t/h_2 \geqslant 0.65$ 时，或大偏心受压，且 $t/h_2 \geqslant 0.75$ 时，杯壁可不配筋。当柱为轴心或小偏心受压且 $0.5 \leqslant t/h_2 < 0.65$ 时，杯壁可按表 11-11 构造配筋；其他情况下，应按计算配筋（图 11-46）。

柱的插入深度 h_1（mm）　　　　　　　　　　　　　　　　　表 11-9

矩 形 或 工 字 形 柱			
$h < 500$	$500 \leqslant h < 800$	$800 \leqslant h < 1000$	$h > 1000$
$h \sim 1.2h$	h	$0.9h$，$\geqslant 800$	$0.8h$，$\geqslant 1000$

注：1. h 为柱截面长边尺寸。

    2. 柱轴心受压或小偏心受压时，h_1 可以适当减小；偏心距大于 $2h$ 时，h_1 应适当加大。

基础的杯底厚度 a_1 和杯壁厚度 t　　　　　　　　　　表 11-10

柱截面长边尺寸 h（mm）	杯底厚度 a_1（mm）	杯壁厚度 t（mm）
$h < 500$	$\geqslant 150$	$150 \sim 200$
$500 \leqslant h < 800$	$\geqslant 200$	$\geqslant 200$
$800 \leqslant h < 1000$	$\geqslant 200$	$\geqslant 300$
$1000 \leqslant h < 1500$	$\geqslant 250$	$\geqslant 350$
$1500 \leqslant h \leqslant 2000$	$\geqslant 300$	$\geqslant 400$

注：1. 当有基础梁时，基础梁下的杯壁厚度应满足支承宽度的要求。

    2. 柱子插入杯口部分的表面应凿毛。柱子与杯口之间的空隙，应用细石混凝土（比基础混凝土强度等级高一级）充填密实，当达到材料设计等级的 70% 以上时，方能进行上部吊装。

杯 壁 构 造 配 筋　　　　　　　　　　　　表 11-11

柱截面长边尺寸 h（mm）	$h < 1000$	$1000 \leqslant h < 1500$	$1500 \leqslant h \leqslant 2000$
钢筋直径（mm）	$8 \sim 10$	$10 \sim 12$	$12 \sim 16$

§ 11.6 单层厂房各构件与柱连接*

    柱子是单层厂房中的主要承重构件，厂房中许多构件如屋架、吊车梁、支撑、基础梁及墙体等都要和它相联系。由各种构件传来的竖向荷载和水平荷载均要通过柱子传递到基础上去。因此，柱子与其他构件有可靠连接是使构件之间有可靠传力的保证，在设计和施工中不能忽视。

1. 屋架（或屋面梁）与柱连接

屋架、屋面梁与柱顶连接，是通过连接板与屋架端部预埋件之间相互焊接起来的。垫板的尺寸是由保证屋架能顺利的将其压力传给柱顶的条件而决定的；垫板的设置位置，使其形心落在屋架传给柱子压力合力作用线正好通过屋架上、下弦中心线交点时的位置上，一般位于距厂房定位轴线 150mm 处（图 11-47）。

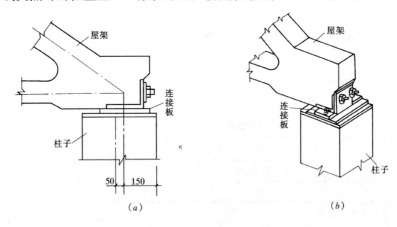

图 11-47　屋架与柱子的连接

(a) 立面图；(b) 立体图

2. 吊车梁与柱连接

吊车梁底面通过连接板与牛腿顶面预埋件相互焊接连接起来；吊车梁顶面通过连接角钢（或钢板）与上柱侧面预埋件连接起来。同时用强度等级为 C20～C30 的混凝土将吊车梁与上柱间的空隙灌实，以提高其连接的刚度和整体性（图 11-48）。

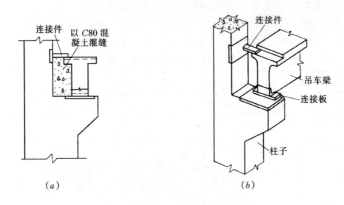

图 11-48　吊车梁与柱子连接

(a) 立面图；(b) 立体图

3. 墙与柱连接

　　墙体与柱子的连接是通过预埋在柱中的拉结钢筋砌筑在墙体内相互拉结起来，它可以把作用在墙面上的负风压传给柱子，但墙体自重等竖向荷载不会传递到柱子上去，这种连接称为柔性连接（图11-49）。

　　当墙体采用挂墙板时，一般是挂墙板与柱子焊接，具体构造见有关标准图。

　　4. 圈梁与柱连接

　　为了加强房屋的整体刚度，防止由于地基不均匀沉降或有较大振动荷载等所引起对房屋不利的影响，可在墙体中设置钢筋混凝土圈梁。现浇圈梁与柱子连接是通过在柱中预留的拉结钢筋与圈梁的混凝土浇筑在一起的方法来实现的（图11-50）。

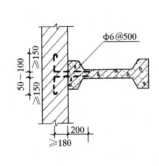

图 11-49　外墙与柱子连接

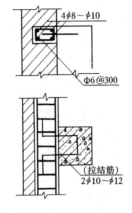

图 11-50　圈梁与柱连接

　　5. 屋架（或屋面梁）与山墙抗风柱连接

　　厂房两端山墙由于其面积较大，所承受的风荷载亦较大，故通常需设计成带有壁柱的砖墙或具有钢筋混凝土壁柱而外砌墙体的山墙，这样，使墙面所承受的部分风荷载通过该柱传到厂房的纵向柱列中去，这种柱子称为抗风柱。设计时当屋架下弦标高在 8m 以上、跨度在 18m 以上，一般都采用钢筋混凝土抗风柱。

　　厂房山墙抗风柱的柱顶一般支承在屋架（或屋面梁）的上弦，其间多采用弹簧板相互连接，以便保证屋架（或屋面梁）可以自由地沉降，而又能够有效地将山墙的水平风荷载传递到屋盖上去（图11-51）。

　　抗风柱下柱的顶面与屋架（或屋面梁）下弦的底面应留有 150mm 及以上空隙，以免抗风柱与屋盖变形不一致时产生不利的影响。

　　在设计时，抗风柱上端与屋盖连接可视为不动铰支座，下端插入基础杯口内可视为固定端，一般按变截面的一次超静梁进行计算。

　　在单层厂房中，除上述的一些构件与柱子连接以外，还有许多构件之间的相互连接也不能忽视，设计时可参看有关的标准图集，不作具体介绍了。

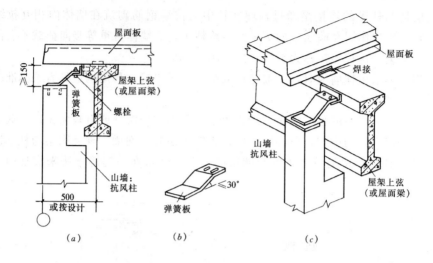

图 11-51　屋架（屋面梁）与抗风柱连接

(*a*) 剖面图；(*b*) 弹簧板；(*c*) 立体图

§11.7　单层厂房屋盖结构

在一般单层厂房中，屋盖结构的材料用量较大（表 11-1），它是厂房结构构件自重中的主要指标。因此，在保证厂房正常使用前提下，合理选择屋盖结构的形式，尽可能地减轻其自重，这不仅对其本身而且也对支承它的柱子和基础等构件能够起到节省材料用量的作用。

下面将介绍屋盖中常用的构件形式和设计要点。

11·7·1　屋　面　结　构

1. 屋面板

对于屋面结构，一般是具有承重、防水和保温的作用。目前在无檩屋盖结构体系中，广泛采用 1.5m×6m 的预应力混凝土屋面板（习称大型屋面板），每块板重 11.7kN。另外还有采用 3m×6m、1.5m×9m 和 3m×12m 三种规格的预应力混凝土板。

预应力混凝土屋面板由面板、横肋和纵肋组成（图 11-52），可分别相当于平面楼盖中的板、次梁和主梁的作用进行计算。设计时，面板厚度：对卷材防水屋面不宜小于 25mm，非卷材防水屋面不宜小于 30mm。屋面板的纵肋，在施工时由预应力作用产生的短期反拱值 v_p 不宜超过 $l/500$（l 为屋面板的净跨度）；在使用阶段的长期挠度 v 不应超过 $l/200$。使用时其屋面坡度：对卷材防水屋面最大为 $l/5$，非卷材防水为 $l/4$。该板的刚度较好。

预应力混凝土屋面板一般采用混凝土强度等级为 C30 或 C40，非卷材防水屋

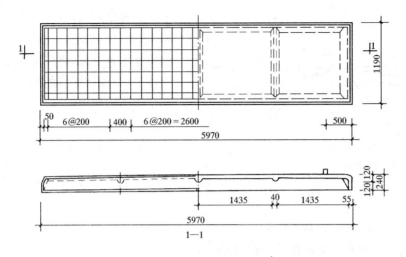

图 11-52　预应力混凝土屋面板

面板以及荷载较大时，宜选用强度等级较高的混凝土。板的配筋构造及其与屋架
（或屋面梁）的连接，可参阅全国通用图集 92G410。

2. 檩条

　　檩条在有檩屋盖结构中起支承
上部小型屋面板或瓦材，并传递屋
面荷载给屋架（或屋面梁）的作用。
其长度一般为 4m 或 6m，常用的为
钢筋混凝土「形檩条（图 11-53）。也

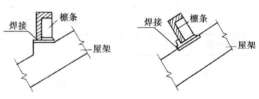

图 11-53　钢筋混凝土「形檩条

有采用上弦为钢筋混凝土、腹杆及下弦杆为钢材组合式檩条的。

11.7.2　天　窗　架

　　单层厂房根据采光或通风的要求，有时需设置天窗，其习惯的做法是用天窗
架支承屋面构件，并将其上的全部荷载传给屋架（或屋面梁）。屋面设置天窗架后，
不仅增加了屋面构件，而且削弱了屋盖的整体刚度，增加了受风面积，同时在地
震时也往往易遭破坏，故在地震区应尽量避免设置，必要时可采用下沉式、井式
或其他形式的天窗。

　　天窗架的跨度，当厂房结构跨度不超过 18m 时，通常采用 6m 跨度的天窗架；
其全国通用图集为 94G316；其他亦有采用 9m 及 12m 跨度的天窗架。目前常用的
为钢筋混凝土“三铰刚架式”天窗架（图 11-54）。

11.7.3　屋面梁和屋架

1. 型式

屋面梁和屋架是屋盖的主要承重结构，它承受全部的屋面荷载。有时还需要

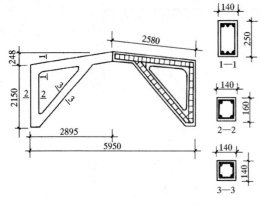

图 11-54   三铰刚架式天窗架

安装悬挂吊车、管道及其他工艺设备等。此外,屋面梁或屋架和柱子、屋面板等连接在一起,将厂房构成一个空间体系,对保证厂房的整体性和刚度起了很大的作用。

目前我国单层厂房屋盖结构常用的屋面梁和屋架的型式、特点及适用条件列于表 11-12;其中折线形屋架各弦杆及腹杆受力比较均匀(图 11-55),端节间坡度较小,施工亦较简便。

对屋面梁和屋架的选择,根据国内工程实践经验,大致情况建议如下:

厂房跨度在 15m 及以下,当吊车起重量 $Q \leqslant 10t$、且无大的振动荷载时,可选用钢筋混凝土屋面梁、三铰拱屋架;当吊车起重量 $Q > 10t$ 时,宜用预应力混凝土工字形屋面梁或钢筋混凝土折线形屋架。

钢筋混凝土屋架类型表   表 11-12

构件名称(标准图号)	形 式	跨度(m)	特点及适用条件
预应力混凝土单坡屋面梁 (96G353)		6 9 12	高度小,重心低,侧向刚度好,施工方便,但自重大,经济指标差;适用于有较大振动和腐蚀介质的厂房,屋面坡度为:1/8~1/12
预应力混凝土双坡屋面梁 (96G354)		9 12 15	
预应力混凝土三铰拱屋架 (CG424)		9 12 15 18	上弦为先张法预应力混凝土,下弦为角钢,应防止下弦受压,适用于中、小型厂房,屋面坡度:卷材防水为 1/5,非卷材防水为 1/4
钢筋混凝土组合式屋架 (CG315)		12 15 18	上弦及受压腹杆为钢筋混凝土,下弦及受拉腹杆为角钢,自重轻,适用于中、轻型厂房,屋面坡度 1/4
钢筋混凝土折线形屋架 (95G415)		15 18	外形合理,屋面坡度合适,适用于卷材防水屋面的厂房

续表

构件名称（标准图号）	形 式	跨度（m）	特点及适用条件
预应力混凝土折线形屋架（卷材防水）(95G415)		18 21 24 27 30	适用于卷材防水屋面大、中型厂房，其他同上
预应力混凝土折线形屋架（非卷材屋面防水）(CG423)		18 21 24	外形较合理，自重较轻，适用于非卷材防水屋面的中型厂房，屋面坡度1/4
预应力混凝土梯形屋架(CG417)		18～30	自重较大，刚度好，适用于卷材防水屋面的高温及采用井式或横向天窗的中、重型厂房。屋面坡度1/10～1/12

厂房跨度在 18m 及以上时；一般宜采用预应力混凝土折线形屋架，亦可采用钢筋混凝土折线形屋架；对于冶金厂房的热车间，宜采用预应力混凝土梯形屋架。

2. 屋面梁设计特点

屋面梁可按简支梁计算其内力，并和普通钢筋混凝土及预应力混凝土梁一样进行配筋计算，但是由于其截面高度是变化的，在计算时有如下特点：

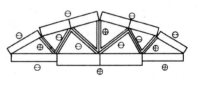

图 11-55　折线形屋架受力状况

（1）正截面承载力计算时控制截面的位置：双坡梁的截面高度随接近跨中而增大，亦即梁的跨中截面弯矩最大处其截面也最高；这样，其最不利截面位置并不在弯矩最大截面，而位于弯矩图与构件的材料图最为接近的截面 1-1（图 11-56）处起控制作用的位置，一般为距支座 $\left(\frac{1}{4} \sim \frac{1}{3}\right) l$ 处，设计时可近似取 $\frac{1}{3}l$ 处（l 为跨度）。

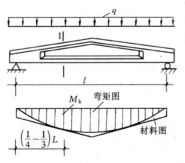

图 11-56　屋面梁弯矩图与材料图

（2）按斜截面承载力计算时，由于其腹板厚度较薄，其受剪截面应符合 $V \leqslant 0.2\beta_c f_c b h_0$ 的要求，否则应增加腹板的厚度或提高混凝土强度等级；β_c 为混凝土强度影响系数，当混凝土强度等级不超过 C50 时，取 $\beta_c=1.0$；当强度等级为 C80 时，取 $\beta_c=0.8$；其中间值按线性内插法确定。

对斜截面承载力验算时控制截面的位置，一般取：①梁的支座垫板内边缘处，因此处梁的剪力最大；②支座附近变截面处，因此处梁的腹板厚度大大减薄了；③箍筋间距或直径有变化的截面，因箍筋所能承担的剪力降低了。

对非预应力梁需进行裂缝宽度验算，对预应力梁则需进行抗裂验算。此外，还需进行梁的扶直和吊装验算，并对整个梁进行倾覆验算。

3. 屋架设计要点

屋架虽然混凝土用量不多，而钢材却占厂房钢材总用量的 20%～32% 左右（表 11-1），因此应进行合理的配筋设计。

（1）屋架的外形

屋架的外形应与厂房的使用要求、跨度大小以及屋面结构相适应，同时应尽可能接近简支梁的弯矩图形，使各杆件受力均匀。屋架的高跨比通常采用 1/10～1/6（这时一般可不进行挠度验算），屋架节间长度要有利于改善杆件受力条件，便于布置天窗架及支撑。上弦节间长度一般采用 3m，个别可用 1.5m 或 4.5m（当设置 9m 天窗架时）。下弦节间长度一般采用 4.5m 和 6m，个别可用 3m。

（2）荷载及组合

作用于屋架的荷载，其屋架自重可近似按（20～30）lN/m² 估算（l 为厂房跨度以米计），跨度大时可取小的数值。屋面板灌缝的砂浆重可取 100N/m²。屋盖支撑自重当采用钢系杆时可近似取 50N/m²，当采用钢筋混凝土系杆时则可取 250N/m²。在计算时其中风荷载对屋面一般情况是吸力，起减少屋架内力作用，故计算屋架内力时不加以考虑。

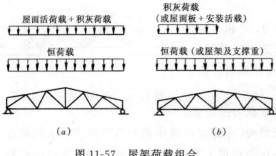

图 11-57　屋架荷载组合

(a) 全跨作用；(b) 半跨作用

为了求出各杆件的最不利内力，必须对作用在屋架上的荷载进行组合。在施工时，由于吊装次序先后的关系，也可能出现半跨屋面板自重加半跨安装活荷载的情况；而当在半跨荷载作用时，可能使屋架某些杆件的内力变号，故应考虑半跨荷载的组合（图 11-57）。

对屋面均布活荷载的标准值由《荷载规范》规定为 0.5kN/m²，而全国绝大部分地区雪荷载标准值均在 0.5kN/m² 以下，因此也可不考虑雪荷载参与组合（少数地区例外）。此外，在施工阶段，积灰荷载不会很厚，因此可不考虑参与组合，其中安装活荷载可取 0.5kN/m²。这样，在屋架计算时的荷载组合如图 11-57 所示的两种情况。

（3）内力分析

钢筋混凝土屋架由于节点的整体联结，严格地说，是一个多次超静定刚接桁架，计算复杂；实际计算时可简化成节点为铰接桁架，按下列步骤进行。

(a) 按铰接桁架计算杆件轴向力；

(b) 对屋架上弦，由屋面板传来的既有节点荷载，又有节间荷载，上弦将产生弯矩。该弯矩值的计算：可假定上弦为不动铰支座的节点所支承的折线形连续梁，用弯矩分配法进行计算（当各节间长度相差不超过 10% 时，可近似按等跨连续梁考虑。利用其现成的弯矩系数直接求出）。对下弦，一般可不考虑其自重产生的弯矩；当有节间荷载时，可与上弦的计算方法一样，求出其弯矩（图 11-58）。

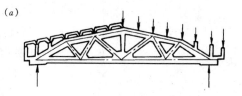
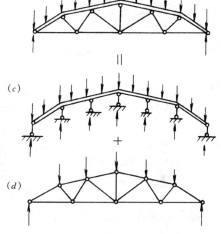

图 11-58 屋架计算简图

(a) 实际构造图；(b) 计算简图；

(c) 计算上弦弯矩；(d) 计算杆件轴力

（4）截面设计

屋架上弦杆同时受轴力和弯矩的作用，应选取内力最不利组合按偏心受压构件进行截面设计。在计算屋架平面内上弦跨中截面时，其相应的杆件计算长度 l_0 应取节间长度；上弦杆在平面外的承载力按轴心受压构件验算，其计算长度：在无天窗时取 3m，这是由于屋面板宽度为 1.5m，每块应有三个角点和屋架焊接，考虑到施工时有可能漏焊；有天窗时在天窗范围内，取横向支撑与屋架上弦连接点之间的距离。下弦杆按轴心受拉构件设计。对同一腹杆在不同荷载组合下，可能受拉或受压，应按轴心受拉或轴心受压构件设计，计算长度可取 $0.8l$；但对梯形屋架端斜杆取 $1.0l$；在屋架平面外则取 $1.0l$（l 为中心线交点之间的距离）。

（5）屋架吊装时扶直验算

屋架一般平卧制作，在吊装扶直阶段，假定其上弦处于刚离地的情况，下弦杆着地其重量直接传到地面，腹杆考虑有 50% 的重量传给上弦杆相应的节点，这时整个屋架正处在绕下弦杆转起阶段，屋架上弦需验算其最为不利的出平面抗弯能力。屋架上弦吊装时扶直验算，可近似按多跨连续梁进行（图 11-59），计算跨度由实际吊点的距离决定；验算时考虑起吊时的振动，须乘动力系数 1.5。

腹杆由于受自重的弯矩很小，通常不进行验算。

钢筋混凝土屋架的混凝土强度等级宜采用 C30～C40，预应力混凝土屋架宜采用 C40～C50。钢筋宜选用强度较高的带肋钢筋。

11.7.4 板梁（架）合一的屋盖结构

这种结构是将屋面板和梁或屋架组成整体，既可减少结构构件的种类和数量

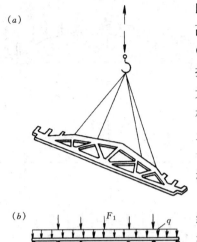

图 11-59   屋架吊装扶直时计算简图
(a) 屋架扶直示意图；
(b) 屋架扶直时上弦计算简图

以及施工吊装工序，又具有受力性能合理、结构高度小、空间刚度好和材料用量省等优点。板梁（架）合一的屋盖结构一般沿厂房的纵向布置，直接搁置在柱顶的托梁或承重墙上。目前一般用于无吊车或吊车起重量不大的厂房和仓库中。常用板梁（架）合一的构件有 V 形折板、预应力混凝土 T 形板、槽板等。

下面简要介绍预应力混凝土 V 形折板的结构形式。

折板在先张法台座上张开平卧叠层生产，折缝处不浇灌混凝土，吊装就位后上、下折缝再浇灌混凝土，即组成 V 形空间结构（图 11-60）。

V 形折板灌缝后具有整体刚度和抗震性能好、制作方便、叠层生产、用料省、自重轻等优点。但在浇灌成整体前的刚度较差，在运输和吊装过程中容易产生损坏和失稳事故，对防水、保温、隔热、采光和通风等处理较难，尚待进一步研究。

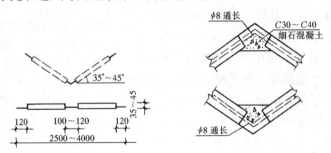

图 11-60   预应力混凝土 V 形折板

11.7.5   托   架

当柱跨度大于大型屋面板或檩条的跨度时，则需沿纵向柱列设置托架，以支承中间屋面梁或屋架，并由它将屋面梁或屋架的力传到柱子上去。

图 11-61 为 12m 预应力混凝土托架的形式：梁式托架一般用于托架所承受的集中荷载较小的无吊车厂房中；桁架式托架所承受的集中荷载自 350kN 至 1200kN；常用的形式则采用折线形预应力混凝土托架。

托架在竖向节点荷载（即屋架竖向反力）作用下各杆件的轴向力可按铰接桁架计算。托架上弦除由节点荷载产生的内力外，还应考虑由山墙传来的纵向水平力（即山墙传来的风荷载）。一般情况下，当托架承受的竖向荷载≤400kN 时，可取纵向水平力为 80kN；当竖向荷载≥550kN 时，可取 120kN。

屋架竖向反力与托架纵向中心轴线之间往往有偏心距，或当托架两侧都有屋架时，应考虑相邻两侧荷载之差，及吊装时一侧屋架及屋面已吊装而另一侧未吊装使托架产生的扭矩；并应考虑可能出现不利安装时的偏移值 20mm。计算各杆件扭矩时，一般可按支座为刚接、上下弦节点处各杆扭转角相等的条件，按抗扭刚度比进行扭矩分配，并按使用和安装两个阶段分别计算。

计算时一般应考虑由于托架端部支座反力点偏离托架弦杆轴线交点而在杆件内引起的弯矩。此外托架还应进行吊装扶直验算及托架的整体挠度验算（其允许挠度值为 $l/500$）。

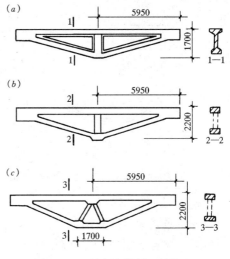

图 11-61　预应力混凝土托架

(a) 梁式；(b) 三角形桁架式；

(c) 折线形桁架式

托架的配筋构造及其与柱、屋架的连接构造，可参阅全国标准图集 96G433。

§11.8　吊　车　梁

11.8.1　型　　式

吊车梁是直接承受吊车动力荷载作用的承重构件，对吊车的正常运行、传递厂房的纵向荷载、加强厂房的纵向刚度和整体性，都起着重要的作用。此外，吊车梁的用钢量亦较大（见表 11-1），设计时必须予以足够的重视。目前常用的吊车梁形式，有以下几种。

1. 钢筋混凝土等截面吊车梁

这种吊车梁外形简单，施工方便，但腹板较厚，自重较大，技术经济指标较差。用于柱距为 4m 和 6m 的 T 形等截面吊车梁（图 11-62a），分别见全国通用图集 95G323。

2. 预应力混凝土等截面吊车梁

其截面形式有 T 形和工字形（图 11-62b）；可为先张法或后张法施工，分别见全国通用图集 96G425 和 96G426，适用于 6m 柱距的中、重级工作制吊车。预应力混凝土等截面吊车梁的工作性能、技术经济指标都较钢筋混凝土吊车梁为好，应优先采用。

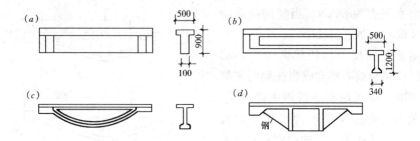

图 11-62　吊车梁的型式

(a) 钢筋混凝土等截面梁；(b) 预应力混凝土等截面梁；(c) 变截面鱼腹式梁；(d) 组合式梁

3. 变截面吊车梁

有鱼腹式和折线式两种，均为预应力的（图 11-62c）；其外形接近于简支梁的弯矩图，故各截面的抗弯承载力接近于相等。由于吊车梁受拉边的倾斜主筋能抵消部分外剪力，可减小腹板的厚度和竖向箍筋用量，但施工较复杂，预应力摩擦损失值较大，其通用图集见 95G428。

4. 组合式吊车梁

上弦为 T 形钢筋混凝土梁（压弯杆），下弦和腹杆一般采用钢材（受压竖杆也有采用混凝土的）（图 11-62d），其结构自重轻、构造简单，运输吊装方便，适用于起重量为 3～5t 轻工作制的吊车梁，但构件横向刚度差，钢材消耗量较大。

吊车梁与柱子和轨道的一般连接细部，见图 11-63。

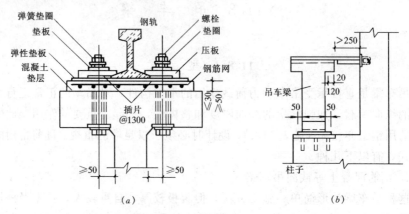

图 11-63　吊车梁的连接构造

(a) 吊车梁与轨道连接；(b) 吊车梁与柱子连接

11.8.2　吊车梁的受力特点

吊车在操作、运行、启动、制动过程中，作用在吊车梁上的荷载与一般的均布可变荷载不同，其主要特点有：

1. 吊车荷载是移动的集中荷载

吊车沿轨道行驶时，其轮压（P_{max}）和横向刹车力（F_{h1}）的位置是不断变化的，计算时应采用影响线方法求出各计算截面上的最大内力，或做出相应的包络图。

2. 要考虑吊车荷载的动力特性

吊车在起吊、下放重物时，在启动、制动（刹车）时的操作过程中，对吊车梁都会产生冲击和振动。因此，在计算其连接部分的承载力以及验算梁的抗裂性时，都必须对吊车的竖向荷载乘以动力系数 μ 值。

3. 吊车荷载是重复荷载

根据调查，如果一个车间使用 50 年，则吊车荷载对中级工作制的重复次数将会达到 2×10^6 次，对重级工作制将会达到 $4\times10^6\sim6\times10^6$ 次，甚至更多。试验证明：构件在多次重复荷载作用下，其破坏强度极限值（称为疲劳强度），将低于一次荷载作用下的强度极限值，同时裂缝亦将进一步的发展，故对工作较为频繁的吊车梁，除静力计算外，还应进行疲劳验算。

4. 要考虑吊车荷载偏心的影响

由于横向水平荷载作用于轨道的顶部，不通过吊车梁截面的弯曲中心，因此，将使梁产生扭矩等。

在进行吊车梁的结构设计时，要综合考虑以上的受力特点。

11.8.3 吊车梁的结构设计特点

1. 静力计算：包括构件承载力计算，构件的抗裂性和裂缝宽度以及变形的验算。其验算方法与普通钢筋混凝土梁和预应力混凝土梁的计算方法基本一致，但要注意到吊车梁是双向受弯的弯、剪、扭构件，既要计算竖向荷载作用下弯剪扭构件的承载力，又要验算水平荷载作用下弯、扭构件的承载力。

对预应力混凝土吊车梁由于预加应力的反拱作用，实际验算证明，一般均能满足挠度限值的要求，故可不进行挠度的验算。

2. 疲劳验算

吊车梁设计时，一般对中级和重级工作制的吊车梁，除静力计算外，还应进行疲劳强度的验算，对于要求不开裂的梁，可不进行疲劳验算，所谓"不裂不疲"。

吊车梁的疲劳验算，具体方法可参看《规范》中 7.9 节的规定。

§11.9 单层厂房结构设计例题

11.9.1 设 计 资 料

（1）某金工车间单跨无天窗厂房，跨度为 15m，柱距为 6m，车间总长度为

120m，中间设一道温度缝；厂房的横剖面如图11-64所示。

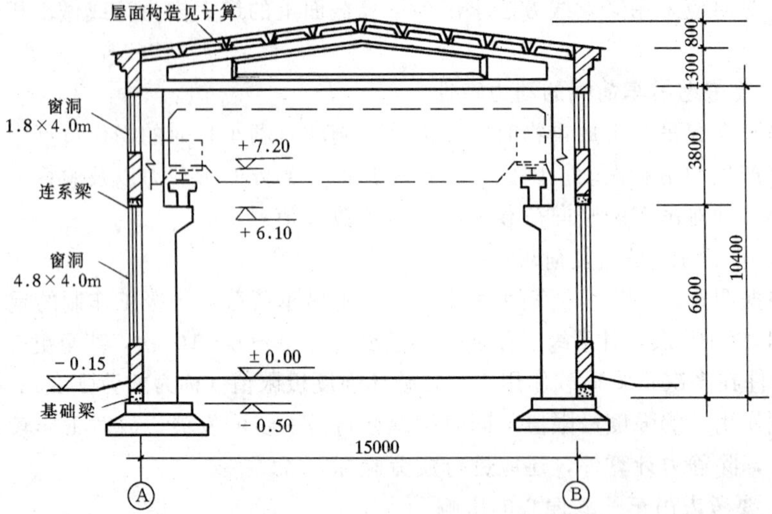

图11-64　单层厂房横剖面

（2）厂房车间内设有两台10t中级工作制吊车，吊车轨顶（标志）标高+7.2m。

（3）建筑地点：哈尔滨。

（4）地基为均匀粘性土，地基承载力特征值为200kN/m²。

（5）材料：混凝土强度等级柱子用C35 基础用C20；钢筋采用HRB335级。

11.9.2　选用结构型式

（1）屋面板采用92G410（一），板自重标准值（包括灌缝在内）为1.4kN/m²。

（2）屋面梁采用G414（四）预应力混凝土工字形屋面梁，跨度15m，梁端部高度905mm，梁跨中高度1640mm，梁自重标准值59.5kN。

（3）吊车梁选用96G425预应力混凝土吊车梁，梁高900mm，梁自重标准值30.4kN，轨道及零件重0.8kN/m。

11.9.3　柱的各部分尺寸及几何参数（图11-65）

上柱
$$b \times h = 400\text{mm} \times 400\text{mm}$$
$$(g_1 = 4\text{kN/m})$$
$$A_1 = 1.6 \times 10^5 \text{mm}^2$$
$$I_1 = 2.13 \times 10^9 \text{mm}^4$$

下柱　$b_f \times h \times b \times h_f$

$$= 400mm \times 600mm \times 100mm \times 100mm$$

$$(g_2 = 3.2kN/m)$$

$$A_2 = 1.275 \times 10^5 mm^2$$

$$I_2 = 5.88 \times 10^9 mm^4$$

$$n = \frac{I_1}{I_2} = \frac{2.13 \times 10^9}{5.88 \times 10^9} = 0.362$$

$$H_1 = 3.8m; \quad H_2 = 3.8 + 6.6 = 10.4m$$

$$\lambda = \frac{H_1}{H_2} = \frac{3.8}{10.4} = 0.365$$

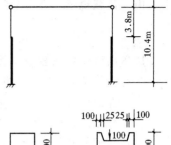

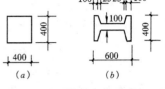

图 11-65　厂房计算简图及柱截面尺寸

(a) 上柱截面；(b) 下柱截面

11.9.4 荷 载 计 算

1. 恒荷载

（1）屋盖自重

三毡四油防水层	$1.2 \times 0.40 = 0.48kN/m^2$
20mm 水泥砂浆找平层	$1.2 \times 20 \times 0.02 = 0.48kN/m^2$
100mm 水泥珍珠岩制品保温层	$1.2 \times 4 \times 0.10 = 0.48kN/m^2$
一毡二油隔气层	$1.2 \times 0.05 = 0.06kN/m^2$
20mm 水泥砂浆找平层	$1.2 \times 20 \times 0.02 = 0.48kN/m^2$
预应力混凝土屋面板	$1.2 \times 1.4 = 1.68kN/m^2$

$$g = 3.66kN/m^2$$

屋架　$1.2 \times 59.5 = 71.4kN$

则屋架一端作用于柱顶的自重

$$G_1 = 6 \times 7.5 \times 3.66 + 0.5 \times 71.4 = 200.4kN$$

（2）柱自重

上柱：　　　　　　$G_2 = 1.2 \times 3.8 \times 4.0 = 18.2kN$

下柱：　　　　　　$G_3 = 1.2 \times 6.6 \times 3.2 = 25.4kN$

（3）吊车梁及轨道自重

$$G_4 = 1.2 \times (30.4 + 0.8 \times 6) = 42.2kN$$

2. 屋面活荷载

由《荷载规范》查得屋面活荷载标准值为 $0.5kN/m^2$（因屋面活荷载大于雪荷载，故不考虑雪荷载）。

$$Q_1 = 1.4 \times 0.5 \times 6 \times 7.5 = 31.5kN$$

3. 风荷载

由《荷载规范》查得哈尔滨地区基本风压（按 50 年重现期考虑）为

$$\omega_0 = 0.55 \text{kN/m}^2$$

风压高度变化系数 μ_z（按 B 类地面粗糙度取）为

在柱顶 　　　　（按 $H_2 = 10.0\text{m}$ 取）$\mu_z = 1.00$

在檐口处 　　　（按 $H_2 = 11.2\text{m}$ 取）$\mu_z = 1.03$

在对屋顶 　　　（按 $H_2 = 12.0\text{m}$ 取）$\mu_z = 1.06$

风载体形系数 μ_s 如图 11-17，故风荷载标准值为：

$$\omega_{1k} = \beta_z \mu_{s1} \mu_z \omega_0 = 1.0 \times 0.8 \times 1.0 \times 0.55 = 0.44 \text{kN/m}^2$$

$$\omega_{2k} = \beta_z \mu_{s1} \mu_z \omega_0 = 1.0 \times 0.5 \times 1.0 \times 0.55 = 0.28 \text{kN/m}^2$$

则作用于排架上的风荷载设计值为

$$q_1 = 1.4 \times 0.44 \times 6 = 3.70 \text{kN/m}$$

$$q_2 = 1.4 \times 0.28 \times 6 = 2.35 \text{kN/m}$$

$$F_w = \gamma_Q [(\mu_{s1} + \mu_{s2})\mu_z \omega_0 h_1 + (\mu_{s3} + \mu_{s4})\mu_z \omega_0 h_2] \times B$$

$$= 1.4 \times [(0.8 + 0.5) \times 1.03 \times 0.55 \times 1.3 + (0.05 + 0.5) \times 1.06 \times 0.55$$

$$\times 0.80] \times 6.0$$

$$= 10.20 \text{kN （取屋面坡度为 1/8）}$$

风荷载作用下计算简图如图 11-66 所示。

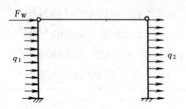

图 11-66　风荷载计算简图

4. 吊车荷载

由附表 16 查得

$P_{k,max} = 109 \text{kN}$ 　　$P_{k,min} = 22 \text{kN}$

$B = 5150 \text{mm}$ 　　　$K = 4050 \text{mm}$

$g = 39 \text{kN}$

则根据支座反力影响线求出作用于柱上的吊车竖向荷载为（图 11-39）

$$D_{max} = \psi_c \cdot \gamma_Q \cdot P_{k,max} \cdot \Sigma y_i$$

$$= 0.9 \times 1.4 \times 109 \times (1.0 + 0.817 + 0.142 + 0.325) = 313.7 \text{kN}$$

$$D_{min} = \psi_c \cdot \gamma_Q \cdot P_{k,min} \cdot \Sigma y_i$$

$$= 0.9 \times 1.4 \times 22 \times (1.0 + 0.817 + 0.142 + 0.325) = 63.3 \text{kN}$$

作用于每一轮子上的吊车横向水平刹车力（当吊起重量 $Q = 10\text{t}$ 时，$\alpha = 0.12$）

$$F_{h1} = \gamma_Q \frac{\alpha}{4}(Q + g) = 1.4 \times \frac{0.12}{4} \times (100 + 39) = 5.84 \text{ kN}$$

则两台吊车作用于排架柱顶上的吊车横向水平荷载 F_h 为：

$$F_h = \psi_c \cdot F_{h1} \cdot \Sigma y_i = 0.9 \times 5.84 \times (1 + 0.817 + 0.142 + 0.325) = 12.0 \text{kN}$$

11.9.5 内 力 计 算

1. 恒荷载

（1）屋盖自重作用

因为屋盖自重是对称荷载，排架无侧移，故按柱顶为不动铰支座计算。由图 11-65 及图 11-67，$e_1=0.05m$，$e_0=0.10m$，$G_1=200.4kN$，根据 $n=0.362$，$\lambda=0.365$，从附表图 15-2 及附表图 15-3 查得 $C_1=1.706$，$C_3=1.198$，则得

$$R = -\frac{G_1}{H_2}(e_1C_1 + e_0C_3)$$
$$= -\frac{200.4}{10.4} \times (0.05 \times 1.706 + 0.10 \times 1.198)$$
$$= -3.95kN(\rightarrow)$$

计算时对弯矩和剪力的符号规定为：弯矩图绘在纤维受拉的一边；剪力对杆端而言，顺时针方向为正（↑—↓ $+V$），剪力图可绘在杆件的任一侧，但必须注明正负号，亦即取结构力学的符号。这样，由屋盖自重对柱所产生的内力（图 11-68a）；

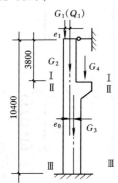

图 11-67 取用计
算截面

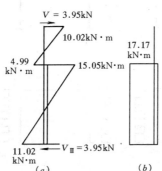
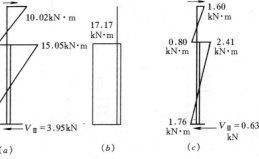

图 11-68 恒荷载内力图
(a) 屋盖自重；(b) 柱及吊车梁重；(c) 屋面活荷载

$$M_{\text{I}} = -200.4 \times 0.05 + 3.95 \times 3.8 = 4.99kN \cdot m$$

$$M_{\text{II}} = -200.4 \times 0.15 + 3.95 \times 3.8 = -15.05kN \cdot m$$

$$M_{\text{III}} = -200.4 \times 0.15 + 3.95 \times 10.4 = 11.02kN \cdot m$$

$$N_{\text{I}} = N_{\text{II}} = N_{\text{III}} = 200.4kN, V_{\text{III}} = 3.95 \text{ kN}$$

（2）柱及吊车梁自重作用

由于在安装柱子时尚未吊装屋架，此时柱顶之间无连系，没有形成排架，故不产生柱顶反力；因吊车梁自重作用点距柱外边缘要求不少于 750mm，则得（图 11-68b）。

$$M_{\text{I}} = 0$$

$$M_{\mathrm{I}} = M_{\mathrm{II}} = + 42.2 \times 0.45 - 18.2 \times 0.10 = + 17.17\mathrm{kN \cdot m}$$

$$N_1 = 18.2\mathrm{kN}; \quad N_{\mathrm{I}} = 18.2 + 42.2 = 60.4\mathrm{kN}$$

$$N_{\mathrm{II}} = 60.4 + 25.4 = 85.8\mathrm{kN}$$

2. 屋面活荷载作用

因屋面活荷载与屋盖自重对柱的作用点相同，故可将屋盖自重的内力乘以下列系数，即得图 11-68c 的屋面活荷载内力分布图以及其轴向压力及剪力为

$$\frac{Q_1}{G_1} = \frac{31.5}{200.4} = 0.16$$

$$N_1 = N_{\mathrm{I}} = N_{\mathrm{II}} = 31.5\mathrm{kN}, V_{\mathrm{II}} = 0.16 \times 3.95 = 0.63\mathrm{kN}$$

3. 风荷载作用

为计算简便，可将风荷载分解为对称及反对称两组荷载。在对称荷载作用下，排架无侧移，则可按上端为不动铰支座进行计算；在反对称荷载作用下，横梁内力等于零，则可按单根悬臂柱进行计算（图 11-69）。

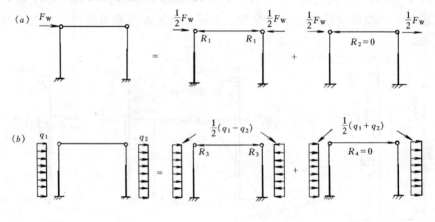

图 11-69　柱作用正风压图

(a) 当柱顶作用集中荷载时；(b) 当墙面作用均布荷载时

当柱顶作用集中风荷载 F_{w} 时（图 11-69a）

$$R_1 = \frac{1}{2}F_{\mathrm{w}} = \frac{1}{2} \times 10.20 = 5.10\mathrm{kN}$$

当墙面作用均布风荷载时，由附表图 15-8 查得 $C_{11} = 0.356$，则得

$$R_3 = C_{11} \cdot H_2 \cdot \frac{1}{2}(q_1 - q_2)$$

$$= 0.356 \times 10.4 \times \frac{1}{2} \times (3.70 - 2.35) = 2.50\mathrm{kN}$$

当正风压力作用在 A 柱时横梁内反力 R（图 11-70）

$$R = R_1 + R_3 = 5.10 + 2.50 = 7.60\mathrm{kN}$$

则 A 柱的内力为

$$M = (F_w - R)x + \frac{1}{2}q_1x^2$$

$$M_I = M_{II} = (10.20 - 7.60) \times 3.8 + \frac{1}{2} \times 3.70$$
$$\times 3.8^2 = 36.60\text{kN} \cdot \text{m}$$

$$M_{III} = (10.20 - 7.60) \times 10.4 + \frac{1}{2} \times 3.70 \times$$
$$10.4^2 = 227.14\text{kN} \cdot \text{m}$$

$$N_I = N_{II} = N_{III} = 0$$

$$V_{III} = (F_w - R) + q_1x = (10.20 - 7.60) +$$
$$3.70 \times 10.4 = 41.10\text{kN}$$

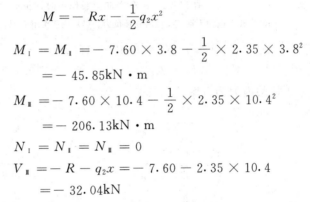

图 11-70 A 柱作用正风压

当负风压力作用在 A 柱时（图 11-71），则 A 柱的内力为

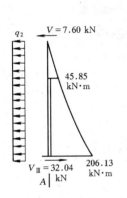

图 11-71 A 柱作用负风压

$$M = -Rx - \frac{1}{2}q_2x^2$$

$$M_I = M_{II} = -7.60 \times 3.8 - \frac{1}{2} \times 2.35 \times 3.8^2$$
$$= -45.85\text{kN} \cdot \text{m}$$

$$M_{III} = -7.60 \times 10.4 - \frac{1}{2} \times 2.35 \times 10.4^2$$
$$= -206.13\text{kN} \cdot \text{m}$$

$$N_I = N_{II} = N_{III} = 0$$

$$V_{III} = -R - q_2x = -7.60 - 2.35 \times 10.4$$
$$= -32.04\text{kN}$$

4. 吊车荷载

（1）当 $D_{\max}$ 值作用于 A 柱（图 11-72a）

根据 $n = 0.362$，$\lambda = 0.365$，从附表图 15-3 查得 $C_3 = 1.198$。吊车轮压与下柱中心线距离按构造要求取 $e_4 = 0.45\text{m}$，则得排架柱上端为不动铰支座时的反力值为：

$$R_1 = -\frac{D_{\max} \cdot e_4}{H_2} \cdot C_3 = -\frac{313.7 \times 0.45}{10.4} \times 1.198 = -16.26\text{kN}(\leftarrow)$$

$$R_2 = -\frac{D_{\min} \cdot e_4}{H_2} \cdot C_3 = -\frac{63.3 \times 0.45}{10.4} \times 1.198 = 3.28\text{kN}(\rightarrow)$$

故 $R = R_1 + R_2 = -16.26 + 3.28 = -12.98\text{kN}(\leftarrow)$

再将 R 值反向作用于排架柱顶，按剪力分配进行计算。由于结构对称，故各柱剪力分配系数相等，即 $\mu_A = \mu_B = 0.5$（图 11-72b）。

各柱的分配剪力为

$$V'_A = -V'_B = \mu_A R = 0.5 \times 12.98 = 6.49\text{kN}(\rightarrow)$$

最后各柱顶总剪力为

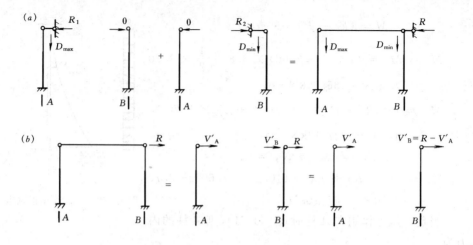

图 11-72   吊车竖向荷载作用时柱顶剪力

(a) 当柱上端为不动铰支座时柱顶反力；(b) 柱顶作用 R 时，柱顶的分配剪力

$$V_A = V'_A - R_1 = 6.49 - 16.26 = -9.77 \text{kN}(\leftarrow)$$

$$V_B = V'_B + R_2 = 6.49 + 3.28 = 9.77 \text{kN}(\rightarrow)$$

则 A 柱的内力为（图 11-73a）

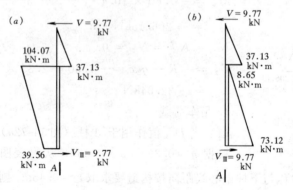

图 11-73   吊车竖向荷载对 A 柱内力图

(a) 当 D_{max} 作用于 A 柱时；(b) D_{min} 作用于 A 柱时

$$M_I = -V_A \cdot x = -9.77 \times 3.8 = -37.13 \text{kN} \cdot \text{m}$$

$$M_I = -V_A x + D_{max} \cdot e_4 = -37.13 + 313.7 \times 0.45 = 104.04 \text{kN} \cdot \text{m}$$

$$M_{II} = -9.77 \times 10.4 + 313.7 \times 0.45 = 39.56 \text{kN} \cdot \text{m}$$

$$N_I = 0; \qquad N_I = N_{II} = 313.7 \text{kN}$$

$$V_{II} = V_A = -9.77 \text{kN} (\leftarrow)$$

（2）当 D_{min} 值作用于 A 柱时（11-73b）

$$M_{\text{I}} = -9.77 \times 3.8 = -37.13 \text{kN} \cdot \text{m}$$

$$M_{\text{I}} = -9.77 \times 3.8 + 63.3 \times 0.45 = -8.65 \text{kN} \cdot \text{m}$$

$$M_{\text{II}} = -9.77 \times 10.4 + 63.3 \times 0.45 = -73.12 \text{kN} \cdot \text{m}$$

$$N_{\text{I}} = 0; \quad N_{\text{I}} = N_{\text{II}} = 63.3 \text{kN}$$

$$V_{\text{II}} = -9.77 \text{kN}$$

（3）当 F_h 值自左向右作用时（→）

由于 F_h 值同向作用在 A、B 柱上，因此排架的横梁内力为零，则得 A 柱的内力为（图 11-74）。

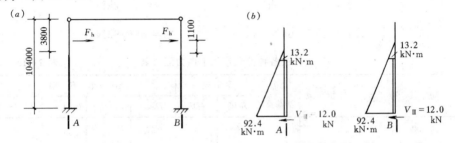

图 11-74 吊车横向水平作用

（a）吊车横向水平力作用于排架；（b）横向水平力作用时内力图

$$M_{\text{I}} = M_{\text{I}} = F_h \cdot x = 12.0 \times 1.10 = 13.2 \text{kN}$$

$$M_{\text{II}} = 12.0 \times (6.6 + 1.1) = 92.4 \text{kN} \cdot \text{m}$$

$$N_{\text{I}} = N_{\text{I}} = N_{\text{II}} = 0$$

$$V_{\text{II}} = F_h = 12.0 \text{kN}(\leftarrow)$$

（4）当 F_h 值自右向左作用时（←）

其内力值与当 F_h 值自左向右作用时相同，但方向相反。

11.9.6 内 力 组 合

单跨排架的 A 柱与 B 柱承受荷载情况相同，故仅对 A 柱在各种荷载作用下的内力进行组合。

表 11-13 为 A 柱在各种荷载作用下内力汇总表；表 11-14 为承载力极限状态荷载效应的基本组合（按式 2-17 及式 2-19 进行）；表 11-15 为正常使用极限状态荷载效应的标准组合（式 2-21）及准永久组合（式 2-23）。

11.9.7 柱 子 设 计

1. 上柱配筋计算

从表 11-14 中选取两组最不利的内力

$$M_1 = -81.57 \text{kN} \cdot \text{m} \qquad N_1 = 218.6 \text{kN}$$

$$M_2 = 38.65 \text{kN} \cdot \text{m} \qquad N_2 = 247.0 \text{kN}$$

按以上两组内力分别进行配筋计算（计算方法与下柱配筋计算方法相同，计算步骤从略），综合两组计算结果，最后上柱钢筋截面面积每侧选用 $2 \Phi 20$（$A_s = A'_s = 628 \text{mm}^2$）

2. 下柱配筋计算

从表 11-14 中选取两组最不利的内力

$$M_1 = -306.30 \text{kN} \cdot \text{m} \qquad N_1 = 343.2 \text{kN}$$

$$M_2 = 352.96 \text{kN} \cdot \text{m} \qquad N_2 = 596.9 \text{kN}$$

A 柱在各种荷载作用下内力汇总表　　　　　　　　　表 11-13

荷　载　种　类		恒荷载	屋面活荷载	风荷载		吊　车　荷　载			
				左风	右风	D_{max}	D_{min}	F_h (→)	F_h (←)
荷　载　序　号		1	2	3	4	5	6	7	8
Ⅰ-Ⅰ截面	M	4.99	0.80	36.60	−45.85	−37.13	−37.13	13.2	−13.2
	N	218.6	31.5			−37.13	−37.13		
	M_k	4.16	0.57	26.14	−32.75	−26.52	−26.52	9.43	−9.43
	N_k	182.2	22.5			−26.52	−26.52		
Ⅱ-Ⅱ截面	M	2.12	−2.41	36.60	−45.85	104.04	−8.65	13.2	−13.2
	N	260.8	31.5			313.7	63.3		
	M_k	1.77	−1.72	26.14	−32.75	74.31	−6.18	9.43	−9.43
	N_k	217.3	22.5			224.07	45.21		
Ⅲ-Ⅲ截面	M	28.19	1.76	227.14	−206.13	39.56	−73.12	92.4	−92.4
	N	286.2	31.5			313.7	63.3		
	V	3.95	0.63	41.10	−32.04	−9.77	−9.77	12.0	−12.0
	M_k	23.49	1.26	162.24	−147.24	28.26	−52.23	66.0	−66.0
	N_k	238.5	22.5			224.07	45.21		
	V_k	3.29	0.45	29.36	−22.89	−6.98	−6.98	8.57	−8.57

注：(1) 内力的单位，弯矩为 kN·m，轴力为 kN，剪力为 kN；

(2) 表中弯矩和剪力符号对杆端以顺时针转动为正，轴向力以压为正；

(3) 表中第 1 项恒荷载包括屋盖自重、柱自重、吊车梁及轨道自重；

(4) 组合时第 3 项与第 4 项、第 5 项与第 6 项、第 7 项与第 8 项二者不能同时组合；

(5) 有 F_h 值作用必须有 D_{max} 或 D_{min} 同时作用。

A 柱承载力极限状态、荷载效应的基本组合　　表 11-14

组合荷载	组合内力名称	I - I		II - II		III - III		
		M (kN·m)	N (kN)	M (kN·m)	N (kN)	M (kN·m)	N (kN)	V (kN)
由可变荷载效应控制的组合（简化规则）： $\gamma_G S_{Gk} + 0.9 \times$ $\sum_{i=1}^{n} \gamma_{Qi} S_{Qik}$	$+M_{max}$	1+0.9 (2+3)		1+0.9 (3+5+7)		1+0.9 (2+3+5+7)		
		38.65	247.0	140.58	543.1	352.96	596.9	43.51
	$-M_{max}$	1+0.9 (4+6+8)		1+0.9 (2+4+6+8)		1+0.9 (4+6+8)		
		−81.57	218.6	−61.00	346.1	−306.30	343.2	−44.48
	N_{max}	1+0.9 (2+3)		1+0.9 (2+3+5+7)		1+0.9 (2+3+5+7)		
		38.65	247.0	138.41	571.5	352.96	596.9	43.51
	N_{min}	1+0.9 (4+6+8)		1+0.9 (4+6+8)		1+0.9 (4+6+8)		
		−81.57	218.6	−58.81	317.8	−306.30	343.2	−44.48

注：由永久荷载效应控制的组合：其组合值不是最不利，计算从略。

A 柱正常使用极限状态荷载效应的组合　　表 11-15

组合荷载	组合内力名称	I - I		II - II		III - III		
		M_k (kN·m)	N_{s-k} (kN)	M_{s-k} (kN·m)	N_{s-k} (kN)	M_{s-k} (kN·m)	N_{s-k} (kN)	V_{s-k} (kN)
标准组合荷载效应的组合值： $S_{Gk} + S_{Q1k} +$ $\sum_{i=2}^{n} \psi_{ci} S_{Qik} \psi_{ci}$ ψ 值： 活：0.7 风：0.6 吊车：0.7	$+M_{maxk}$	1+3+0.7×2		1+5+0.6×3+0.7×7		1+3+0.7 (2+5+7)		
		30.70	198.0	98.37	441.4	252.59	411.1	34.08
	$-M_{maxk}$	1+4+0.7 (6+8)		1+4+0.7 (2+6+8)		1+4+0.7 (6+8)		
		−53.76	182.2	−43.11	264.5	−206.51	270.1	−30.50
	N_{maxk}	1+3+0.7×2		1+5+0.7(2+7)+0.6×3		1+5+0.7 (2+7) +0.6×3		
		30.70	198.0	97.16	457.1	196.18	478.3	20.24
	N_{mink}	1+4+0.7 (6+8)		1+4+0.7 (6+8)		1+4+0.7 (6+8)		
		−53.76	182.2	−41.91	248.9	−206.51	270.1	−30.50

注：对准永久组合按式（2-23）计算，其值要小于标准组合时的相应计算值，故在表 11-15 中从略。

（1）按 M_1，N_1 计算

$\dfrac{l_0}{h} = \dfrac{6600}{600} = 11 > 5$，需考虑纵向弯曲影响，其截面按对称配筋计算，其偏心距为

$$e_0 = \frac{M_1}{N_1} = \frac{306.30}{343.2} = 0.893\text{m}$$

$$e_a = h/30 = 600/30 = 20\text{mm}$$

$$e_i = e_0 + e_a = 893 + 20 = 913\text{mm}$$

由　　$$\zeta_1 = \frac{0.5 f_c A}{N} = \frac{0.5 \times 16.7 \times 1.275 \times 10^5}{343.2 \times 10^3} = 3.1 > 1.0$$

故取　$\zeta_1 = 1.0$

又因　$\dfrac{l_0}{h} = 11 < 15$，故 $\zeta_2 = 1.0$

$$\eta = 1 + \frac{1}{1400 \times 913/565}\left(\frac{6600}{600}\right)^2 \times 1.0 \times 1.0 = 1.053$$

则　　　　$e = \eta e_i + \dfrac{h}{2} - a_s = 1.053 \times 913 + \dfrac{600}{2} - 35 = 1226.4 \text{mm}$

先按大偏心受压情况计算受压区高度 x，并假定中和轴通过翼缘，则应
$$x < h'_f = 112.5 \text{mm}^{[注]}$$

$$x = \frac{N}{\alpha_1 f_c b'_f} = \frac{343200}{1.0 \times 16.7 \times 400}$$
$$= 51.4 \text{mm} < \xi_b h_0 = 0.55 \times 565 = 310.8 \text{mm}$$
$$x < 2a'_s = 2 \times 35 = 70 \text{mm}$$

取 $x = 2a'_s = 70 \text{mm}$

说明中和轴通过翼缘，故属于大偏心受压情况，则

$$A_s = A'_s = \frac{Ne - b'_f x \alpha_1 f_c \left(h_0 - \dfrac{x}{2}\right)}{f_y(h_0 - a'_s)}$$

$$= \frac{343200 \times 1226.4 - 400 \times 70 \times 1.0 \times 16.7\left(565 - \dfrac{70}{2}\right)}{300 \times (565 - 35)}$$

$$= 1089 \text{mm}^2$$

（2）按 M_2，N_2 计算

截面的偏心距为

$$e_0 = \frac{M_2}{N_2} = \frac{352.96}{596.9} = 0.591 \text{m}$$

$$e_0 = h/30 = 600/30 = 20 \text{mm}$$

$$e_i = e_0 + e_a = 591 + 20 = 611 \text{mm}$$

由　　　　$\zeta_1 = \dfrac{0.5 f_c A}{N} = \dfrac{0.5 \times 16.7 \times 1.275 \times 10^5}{596.9 \times 10^3} = 1.78 > 1.0$

故取　$\zeta_1 = 1.0$；又 $\zeta_2 = 1.0$，则

$$\eta = 1 + \frac{1}{1400 \times 611/565}\left(\frac{6600}{600}\right)^2 \times 1.0 \times 1.0 = 1.080$$

$$e = \eta e_i + \frac{h}{2} - a_s = 1.080 \times 611 + \frac{600}{2} - 35 = 924.9 \text{mm}$$

先按大偏心受压情况计算受压区高度 x，并假定中和轴通过翼缘，则应
$$x < h'_f = 112.5 \text{mm}$$

[注]　此值为翼缘厚度的近似平均值。

$$x = \frac{N}{f_c b'_f} = \frac{596900}{16.7 \times 400} = 89.4 \text{mm}$$

$$x > 2a'_s = 2 \times 35 = 70 \text{mm}$$

说明中和轴位于受压翼缘内

又因 $\quad x < \zeta_b h_0 = 310.8 \text{mm}$

故属于大偏心受压情况，则

$$A_s = A'_s = \frac{Ne - \alpha_1 f_c b_f x \left(h_0 - \dfrac{x}{2} \right)}{f_y (h_0 - a'_s)}$$

$$= \frac{596900 \times 924.9 - 1.0 \times 16.7 \times 400 \times 89.4 \times \left(565 - \dfrac{89.4}{2} \right)}{300 \times (565 - 35)}$$

$$= 1518 \text{mm}^2$$

综合以上两种计算结果，最后下柱钢筋截面面积选用每侧为 4 Φ 22 ($A_s = A'_s$ = 1520mm²)。

3. 柱裂缝宽度验算

（1）上柱

从表 11-15 中取得 $M_k = 53.76 \text{kN} \cdot \text{m}$，$N_k = 182.2 \text{kN}$，进行裂缝宽度验算，计算结果 $\omega_{max} = 0.134 \text{mm} < 0.3 \text{mm}$，故满足要求（计算步骤从略）。

（2）下柱

从表 11-15 中取一组荷载效应组合内力值：

$$M_k = 252.59 \text{kN} \cdot \text{m}; \quad N_k = 411.1 \text{kN}$$

截面偏心距

$$e_0 = \frac{M_k}{N_k} = \frac{252.59}{411.1} = 0.614 \text{m}$$

则

$$\rho_{te} = \frac{A_s}{A_{te}} = \frac{A_s}{0.5bh + (b_f - b) \, h_f}$$

$$= \frac{1520}{0.5 \times 100 \times 600 + (400 - 100) \times 112.5} = 0.0238$$

因 $\quad \dfrac{l_0}{h} = \dfrac{6600}{600} = 11 < 14$，故取 $\eta_k = 1.0$

则 $\quad e = \eta_k e_0 + \dfrac{h}{2} - a_s = 1.0 \times 614 + \dfrac{600}{2} - 35 = 879 \text{mm}$

$$\gamma'_f = \frac{(b'_f - b)h'_f}{bh_0} = \frac{(400 - 100) \times 112.5}{100 \times 565} = 0.597$$

$$Z = \left[0.87 - 0.12(1 - \gamma'_f) \left(\frac{h_0}{e} \right)^2 \right] h_0$$

$$= \left[0.87 - 0.12(1 - 0.597) \left(\frac{565}{879} \right)^2 \right] \times 565$$

$$= 480.3 \text{mm}$$

按荷载标准组合计算的纵向受拉钢筋应力

$$\sigma_{sk} = \frac{N_k(e - Z)}{ZA_s} = \frac{411100 \times (879 - 480.3)}{480.3 \times 1520} = 224.5 \text{N/mm}^2$$

裂缝间钢筋应变不均匀系数为

$$\psi = 1.1 - 0.65 \frac{f_{tk}}{\rho_{te} \cdot \sigma_{sk}} = 1.1 - 0.65 \times \frac{2.2}{0.0238 \times 224.5} = 0.832$$

则偏心受压构件在纵向受拉钢筋截面重心处，混凝土侧表面的最大裂缝宽度为

$$\omega_{max} = 2.1\psi \frac{\sigma_{sk}}{E_s}\left(1.9c + 0.08\frac{d_{eq}}{\rho_{te}}\right)$$
$$= 2.1 \times 0.832 \times \frac{224.5}{2 \times 10^5}\left(1.9 \times 25 + 0.08 \times \frac{20}{0.0238}\right)$$
$$= 0.23 \text{mm} < 0.30 \text{mm}$$

满足要求。

4. 运输、吊装阶段验算

验算方法与例 11-5 相同（计算步骤从略）。验算结果，上柱及下柱吊装时构件的承载力和裂缝宽度均符合要求。

柱的配筋见图 11-75。

5. 柱的牛腿设计

牛腿的外形尺寸按构造要求取用 $h = 600\text{mm}$，$h_1 = 250\text{mm}$，$c = 400\text{mm}$，$a = 150\text{mm}$（符号意义见图 11-37）。牛腿配筋计算方法与例 11-6 相同（计算步骤从略）。通过计算结果，取用纵向钢筋为 4 Φ 12，弯起钢筋为 2 Φ 12，箍筋为 Φ 8@ = 100。

11.9.8　基　础　设　计

1. 荷载

按《地基规范》（GB50007）规定，对地基承载力特征值为 $200\text{kN/m}^2 \leqslant f_{ak} < 300\text{kN/m}^2$、单跨厂房的跨度 $l \leqslant 30\text{m}$、吊车起重量不超过 100t 的丙级建筑物，设计时可不作地基变形验算。当地基按承载力确定基础底面面积时，应按荷载效应标准值进行计算。这样，可由表 11-15 中选取以下两组控制内力进行基础底面计算：

$M_{1k} = 252.59\text{kN} \cdot \text{m}$；$N_{1k} = 411.1\text{kN}$；$V_{1k} = 34.08\text{kN}$

$M_{2k} = 206.51\text{kN} \cdot \text{m}$；$N_{2k} = 270.1\text{kN}$；$V_{2k} = -30.50\text{kN}$

初步估算基础底面尺寸为 $A = l \cdot b = 2.0 \times 2.8 = 5.6\text{m}^2\left(W = \frac{1}{6} \times 2 \times 2.8^2\right.$

$= 2.613\text{m}^3\left.\right)$，取基础高度 $h = 0.9\text{m}$，基础埋深为 1.5m，则基础自重和土重为（取基础与土平均自重为 20kN/m³）。

$$G_k = \gamma_m \cdot lb \cdot H = 20 \times 2.0 \times 2.8 \times 1.5 = 168\text{kN}$$

由基础梁传至基础顶面的外墙重

$$G_{wk} = [10.4 \times 6.0 - 4 \times (4.8 + 1.8)] \times 0.37 \times 19 = 253.08 \text{kN}$$

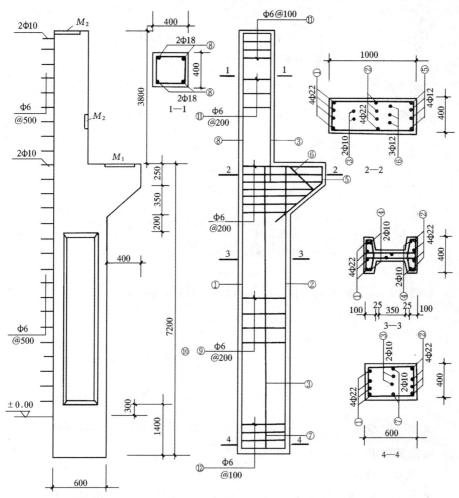

图 11-75 柱子配筋图

2. 地基承载力验算

修正后的地基承载力特征值 f_a，按下式计算

$f_a = f_{ak} + \eta_d \cdot \gamma_m \cdot (d - 0.5)$；由《地基规范》(GB50007) 查得 $\eta_d = 1.0$，取基础底面以上土的平均自重 $\gamma_m = 20 \text{kN/m}^3$，则得

$$f_a = 200 + 1.0 \times 20 \times (1.5 - 0.5) = 220 \text{kN/m}^2$$

（1）按第一组荷载验算，其基础底面荷载效应标准值为

$$M_{bot,1k} = M_{1k} + V_{1k} \cdot h + G_{wk} \cdot e_w$$

$$= 252.59 + 34.08 \times 0.90 - 253.08 \times \left(\frac{0.37}{2} + \frac{0.60}{2}\right) = 160.52 \text{kN} \cdot \text{m}$$

$$N_{bot,1k} = N_{1k} + G_k + G_{wk} = 411.1 + 168 + 253.08 = 832.2 \text{kN}$$

$$\begin{matrix} p_{1k,max} \\ p_{1k,min} \end{matrix} = \frac{N_{bot,1k}}{l \cdot b} \pm \frac{M_{bot,1k}}{W}$$

$$= \frac{832.2}{2.0 \times 2.8} \pm \frac{160.52}{2.613} = 148.61 \pm 61.43$$

$$= \begin{cases} 210.04 kN/m^2 < 1.2 \times 220 = 264 kN/m^2 \\ 87.18 kN/m^2 \end{cases}$$

$$p_k = \frac{1}{2} \times (210.04 + 87.18) = 148.61 kN/m^2 < 220 kN/m^2$$

（2）按第二组荷载验算，其基础底面荷载效应标准值为

$$M_{bot,2k} = -206.51 - 30.50 \times 0.90 - 253.08 \times \left(\frac{0.37}{2} + \frac{0.60}{2} \right)$$

$$= -356.70 kN \cdot m$$

$$N_{bot,2k} = 270.1 + 168 + 253.08 = 691.2 kN$$

$$\begin{matrix} p_{2k,max} \\ p_{2k,min} \end{matrix} = \frac{691.2}{2.0 \times 2.8} \pm \frac{356.70}{2.613} = 123.43 \pm 136.51$$

$$= \begin{cases} 259.94 kN/m^2 < 1.2 \times 220 = 264 kN/m^2 \\ -13.08 kN/m^2 \end{cases}$$

此时基础底面最大应力值应按下式计算（因 $p_{2k,max>f_a}$）

$$e_0 = \frac{356.70}{691.2} = 0.516 m$$

$$a = \frac{b}{2} - e_0 = \frac{2.8}{2} - 0.516 = 0.884 m$$

$$p_{2k,max} = \frac{2N}{3al} = \frac{2 \times 691.2}{3 \times 0.884 \times 2.0} = 260.6 kN/m^2 < 264 kN/m^2$$

又 $\quad p_k = \frac{1}{2} p_{2k,max} = \frac{1}{2} \times 260.6 = 130.3 kN/m^2 < 220 kN/m^2$

故满足要求。

3. 基础抗冲切验算

从表 11-14 中取用第一组（其产生的 p_{max} 较大者）荷载效应设计值，进行抗冲切验算，即取

$$M_1 = -306.30 kN \cdot m; \quad N_1 = 343.2 kN; \quad V_1 = -44.48 kN$$

其基础底面的相应荷载效应设计值为：

基础自重（不考虑）

外墙传至基础顶面重

$$G_w = \gamma_G \cdot G_{wk} = 1.2 \times 253.08 = 303.7 kN$$

$$M_{bot,1} = -306.30 - 44.48 \times 0.90 - 303.7 \times \left(\frac{0.37}{2} + \frac{0.60}{2} \right) = -493.63 kN \cdot m$$

$$N_{bot,1} = 343.2 + 303.7 = 646.9 kN$$

基础底面土净反力为：

$$\begin{matrix} p_{n,max} \\ p_{n,min} \end{matrix} = \frac{646.9}{2.0 \times 2.8} \pm \frac{493.63}{2.613} = 115.52 \pm 188.91$$

$$= \begin{cases} 304.43 \text{kN/m}^2 \\ -73.39 \text{kN/m}^2 \end{cases}$$

因最小净反力为负值，故其底面净反力应按以下公式计算

$$e_0 = \frac{493.63}{646.9} = 0.763 \text{m}$$

$$a = \frac{b}{2} - e_0 = \frac{2.8}{2} - 0.763 = 0.637 \text{m}$$

故

$$p_{n,max} = \frac{2N}{3al} = \frac{2 \times 646.9}{3 \times 0.637 \times 2.0} = 338.5 \text{kN/m}^2$$

（1）柱根处冲切面抗冲切验算（图11-44a 及图11-76a）

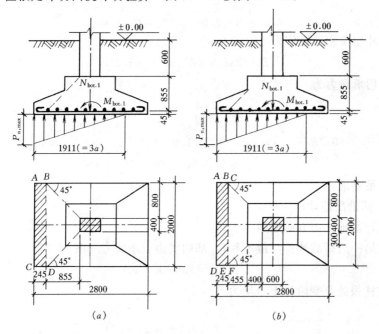

图 11-76　基础抗冲切验算

(a) 柱根处冲切面；(b) 变阶处冲切面

因 $a_b = a_t + 2h_0 = 0.4 + 2 \times 0.855 = 2.11 \text{m} > L = 2.0 \text{m}$ 取 $a_b = 2.0 \text{m}$。

$$A = \left(\frac{b}{2} - \frac{b_t}{2} - h_0 \right) \cdot l = \left(\frac{2.8}{2} - \frac{0.6}{2} - 0.855 \right) \times 2.0 = 0.49 \text{m}^2$$

其冲切荷载计算值为

$$F_l = p_{n,max} \cdot A = 338.5 \times 0.49 = 165.9 \text{kN}$$

则冲切承载力按下式计算：

$$F_l \leqslant 0.7 \beta_h \cdot f_t \cdot a_m h_0$$

上式中，β_h 值按式（11-33）规定得 0.992。a_m 值为：

$$a_{m} = \frac{a_{t} + a_{b}}{2} = \frac{0.4 + 2.0}{2} = 1.2 \text{m}$$

则冲切承载力为

$$0.7\beta_{h} \cdot f_{t} \cdot a_{m}h_{0} = 0.7 \times 0.992 \times 1.1 \times 1.2 \times 10^{3} \times 855$$
$$= 783.7 \text{kN} > F_{l} = 165.9 \text{kN}$$

满足要求。

（2）变阶处冲切面抗冲切验算（图11-76b）

$$a_{b} = 0.4 + 2 \times 0.30 + 2 \times 0.455 = 1.91 \text{m} < l = 2.0 \text{m}$$

$$A = \left(\frac{b}{2} - \frac{b_{t}}{2} - h_{0}\right) \cdot l - \left(\frac{l}{2} - \frac{a_{t}}{2} - h_{0}\right)^{2}$$
$$= \left(\frac{2.8}{2} - \frac{1.4}{2} - 0.455\right) \times 2.0 - \left(\frac{2.0}{2} - \frac{1.0}{2} - 0.455\right)^{2}$$
$$= 0.245 \times 2.0 - 0.002 = 0.488 \text{m}^{2}$$

则冲切荷载计算值为

$$F_{l} = 338.5 \times 0.488 = 165.2 \text{kN}$$

冲切承载力为

$$a_{m} = \frac{1}{2}(a_{t} + a_{b}) = \frac{1}{2}(1.0 + 1.91) = 1.455 \text{m}$$

$$0.7\beta_{h} \cdot f_{t} \cdot a_{m}h_{0} = 0.7 \times 1.0 \times 1.1 \times 1.455 \times 10^{3} \times 455$$
$$= 509.8 \text{kN} > F_{l} = 165.2 \text{kN}$$

满足要求。

4. 基础配筋计算

（1）基础长边方向配筋

按第一组荷载计算（最不利）：基础底边土净反力（图11-77）

$$p_{n,max} = 338.5 \text{kN/m}^{2}$$

在柱根处及变阶处土净反力

$$p_{n1} = \frac{\left(3a - \frac{b}{2} + \frac{b_{t}}{2}\right)}{3a} \times p_{n,max} = \frac{(1.911 - 1.4 + 0.3)}{1.911} \times 338.5 = 143.7 \text{kN/m}^{2}$$

$$p_{n2} = \frac{(1.911 - 1.4 + 0.3 + 0.4)}{1.911} \times 338.5 = 214.5 \text{kN/m}^{2}$$

则得其截面相应弯矩

$$M_{\text{I}} = \frac{1}{12}\left(\frac{b}{2} - \frac{b_{t}}{2}\right)^{2}\left[(2l + a_{t})(p_{n,max} + p_{n1}) + (p_{n,max} - p_{n1})\right]$$
$$= \frac{1}{12} \times \left(\frac{2.8}{2} - \frac{0.6}{2}\right)^{2}\left[(2 \times 2.0 + 0.4)(338.5 + 143.7) + (338.5 - 143.7)\right]$$
$$= 233.6 \text{kN} \cdot \text{m}$$

$$M_{\text{II}} = \frac{1}{12} \times \left(\frac{2.8}{2} - \frac{1.4}{2}\right)^{2}\left[(2 \times 2 + 1.0)(338.5 + 214.5) + (338.5 - 214.5)\right]$$
$$= 168.5 \text{kN} \cdot \text{m}$$

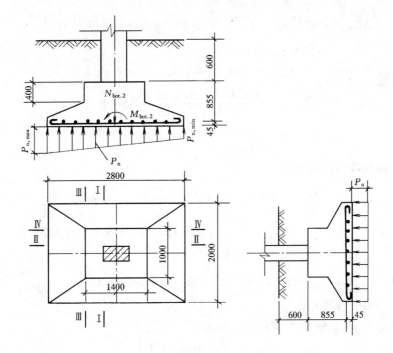

图 11-77 第二组荷载作用下基底土净反力

相应于 I - I 和 Ⅲ - Ⅲ 截面的配筋为

$$A_s = \frac{M_I}{0.9h_{01} \cdot f_y} = \frac{233.6 \times 10^6}{0.9 \times 855 \times 300} = 1012 \text{mm}^2$$

又

$$A_s = \frac{M_Ⅲ}{0.9h_{02} \cdot f_y} = \frac{168.5 \times 10^6}{0.9 \times 455 \times 300} = 1372 \text{mm}^2$$

选用 12 Φ 12@180 ($A_s = 1357 \text{mm}^2$)

（2）基础短边方向配筋

按第二组荷载计算（最不利）：基础底边土净反力（图 11-77）

$$M_2 = 352.96 \text{kN} \cdot \text{m}; N_2 = 596.9 \text{kN}; V_2 = 43.51 \text{kN}$$

$$G_w = 303.7 \text{kN}$$

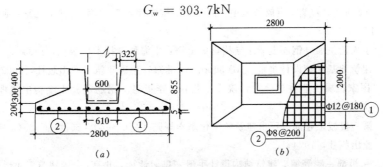

(a)

(b)

图 11-78 基础配筋图

(a) 剖面图；(b) 平面图

则 $\qquad M_{\mathrm{bot},2} = 352.96 + 43.51 \times 0.9 - 303.7 \times \left(\dfrac{0.37}{2} + \dfrac{0.60}{2} \right)$

$$= 244.82 \mathrm{kN \cdot m}$$

$$N_{\mathrm{bot},2} = 596.9 + 303.7 = 900.6 \mathrm{kN}$$

$$\begin{array}{c} p_{\mathrm{n,max}} \\ p_{\mathrm{n,min}} \end{array} = \frac{900.6}{2.0 \times 2.8} \pm \frac{244.82}{2.613} = 160.8 \pm 93.7$$

$$= \begin{cases} 254.5 \mathrm{kN/m^2} \\ 67.1 \mathrm{kN/m^2} \end{cases}$$

则得其截面相应弯矩

$$M_{\mathrm{I}} = \frac{1}{48}(l - a_{\mathrm{t}})^2 (2b + b_{\mathrm{t}})(p_{\mathrm{n,max}} + p_{\mathrm{n,min}})$$

$$= \frac{1}{48} \times (2.0 - 0.4)^2 (2 \times 2.8 + 0.6)(254.5 + 67.1)$$

$$= 106.3 \mathrm{kN \cdot m}$$

$$M_{\mathrm{N}} = \frac{1}{48} \times (2.0 - 1.0)^2 (2 \times 2.8 + 1.4)(254.5 + 67.1)$$

$$= 46.9 \mathrm{kN \cdot m}$$

相应于 Ⅱ-Ⅱ 和 Ⅳ-Ⅳ 截面的配筋为

$$A_{\mathrm{s}} = \frac{M_{\mathrm{I}}}{0.9 h_{01} \cdot f_{\mathrm{y}}} = \frac{106.3 \times 10^6}{0.9 \times 855 \times 300} = 461 \mathrm{mm^2}$$

又 $\qquad A_{\mathrm{s}} = \dfrac{M_{\mathrm{N}}}{0.9 h_{02} \cdot f_{\mathrm{y}}} = \dfrac{46.9 \times 10^6}{0.9 \times 455 \times 300} = 382 \mathrm{mm^2}$

选用 13 Φ 8@200 ($A_{\mathrm{s}} = 654 \mathrm{mm^2}$ (图 11-78)

参 考 文 献

[11-1] 混凝土结构设计规范（GB50010）. 北京：中国建筑工业出版社，2002

[11-2] 建筑结构荷载规范（GB 50009）. 北京：中国建筑工业出版社，2001

[11-3] 天津大学，同济大学，南京工学院.《钢筋混凝土结构》. 北京：中国建筑工业出版社，1979

[11-4] 廉晓飞主编.《钢筋混凝土及砖石结构》下册. 北京：中央广播电视大学出版社，1986

[11-5] 王振东，施岚青，黄成若主编. 混凝土结构设计规范、设计方法. 北京：地震出版社，1991

[11-6] 丁大钧主编. 钢筋混凝土结构学. 上海：上海科学技术出版社，1985

[11-7] 建筑地基基础设计规范（GB 50007）. 北京：中国建筑工业出版社，2002

[11-8] 国家机械工业委员会设计院. 殷芝霖，李玉温. 钢筋混凝土结构中预埋件的设计方法. 1988

[11-9] 第一机械工业部. 厂房建筑统一化基本规则（TJ6—74）（试行）. 北京：中国建筑工业出版社，1974

[11-10] 一机部一院等编. 建筑结构设计手册—排架计算. 北京：中国建筑工业出版社，1971

第12章 砌体结构

§12.1 概　　述

由砖、石或各种砌块用砂浆砌筑而成的结构，称为砌体结构。砌体结构所用的材料，如粘土、砂、石等都是地方材料，符合"因地制宜，就地取材"的原则，能节约钢材、水泥、木材等重要材料，降低工程造价。砌体材料具有良好的耐火性，以及较好的化学稳定性和大气稳定性。在施工方面砌体砌筑时不需要特殊的技术设备。由于上述这些优点，砌体结构得到了广泛的应用，并且已有了悠久的历史。我国几千年来在建造砌体房屋方面积累了丰富的经验。新中国成立之后，砌体结构有了较快的发展，采用了各种承重和非承重空心砖，非烧结硅酸盐砖和各种砌块。目前我国墙体结构中砌体约占 90％以上，砌体结构是我国建筑工程中量大面广的最常用的结构型式。

大多数民用房屋结构的墙体是砌体材料建造的，而屋盖和楼板则用钢筋混凝土建造，这种由两种材料作为主要承重结构的房屋称为混合结构房屋。一般中、小型工业厂房也可以采用混合结构。

目前，国外砌体结构和钢结构、钢筋混凝土结构都得到同样的发展，从材料、计算理论、设计方法到工程应用都有不少进展。粘土砖的强度高达 $70N/mm^2$，砂浆的强度等级采用 $20N/mm^2$ 以上。为了得到高强度的砖砌体，还可以在砂浆中掺入聚化物（例如聚氯乙烯乳胶等），使砌体的抗压强度达 $35N/mm^2$ 以上。用砌体结构承重修建十几层或更高的高层楼房已不是困难的事。事实上在一些国家已经建成。美国、新西兰等国采用配筋砌体在地震区建造高层，达 13～20 层。如美国丹佛市 17 层的"五月市场"公寓和 20 层的派克兰姆塔楼等，前者高度 50m，墙厚仅 280mm。瑞士用高强度空心砖（60MPa）在苏黎世建造 19 层塔式建筑，墙厚 380mm。美国加州帕萨迪纳市的希尔顿饭店为 13 层高强混凝土砌块结构，经受圣佛南多大地震完好无损。

在国内，国家当前正在大力推广应用空心砖和混凝土小型空心砌块。KP1 型空心砖是重点推广的项目，虽然孔洞率仅 25％，但对节土节能还是有意义的。采取异形块配芯柱可提高砌体抗弯、抗剪能力，适应抗震需要。此外，已生产出多孔模数砖 DM 型，经坯体改性，提高孔洞率，提高施工速度，又便于配筋，已经得到应用。

混凝土小型空心砌块近年来在各地得到较广泛应用，发展迅速。1980 年全国产量是 165 万 m^3，到 1989 年已增至 600 万 m^3，1992 年达 1600 万 m^3，1999 年已增加到 4000 万 m³，应用范围开始遍及各类建筑。建筑砌块的生产与应用技术水平显著提高。由于混凝土小型空心砌块的诸多优点，它已经成为替代传统粘土砖最有竞争力的墙体材料。

对于配筋砌体，特别是砌块配筋的中高层体系，经各地的试验研究和应用显示出具有广阔的发展前景。早在 1983 年和 1986 年广西南宁在国内首次建成了 10 层、11 层的小砌块试点房屋，辽宁本溪市用煤矸石砌块修建了几十万平方米的 10 层住宅楼。1997 年辽河油田建成了 15 层配筋砌块点式住宅楼，1998 年上海住宅总公司修建了 18 层配筋砌块剪力墙房屋，这两栋砌块高层的墙厚均为 190mm。

在砌体结构设计计算方面，前苏联 20 世纪 40 年代开始进行了较多的试验研究，提出了一些计算方法和设计规范。我国在新中国成立初期，结合建设实践和研究工作，1973 年制订出我国第一本《砖石结构设计规范》(GBJ3—73)，此后的十多年，高等学校、科研、设计、施工部门在有关部门组织下进行了大量有重点的科研试验，取得了大批数据和成果，为 1988 年颁布的《砌体结构设计规范》(GBJ3—88)（以下简称 88 规范）提供了可靠的依据。近十多年来，随着国民经济的迅速发展和科研、设计以及工程建设经验的积累，国家组织了新一轮结构设计规范修订工作。现在新的《砌体结构设计规范》(GB50003—2001)（以下简称《规范》）已经公布，本章就是参照《规范》规定的内容进行编写的，以适应教学的需要。

§12.2 砌 体 材 料

12.2.1 块 材

砌体结构中常用的块材有砖、砌块、石材三类。

1. 砖

用塑压粘土制坯干燥后焙烧而成的实心粘土砖是烧结普通砖的主要品种。它的生产工艺简单，便于手工砌筑，保温隔热及耐火性能良好，能用于承重墙体。烧结普通砖具有全国统一的规格，其尺寸为 240mm×115mm×53mm，具有这种尺寸的砖通称"标准砖"。为了节约粘土，减轻墙体自重，改善砖砌体的技术经济指标，近年来我国大力推广应用具有不同孔洞形状和不同孔洞率的承重粘土空心砖（现称烧结多孔砖）。这种砖自重较小，保温隔热性能有了进一步改善，砖的厚度较大，抗弯抗剪能力较强，而且节省砂浆。其主要规格有：KP1 型 240mm×115mm×90mm；KP2 型 240mm×180mm×115mm；KM1 型 190mm×190mm×90mm。前两者可与标准砖同时使用，后者符合建筑模数但尚需有异型砖方能组砌。

《规范》规定烧结普通砖、烧结多孔砖的强度等级为 MU30，MU25，MU20，MU15 和 MU10，取消了以往规定强度较低的 MU7.5 等级。

非烧结硅酸盐砖是用工业废料,煤渣及粉煤灰加生石灰和少量石膏振动成型,经蒸压制成的,其尺寸与标准砖相同。《规范》对这类材料仅将其中的蒸压灰砂砖、蒸压粉煤灰砖纳入规范,其强度等级为MU25,MU20,MU15和MU10。

2. 砌块

为了解决粘土砖与农田争地矛盾,混凝土小型空心砌块得到了迅速发展,现已成为最有竞争力的墙体材料,北方寒冷地区还生产应用了浮石、火山渣等轻骨料制成的轻骨料混凝土空心砌块,是寒冷地区保温及承重的较理想的墙体材料。

小型空心砌块的标准块尺寸为190mm×390mm×190mm。

《规范》规定砌块的强度等级为MU20、MU15、MU10、MU7.5和MU5,取消了以往的MU3.5。

3. 石材

天然石材当自重大于18kN/m³时称为重石(花岗石、石灰石、砂石等),自重小于18kN/m³时称为轻石(凝灰岩、贝壳灰岩等)。重石材由于强度高,抗冻性、抗渗性、抗气性均较好,故通常用于建筑物的基础、挡土墙等,也可用于某些房屋的墙体。

石材按加工程度分为毛料石和毛石。

《规范》规定的石材强度等级有MU100、MU80、MU60、MU50、MU40、MU30和MU20。石材的强度等级用边长为70mm的立方体试块的抗压强度来表示,如果试块为其他尺寸时,则应乘以规定的换算系数。

12.2.2　砂　　浆

砌体是用砂浆将单个块材砌筑成为整体的。砂浆在砌体中的作用是使块材与砂浆接触表面产生粘结力和摩擦力,从而把散放的块材凝结成整体以承受荷载,并因抹平块材表面使其应力分布均匀。同时,砂浆填满了块材间的缝隙,降低了砌体的透风性,从而提高了砌体的隔热性能。

砂浆是由砂、矿物胶结材料与水按合理配比经搅拌而制成的。对砌体所用砂浆的基本要求是强度、可塑性(流动性)和保水性。

砂浆的强度等级是用边长为70.7mm的立方体试块,在温度15～25℃的室内自然条件下养护24h,拆模后再在同样条件下养护28d,测得的抗压强度极限值来划分的。《规范》规定的砂浆强度等级有M15、M10、M7.5、M5和M2.5。此外强度为零的砂浆是指施工阶段尚未硬化或用冻结法施工解冻阶段的砂浆。

为使砌筑时能将砂浆很容易且很均匀地铺开,从而提高砌体强度和砌筑效率,砂浆必须具有适当的可塑性;此外,砂浆的质量在很大程度上取决于其保水性,亦即在运输砌筑过程中保持便于铺砌和原有质量的性能。砌筑之后砖将吸收一部分水分,这对于砂浆的强度和密实性是有利的,但如果砂浆保水性很小,新铺在砖面上的砂浆中水分很快被吸去,则使砂浆铺平困难、影响正常硬化作用、降低砂浆强度。

纯水泥砂浆的强度等级虽然符合要求，但可塑性及保水性较差。为使砂浆具有适当的可塑性和保水性，砂浆中除水泥外应另加入塑性掺和料，如粘土、石灰等组成混合砂浆。但是，也不宜掺得过多，否则会增加灰缝中砂浆的横向变形，反而降低了砌体的强度。

砂浆按其配合成分可分为水泥砂浆、混合砂浆和非水泥砂浆三种。无塑性掺和料的纯水泥砂浆，由于能在潮湿环境中硬化，一般多用于含水量较大的地基土中的地下砌体。混合砂浆（水泥石灰砂浆、水泥粘土砂浆）强度较好，施工方便，常用于地上砌体。非水泥砂浆有：石灰砂浆，强度不高，气硬性材料（即只能在空气中硬化），通常用于地上砌体；粘土砂浆，强度低，用于简易建筑；石膏砂浆，硬化快，一般用于不受潮湿的地上砌体中。

由水泥、砂、水以及根据需要掺入的掺和料和外加剂等组分，按一定比例，采用机械拌和制成，专门用于砌筑混凝土砌块的砌筑砂浆称为混凝土砌块砌筑砂浆，简称砌块专用砂浆，其强度等级以符号 Mb 表示。

12.2.3　混凝土砌块灌孔混凝土

由水泥、集料、水以及根据需要掺入的掺和料的外加剂等组分，按一定比例，采用机械搅拌后，用于浇筑混凝土砌块砌体芯柱或其他需要填实部位孔洞的混凝土，简称灌孔混凝土，其强度等级以符号 Cb 表示。灌孔混凝土应具有较大的流动性，其坍落度应控制在 200～250mm 左右。

12.2.4　砌体材料的选择

对于砌体材料除了强度之外尚应考虑耐久性问题。砌体材料耐久性不足时，在使用期间经多次冻融循环后将会引起块材剥蚀和强度降低。此外，对地面以下或防潮层以下的砌体所用材料，尚应提出最低强度等级的要求。《规范》的这项规定见表 12-1。

地面以下或防潮层以下的砌体、潮湿房间墙所用材料的最低强度等级　表 12-1

基土的潮湿程度	烧结普通砖、蒸压灰砂砖		混凝土砌块	石材	水泥砂浆
	严寒地区	一般地区			
稍潮湿的	MU10	MU10	MU7.5	MU30	M5
很潮湿的	MU15	MU10	MU7.5	MU30	M7.5
含水饱和的	MU20	MU15	MU10	MU40	M10

注：1. 有冻胀环境和条件的地区，地面以下或防潮层以下的砌体，不宜采用多孔砖。当采用混凝土小型空心砌块砌体时，其孔洞应采用强度等级不低于 Cb20 的混凝土灌实。

2. 对安全等级为一级或设计使用年限大于 50 年的房屋，表中材料强度等级应至少提高一级。

§12.3 砌体及其力学性能

12.3.1 砌体种类

砌体按其材料的不同可分为砖砌体、石砌体、砌块砌体；按其砌筑型式可分为实心砌体和空心砌体；按其作用不同可分为承重砌体和非承重砌体；按配筋程度可分为无筋砌体、约束砌体和配筋砌体。

配筋砌体是指配筋率较高，破坏时钢筋能充分发挥作用的砌体，如组合砖砌体，网状配筋砖砌体和配筋砌块砌体剪力墙等。

砌体能成为整体承受荷载，除了靠砂浆使块材粘结之外，还需要使块材在砌体中合理排列，也即上、下皮块材必须互相搭砌，并避免出现过长的竖向通缝。

下面介绍几种按材料不同划分的砌体类别。

1. 砖砌体

砖砌体通常用作承重外墙、内墙、砖柱、围护墙及隔墙。墙体的厚度是根据强度和稳定的要求来确定的。对于房屋的外墙，还须要满足保温、隔热和不透风的要求。北方寒冷地区的外墙厚度往往是由保温条件确定的，但在截面较小受力较大的部位（如多层房屋的窗间墙）还需进行强度校核。

砖砌体按照砖的搭砌方式，常用的有一顺一丁，梅花丁（即同一皮内，丁顺间砌）和三顺一丁砌法，过去的五顺一丁砌法已很少采用。

对于实心砖柱，用砍砖办法有可能做到严格的搭砌，完全消除竖向通缝，但由于砍砖不易整齐，往往只顾及外侧尺寸，内部形成难以密实的砂浆块，反倒降低砌体的受力性能。所以应采用不砍砖但又不让竖向通缝超过三皮的砌法。

粘土砖还可以砌成空心砌体。我国应用的轻型砌体有：空斗墙、空气夹层墙、填充墙、多层墙等多种。

由外层半砖、里层一砖，中间形成40mm空气层的400mm厚夹层墙，其热工效果可相当于两砖厚的实心墙，对节省材料减轻自重一定好处，只是施工及其砌筑质量要求较高，且空气夹层容易被砂浆堵塞。

填充墙是用砖砌成内外薄壁，在其中填充轻质保温材料，如玻璃棉、岩棉、苯板、膨胀珍珠岩等。哈尔滨市嵩山节能住宅小区修建了内叶为一砖墙，外叶为半砖墙（有的用空心砖），中间填80mm厚岩棉，组成复合墙体的节能达标住宅，这种由几种材料组成的墙体又叫多层墙。

由蒸压灰砂砖、蒸压粉煤灰砖砌成的各种砌体，根据各地的具体条件也得到应用。

2. 砌块砌体

目前我国已经应用的砌块砌体有：混凝土小型空心砌块砌体，混凝土中型空心砌块砌体和粉煤灰中型实心砌块砌体。和砖砌体一样，砌块砌体也应分皮错缝搭砌。中型砌块上、下皮搭砌长度不得小于砌块高度的 1/3，而且不小于 150mm；小型砌块上、下皮搭砌长度不得小于 90mm。

混凝土小型空心砌块由于块小便于手工砌筑，在使用上比较灵活，多层砌块房屋可以利用砌块的竖向孔洞做成配筋芯柱，其作用相当于多层砖房的构造柱，解决房屋抗震构造要求。

利用天然资源如浮石、火山渣、人工制成的陶粒以及工业废料（炉渣、粉煤灰等）制作轻骨料混凝土空心砌块，在有条件的地区也得到广泛应用。

《规范》根据目前应用情况和国家大力推广应用混凝土小型空心砌块的要求，已取消了中型砌块。

3. 石砌体

石砌体是由天然石材和砂浆砌筑而成，它可分为料石砌体和毛石砌体两大类。在石材产地充分利用这一天然资源比较经济，应用较为广泛。石砌体可用作一般民用房屋的承重墙、柱和基础。料石砌体还用于建造拱桥、坝和涵洞等构筑物。

4. 配筋砌体

为了提高砌体的强度或当构件截面尺寸受到限制时，可在砌体内配置适量的钢筋，这就是配筋砌体。目前国内采用的配筋砌体主要有两种：网状配筋砌体和组合砖砌体。前者将钢筋网配在砌体水平灰缝内（即横向配筋），后者在砌体外侧预留的竖向凹槽内配置纵向钢筋，浇灌混凝土而制成的组合砖砌体。

利用普通混凝土小型空心砌块的竖向孔洞配以竖向和水平钢筋，浇灌注芯混凝土形成配筋砌块剪力墙，建造中、高层房屋，这是配筋砌体的又一种形式，现已纳入《规范》。

12.3.2　砌体的抗压性能

1. 砖砌体轴心受压的破坏特征

从砖柱受压试验可知，砌体轴心受压破坏大致经历三个阶段。第一阶段加载约为破坏荷载的 50%～70% 时，砖柱内的单块砖出现裂缝（图 12-1a），这一阶段的特点是如果停止加载，则裂缝也不扩展。当继续加载约为破坏荷载的 80%～90% 时，则裂缝也将继续发展，而砌体逐渐转入第二阶段工作（图 12-1b），单块砖的个别裂缝将连接起来形成贯通几皮砖的竖向裂缝。其特点是如果荷载不再增加，裂缝仍将继续发展。因为房屋是处在长期荷载作用下工作，应该认为这就是砌体的实际破坏阶段。如果荷载是短期作用，则加载到砌体完全破坏瞬间，可视为第三阶段（图 12-1c），此时，砌体裂成互不相连的几个小立柱，最终因被压碎或丧失稳定而破坏。

砌体内单块砖的应力状态和受力特点有以下几方面：①由于砖的表面不平整，砂浆铺设又不可能十分均匀，这就造成了砌体中每一块砖不是均匀受压，而是同

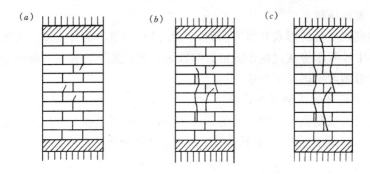

图 12-1 砖砌体轴心受压时的破坏特征

时受弯曲及剪切作用。因为砖的抗剪、抗弯强度远低于抗压强度，所以在砌体中常常由于单砖承受不了弯曲应力和剪应力而出现第一批裂缝。在砌体破坏时也只是在局部截面上砖被压坏，就整个截面来说砖的抗压能力并没有被充分利用，所以砌体的抗压强度总是比砖的强度小。②砌体竖向受压时，就要产生横向变形。强度等级低的砂浆横向变形比砖大（弹性模量比砖小），由于两者之间存在着粘结力，保证两者具有共同的变形，因此产生了两者之间的交互作用。砖阻止砂浆变形使砂浆在横向也受到压力，反之砖在横向受砂浆作用而受拉。砂浆处于各向受压状态，其抗压强度有所增加，因而用强度等级低的砂浆砌筑的砌体，其抗压强度可以高于砂浆强度。当用强度等级高的砂浆砌筑时，上述的两者交互作用则不明显。③砌体的竖向灰缝不可能完全填满，造成截面面积有所减损，则在该处容易产生横向拉应力和剪应力的应力集中，从而引起砌体承载力的降低。

2. 影响砌体抗压强度的主要因素

（1）块材和砂浆强度

块材和砂浆强度是决定砌体抗压强度的最主要因素。因砖砌体的破坏主要由于单块砖受弯剪应力作用引起的，所以砖除了要求有一定的抗压强度外，还应有一定的抗弯（抗折）强度。一般来说，砌体强度随块材和砂浆强度的提高而增大，但并不能按相同的比例提高砌体的强度。

（2）砂浆的性能

砂浆除了强度之外，其变形性能和流动性（和易性）、保水性都对砌体抗压强度有影响。砂浆强度等级越低，变形越大，块材受到的拉应力和弯剪应力越大，砌体强度也越低。砂浆的流动性和保水性好，容易使之铺砌成厚度和密实性都较均匀的水平灰缝，可以降低块材在砌体内的弯剪应力，提高砌体强度。

（3）块材的形状及灰缝厚度

块材的外形比较规则、平整，则块材在砌体中所受弯剪应力相对较小，从而使砌体强度相对得到提高。砌体中灰缝越厚，越难保证均匀与密实，所以当块材表面平整时，灰缝宜尽量减薄，对砖和小型砌块砌体灰缝厚度应控制在 8～12mm；对料石砌体不宜大于 20mm。

（4）砌筑质量

影响砌筑质量的因素是多方面的，如块材在砌筑时的含水率、工人的技术水平等，其中砂浆水平灰缝的饱满度影响较大。我国施工及验收规范规定，水平灰缝的砂浆饱满度不得低于80%。

3. 各类砌体抗压强度平均值

各类砌体根据范围较为广泛的系统试验，可以得出各自的抗压强度平均值的计算公式。88规范提出了如下适用于各类砌体抗压平均强度的表达式：

$$f_m = k_1 f_1^a (1 + 0.07 f_2) k_2 \tag{12-1}$$

式中　f_m——砌体的抗压强度平均值，N/mm²；

f_1、f_2——分别为块材（砖、石、砌块）和砂浆的抗压强度平均值，N/mm²；

　k_1——与块材类别和砌筑方法有关的参数；

　a——与块材高度有关的参数；

　k_2——低强度等级砂浆砌筑的砌体强度修正系数。

式（12-1）中各系数见表12-2。

轴心抗压强度平均值 f_m（N/mm²）中各种系数　　　表12-2

砌 体 种 类	$f_m = k_1 f_1^a (1 + 0.07 f_2) k_2$		
	k_1	a	k_2
烧结普通砖、烧结多孔砖、蒸压灰砂砖、蒸压粉煤灰砖	0.78	0.5	当 $f_2 < 1$ 时，$k_2 = 0.6 + 0.4 f_2$
混凝土小型空心砌块	0.46	0.9	当 $f_2 = 0$ 时，$k_2 = 0.8$
毛料石	0.79	0.5	当 $f_2 < 1$ 时，$k_2 = 0.6 + 0.4 f_2$
毛石	0.22	0.5	当 $f_2 < 2.5$ 时，$k_2 = 0.4 + 0.24 f_2$

注：1. k_2 在表列条件以外时均等于1。

2. 混凝土小型空心砌块体的轴心抗压强度平均值，当 $f_2 \geqslant 10$N/mm² 时，应乘系数 $1.1 - 0.01 f_2$，MU20的砌体应乘系数0.95，且满足 $f_1 \geqslant f_2$，$f_1 \leqslant 20$N/mm²。

12.3.3　砌体的抗拉、抗弯、抗剪性能

砌体的抗压性能比抗拉、抗弯、抗剪性能好得多，所以通常砌体结构都用于受压构件，但在工程中有时也能遇到受拉、受弯、受剪的情况。例如，圆形砖水池池壁环向受拉；挡土墙在土侧压力作用下象悬臂柱一样受弯等等。

砌体在受拉、受弯、受剪时可能发生沿齿缝（灰缝）的破坏、沿块材和竖向灰缝的破坏以及沿通缝（灰缝）的破坏。图12-2所示为受拉构件的三种可能破坏的形式。

砌体的抗拉、弯曲抗拉及抗剪强度主要取决于灰缝的强度，亦即砂浆的强度，在大多数情况下，破坏是发生在砂浆和块材的连接面，因此，灰缝的强度就取决于砂浆和块材之间的粘结力。竖向灰缝的粘结强度难于保证，计算中不予考虑。水

平灰缝中粘结力可分为垂直于水平方向的法向粘结力和平行于水平方向的切向粘结力，法向粘结力不易保证，工程中不允许设计利用法向粘结强度的轴心受拉构件。

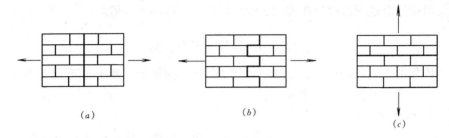

(a) (b) (c)

图 12-2 受拉构件的三种破坏情况

砌体构件受拉，当拉力为水平方向作用时，砌体可能沿齿缝（灰缝）破坏，也可能沿块材和竖向灰缝破坏。在受拉构件计算时，应采用两种抗拉强度的较小值。

砌体受弯时其抗弯能力将由其弯曲抗拉强度确定。砌体在竖向弯曲时，应采用沿通缝截面的弯曲抗拉强度。砌体在水平方向弯曲时，有两种破坏可能：沿齿缝截面或沿块材及竖向灰缝破坏。这两种强度应取其较小值进行计算。

砌体的受剪工作常见的是沿通缝截面，或沿阶梯形截面。根据试验这两种抗剪强度基本一样。

《规范》对于各类砌体的拉、弯、剪强度平均值采用统一的计算模式

$$f_{t,m}, f_{tm,m}, f_{vm} = k\sqrt{f_2} \tag{12-2}$$

系数 k 按砌体种类及受力状态不同，按表 12-3 取用。

轴心抗拉强度平均值 $f_{t,m}$、弯曲抗拉强度平均值 $f_{tm,m}$ 和抗剪强

度平均值 $f_{v,m}$（N/mm²）中各种系数 表 12-3

砌 体 种 类	$f_{t,m} = k_3\sqrt{f_2}$	$f_{tm,m} = k_4\sqrt{f_2}$		$f_{v,m} = k_5\sqrt{f_2}$
	K_3	K_4		K_5
		沿齿缝	沿通缝	
烧结普通砖、烧结多孔砖	0.141	0.250	0.125	0.125
蒸压灰砂砖、蒸压粉煤灰砖	—	—	—	0.083
混凝土小型空心砌块	0.069	0.081	0.056	0.069
毛 石	0.075	0.113	—	0.188

沿块材截面破坏的轴心抗拉强度和弯曲抗拉强度，是用于高粘结强度砂浆砌筑而块材强度较低的砌体，《规范》提高了块材强度最低限值，因此对此种破坏的计算已无必要了。

混凝土小型空心砌块砌体的拉、弯、剪的强度平均值，《规范》是以沿水平灰

缝抗剪强度试验资料为基准，对拉、弯强度按下列比值确定：

对砌体沿齿缝截面轴心抗拉强度可取与通缝抗剪强度相等的值；

对砌体沿齿缝截面弯曲抗拉强度可取抗剪强度的 1.2 倍；

对砌体沿通缝截面弯曲抗拉强度可取抗剪强度的 0.8 倍左右。

12.3.4   砌体的变形性能

砌体的变形性能包括砌体的应力-应变关系、砌体受压弹性模量、剪变模量、泊松比、线膨胀系数、收缩率等。

1. 砌体的弹性模量

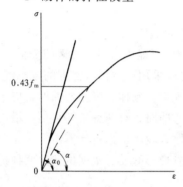

图 12-3   砌体的应力-应变
关系曲线

对理想弹性体来说，应力 σ 和应变 ε 之间存在着线性关系，其比例常数 $E = \sigma/\varepsilon$ 称为弹性模量。砌体是弹塑性材料，其应力与应变间的关系并不符合直线变化规律，而是一条曲线（图 12-3）。

根据国内外资料，砌体的 σ-ε 关系曲线可按对数规律采用

$$\varepsilon = -\frac{1}{\xi}\ln\left(1 - \frac{\sigma}{f_m}\right) \qquad (12\text{-}3)$$

式中 ξ——与砂浆强度和块材品种有关的系数。

由上式可以求得曲线上某点砌体的切线弹性模量

$$E' = \frac{\mathrm{d}\sigma}{\mathrm{d}\varepsilon} = \xi f_m\left(1 - \frac{\sigma}{f_m}\right) \qquad (12\text{-}4)$$

当 $\sigma = 0$ 时，通过原点曲线切线的正切称初始弹性模量。曲线上某点与坐标原点连成的割线的正切，表示与该点受力状态相对应的变形模量，又称割线模量。

工程上实际应用时规定按 $\sigma = 0.43 f_m$ 时的变形模量作为砌体的弹性模量，这样规定是为了比较符合砌体在使用受力状态下的工作性能。

试验资料表明，砌体的变形是以灰缝中砂浆变形为主的。《规范》根据砂浆强度等级给出砌体弹性模量见表 12-4。表中 f 为砌体抗压强度设计值。

2. 砌体的其他变形性能和物理系数

砌体的剪变模量 G 一般可近似取为 $0.4E$。

砖砌体在使用阶段的泊松比可取为 0.15，对砌块砌体，其泊松比一般可取为 0.3。

砌体的线胀系数和收缩系数见表 12-5。

砌体和常用材料的摩擦系数见表 12-6。

砌体的弹性模量（N/mm²）　　　　　　　　　　表 12-4

序号	砌体种类	砂浆强度等级			
		≥M10	M7.5	M5	M2.5
1	烧结普通砖、烧结多孔砖	1600f	1600f	1600f	1390f
2	蒸压灰砂砖、蒸压粉煤灰砖	1060f	1060f	1060f	960f
3	混凝土小型空心砌块	1700f	1600f	1500f	—
4	粗、毛料石、毛石	7300	5650	4000	2250
5	细料石、半细料石	22000	17000	12000	6750

注：轻骨料混凝土砌块砌体的弹性模量，可按表中混凝土砌块砌体的弹性模量采用。

砌体的线膨胀系数和收缩系数　　　　　　　　　表 12-5

序号	砌体墙体类别	线膨胀系数 (10⁻⁶/℃)	收缩率 (mm/m)	序号	砌体墙体类别	线膨胀系数 (10⁻⁶/℃)	收缩率 (mm/m)
1	烧结粘土砖类	5	−0.1	3	混凝土砌块	10	−0.2
				4	轻混凝土砌块	10	−0.3
2	蒸压灰砂砖、蒸压粉煤灰砖	8	−0.2	5	料石和毛石	8	—

注：表中收缩率采用由达到收缩允许标准的块体砌筑 28d 的砌体收缩率，当地方有可靠的砌体收缩试验数据时，亦可采用当地的试验数据。

摩擦系数　　　　　　　　　表 12-6

序号	材料类别	摩擦面情况	
		干燥的	潮湿的
1	砌体沿砌体或混凝土滑动	0.70	0.60
2	木材沿砌体滑动	0.60	0.50
3	钢沿砌体滑动	0.45	0.35
4	砌体沿砂或卵石滑动	0.60	0.50
5	砌体沿砂质粘土滑动	0.55	0.40
6	砌体沿粘土滑动	0.50	0.30

§12.4　砌体结构的强度计算指标

《规范》采用以概率理论为基础的极限状态设计方法，用可靠指标度量结构的可靠度，用分项系数设计表达式进行设计。该方法的设计准则、各项规定在本书上册混凝土结构的设计方法中已经作了介绍，这里只是对有关砌体结构的特点加以适当补充。

12.4.1　砌体结构的可靠指标

对于一般砌体结构，按承载力根限状态设计时，其基本组合的分项系数设计表达式可以写成如下简化的形式：

(1) 由可变荷载效应控制的组合式：由于其可变荷载主要是单一的屋面或楼面竖向活荷载，此时可不考虑可变荷载组合值的影响，则按式（2-16）可得

$$1.2C_G G_k + 1.4C_Q Q_k \leqslant R_k/\gamma_R \qquad (12\text{-}5)$$

(2) 由永久荷载效应控制的组合式：按《荷载规范》建议，近似取可变荷载组合系数 $\psi_c = 0.7$，则，$\gamma_Q \times \psi_c = 1.4 \times 0.7 = 1.0$，按式（2-17）可得

$$1.35C_G \cdot G_k + 1.0C_Q Q_k \leqslant R_k/\gamma_R \qquad (12\text{-}5a)$$

式中 γ_R——结构抗力分项系数；

R_k——结构抗力标准值。

当砌体为轴压短柱时，可取 $R_k/\gamma_R = R(f、A)$ 来表达，其中 $R(\cdot)$ 表示结构构件承载力函数，f 为砌体抗压强度设计值，$f = f_k/\gamma_f$；f_k 为砌体抗压强度标准值；A 为构件截面的几何系数。

对于砌体的抗压强度标准值 f_k，按照《建筑结构可靠度设计统一标准》（GB50068）的要求，应取用强度的平均值 f_m 的概率密度分布函数 0.05 的分位值，亦即取具有 95％保证率时的砌体强度值，称为砌体抗压强度的标准值。

上述荷载分项系数的规定，以及式（2-16）、式（2-17）的形式，详见本书上册 2.2.1 节及 2.4.1 节。

按照"统一标准"的要求，对砌体结构一般认为属于脆性破坏，因而其安全等级为二级时，相应的允许可靠指标 $[\beta]$ 应为 3.7。而由式（12-5）及式（12-5a）可知，结构构件的实际所具有的可靠度，是由各个分项系数来反映的，"统一标准"已将荷载分项系数作了统一的规定（永久荷载 1.2、可变荷载 1.4 和永久荷载 1.35，可变荷载 1.0），所以构件的可靠度直接取决于抗力分项系数 γ_R 的取值了。为此《规范》编制组，综合分析各类砌体各种构件的 γ_f 值变化，并考虑适当提高结构可靠度的要求，最后确定砌体结构的材料分项系数 γ_f 统一取 1.6，由此可见 γ_f 是一个综合的影响系数，由 f_k 和 γ_f 确定的强度设计值 f，实质上也是一个综合的材料强度设计指标。

当确定荷载和材料分项系数之后，并由实测的荷载和材料的变异系数，按《统一标准》的方法，可求出砌体构件所具有的实际可靠指标。其具体的方法是：

"统一标准"规定，构件可靠度分析时，一般取用恒载加办公楼楼面活载、恒载加住宅楼楼面活载和恒载加风载三种组合，对于砌体结构经多次分析，三种组合计算结果，相互间一般仅相差 0.1β（β 为可靠指标）左右。为了简化计算，只取用恒载加住宅楼楼面活载的组合，进行可靠分析；同时，由于砌体结构的荷载效应比值 ρ（ρ 为可变荷载效应与永久荷载效应之比）一般在 $0.1\sim0.5$ 之间，变化幅度较小，因此在分析时采用了 $\rho = 0.1$、0.25、0.5 三个比值进行计算，这样，当采用荷载分项系数为：永久荷载为 1.35，可变荷载为 1.0，以及材料分项系数为 1.6 之后，对砌体轴压构件和砌体沿通缝破坏时的受剪构件，进行实际具有的

可靠指标分析，计算结果列于表 12-7 及表 12-8。

砌体轴压构件的可靠指标　　表 12-7

砌体类别	$\rho=0.1$	$\rho=0.25$	$\rho=0.5$	平均 β
砖砌体	4.038	4.098	4.142	4.093
小砌块砌体	4.176	4.235	4.278	4.230

砌体通缝抗剪时的可靠指标　　表 12-8

砌体类别	$\rho=0.1$	$\rho=0.25$	$\rho=0.5$	平均 β
砖砌体	4.007	4.067	4.112	4.062
小砌块砌体	4.198	4.172	4.088	4.153

由表 12-7 及表 12-8 可知，砌体轴压构件及砌体的抗剪实际可靠指标均已大于 3.7，说明对材料分项系数 γ_f 统一取 1.6 是可靠的。

应该指出，《规范》确定的砌体结构材料分项系数 γ_f 取用 1.6，是按施工质量控制等级为 B 级考虑的；当为 C 级时规定取 $\gamma_f=1.80$。这是《规范》第一次引入施工质量控制等级的概念。具体等级要求可按《砌体工程施工质量验收规范》GB 50203—2002 进行施工质量控制。

12.4.2　砌体的抗压强度设计值

砌体抗压强度标准值同样是取抗压强度平均值 f_m 的概率密度分布函数 0.05 的分位值，即

$$f_k=f_m\ (1-1.645\delta_f) \tag{12-6}$$

式中　δ_f——砌体受压强度的变异系数。

对于除毛石砌体外的各类砌体的抗压强度，δ_f 可取 0.17，则

$$f_k=f_m\ (1-1.645\times0.17)\ =0.72f_m \tag{12-6a}$$

砌体抗压强度设计值是强度标准值除以材料分项系数 γ_f

$$f=f_k/\gamma_f \tag{12-7}$$

因 $\gamma_f=1.6$，所以

$$f=0.45f_m \tag{12-8}$$

根据上式可得出各类砌体轴心抗压强度设计值，见附表 17-1～附表 17-6。

尚应注意，《规范》规定各类砌体的强度设计值 f，在下列情况下还应乘以调整系数 γ_a：

(1) 有吊车房屋、跨度≥9m 的梁下砖砌体、跨度≥7.5m 的梁下烧结多孔砖、蒸压粉煤灰砖、蒸压灰砂砖砌体和混凝土小型空心砌块砌体，$\gamma_a=0.9$。这是考虑厂房受吊车动力影响而且柱的受力情况较为复杂而采取的降低抗力、保证安全的措施。

(2) 砌体截面面积 $A<0.3m^2$ 时，$\gamma_a=0.7+A$。这是考虑截面较小的砌体构件，

局部碰损或缺陷对强度影响较大而采用的调整系数，此时 A 以 m^2 计。

（3）各类砌体，当采用水泥砂浆砌筑时，对抗压强度 $\gamma_a=0.9$；对抗剪强度 $\gamma_a=0.8$。

（4）对配筋砌体构件，当其中的砌体采用水泥砂浆砌筑时，仅对砌体的强度乘以调整系数 γ_a；或当其中砌体的截面面积小于 $0.2m^2$ 时，γ_a 为其截面积加 0.8。

（5）当施工质量控制等级为 C 级时，γ_a 为 0.89。

（6）当验算施工中房屋的构件时，γ_a 为 1.1。

12.4.3　砌体的轴心抗拉、弯曲抗拉及抗剪强度设计值

对于各类砌体拉、弯、剪强度的变异系数 δ_f 可取为 0.2（毛石砌体 δ_f 为 0.26），这样，和抗压强度一样可得出各类砌体拉、弯、剪的强度标准值和强度设计值。

各类砌体轴心抗拉、弯曲抗拉及抗剪强度设计值见附表 17-7、附表 17-8。

12.4.4　灌孔砌块砌体的抗压强度和抗剪强度设计值

1. 灌孔砌块砌体的抗压强度

砌块灌孔后其砌体的抗压强度必然高于空心砌体，根据试验结果，灌孔砌块砌体的抗压强度设计值按下式计算

$$f_g = f + 0.82\alpha f_c \tag{12-9}$$

工程上，由于每层墙体的第一皮往往设有清扫孔，此时混凝土受砌块壁的约束程度要差一些。故将灌孔混凝土项乘以降低系数 0.75。因此灌孔砌体的抗压强度设计值 f_g 在《规范》中规定按下式计算。

$$f_g = f + 0.6\alpha f_c \tag{12-10}$$

式中　f——空心砌块砌体抗压强度设计值；

　　　f_c——灌孔混凝土轴心抗压强度设计值；

　　　α——砌块砌体中灌孔混凝土面积与砌体毛面积的比值。

在统计的试验资料中，试件采用的块体及灌孔混凝土的强度等级大多数为 MU10～MU20 及 Cb10～Cb30 的范围内，而少量的高强混凝土灌芯的砌体，其抗压强度达不到上述公式的计算值。经分析采用式（12-10）时应限制 $f_g/f \leqslant 2$。

2. 灌孔砌块砌体的抗剪强度

砌体受剪时可能产生剪摩、剪压和斜压三种破坏形态，经回归分析灌孔砌块砌体的抗剪强度平均值公式为

$$f_{vg,m} = 0.32 f_{g,m}^{0.55} \tag{12-11}$$

试验值 $f'_{v,m}$ 和公式计算值 $f_{vg,m}$ 的比值平均值为 1.061，变异系数为 0.235。

灌孔后的抗剪强度设计值公式为

$$f_{vg} = 0.20 f_g^{0.55} \tag{12-12}$$

3. 灌孔砌块砌体的弹性模量

单排孔且对孔砌筑的混凝土砌块砌体的弹性模量按下式计算

$$E = 1700 f_g \tag{12-13}$$

§12.5 无筋砌体构件的承载力计算

12.5.1 无筋砌体受压构件

混合结构房屋的窗间墙和砖柱承受上部传来的竖向荷载和自重,一般都属于无筋砌体受压构件(包括轴心受压和偏心受压)。其承载力与柱的高度比 β 值有关。

1. 受压构件的高厚比

受压构件的高厚比是指构件的计算高度 H_0 与截面在偏心方向的高度 h 的比值,即

$$\beta = \frac{H_0}{h} \tag{12-14}$$

各类常用受压构件的计算高度 H_0 可按表 12-9 采用;在该表中:

H—构件高度,在房屋中即楼板或其他水平支点间的距离,在单层房屋或多层房屋的底层,构件下端的支点,一般可以取基础顶面,当基础埋置较深且有刚性地坪时,可取室外地坪下 500mm;山墙的 H 值,可取层高加山墙端尖高度的 1/2;山墙壁柱的 H 值可取壁柱处的山墙高度。

受压构件的计算高度 H_0　　　　　　　　　　　　　　表 12-9

房 屋 类 别			柱		带壁柱墙或周边拉结的墙		
			排架方向	垂直排架方向	$s > 2H$	$2H \geqslant s > H$	$s \leqslant H$
有吊车的单层房屋	变截面柱上段	弹性方案	$2.5H_u$	$1.25H_u$	$2.5H_u$		
		刚性、刚弹性方案	$2.0H_u$	$1.25H_u$	$2.0H_u$		
	变截面柱下段		$1.0H_l$	$0.8H_l$	$1.0H_l$		
无吊车的单层和多层房屋	单跨	弹性方案	$1.5H$	$1.0H$	$1.5H$		
		刚弹性方案	$1.2H$	$1.0H$	$1.2H$		
	多跨	弹性方案	$1.25H$	$1.0H$	$1.25H$		
		刚弹性方案	$1.10H$	$1.0H$	$1.1H$		
	刚性方案		$1.0H$	$1.0H$	$1.0H$	$0.4s + 0.2H$	$0.6s$

注：1. 表中 H_u 为变截面柱的上段高度；H_l 为变截面柱的下段高度。

　　2. 对于上端为自由端的构件，$H_0 = 2H$。

　　3. 独立砖柱,当无柱间支撑时,柱在垂直排架方向的 H_0 应按表中数值乘以 1.25 后采用。

　　4. s 为房屋横墙间距。

2. 受压构件承载力计算

(1) 受压短柱

试验研究表明：当柱的高厚比 $\beta \leqslant 3$ 时，构件的纵向弯曲对承载力的影响很小，可以不加考虑，该柱称为受压短柱。

此时，当纵向压力作用在柱的截面重心时，砌体截面的应力是均匀分布的，破坏时截面所能承受的最大压应力达到了砌体的轴心抗压强度。当纵向压力具有较小偏心时，截面的压应力为不均匀分布，破坏将从压应力较大一侧开始。当偏心距增大，应力较小边可能出现拉应力，一旦拉应力超过砌体沿通缝的抗拉强度时，将出现水平裂缝，实际的受压截面将减小；此时，受压区压应力的合力将与所施加的偏心压力保持平衡。

试验表明：受压短柱随着偏心距的增大，构件所能承担的纵向压力明显下降；对矩形、T 形、十字形和环形截面。偏压短柱的承载力设计值可表达为：

$$N \leqslant \varphi_1 A f \tag{12-15}$$

式中　φ_1——偏心受压构件与轴心受压构件承载能力的比值，称为偏心影响系数。

偏心影响系数 φ_1 与 e/i 的关系可用下式表示：

$$\varphi_1 = \frac{1}{1 + (e/i)^2} \tag{12-16}$$

式中　e——轴向力偏心距；

i——截面的回转半径，$i = \sqrt{I/A}$；

I——截面沿偏心方向的惯性矩；

A——截面面积。对于矩形截面 $i = \dfrac{h}{\sqrt{12}}$，则矩形截面的 φ_1 可写成：

$$\varphi_1 = \frac{1}{1 + 12 (e/h)^2} \tag{12-17}$$

式中　h——为矩形截面在偏心方向的边长。

当截面为 T 形或其他形状时，h 可用折算厚度 $h_T \approx 3.5 i$ 代替 h，φ_1 值仍按式 (12-16) 计算。

(2) 受压长柱

试验研究表明：当柱的高厚比 $\beta > 3$ 时，构件的纵向弯曲的影响已不可忽视，需考虑其对承载力的影响，该柱称为受压长柱。

《规范》对长柱计算采用了附加偏心距法，即在偏压短柱的偏心影响系数中，将偏心距增加一项由纵向弯曲产生的附加偏心距 e_i（图 12-4）。即

$$\varphi = \frac{1}{1 + \dfrac{(e + e_i)^2}{i^2}} \tag{12-18}$$

附加偏心距 e_i 可以根据下列边界条件确定，即 $e = 0$ 时 $\varphi = \varphi_0$，φ_0 为轴心受压的纵向弯曲系数。以 $e = 0$ 代入式 (12-18)

$$\varphi_0 = \frac{1}{1+\left(\dfrac{e_i}{i}\right)^2}$$

$$\left(\frac{e_i}{i}\right)^2 = \frac{1}{\varphi_0} - 1$$

图 12-4 附加偏心距

由此得

$$e_i = i\sqrt{\frac{1}{\varphi_0} - 1}$$

对于矩形截面

$$e_i = \frac{h}{\sqrt{12}}\sqrt{\frac{1}{\varphi_0} - 1} \qquad (12\text{-}19)$$

将式（12-18）代入式（12-17）则得

$$\varphi = \frac{1}{1+12\left\{\dfrac{e}{h} + \sqrt{\dfrac{1}{12}\left(\dfrac{1}{\varphi_0} - 1\right)}\right\}^2} \qquad (12\text{-}20)$$

这样，受压长柱的承载力设计值可表达为

$$N \leqslant \varphi A f \qquad (12\text{-}21)$$

式中　N——荷载产生的轴向压力设计值；

　　　φ——高厚比 β 和偏心距 e 对受压构件承载力的影响系数；

　　　f——砌体抗压强度设计值。

对轴心受压构件的纵向弯曲系数 φ_0 可按下式计算：

$$\varphi_0 = \frac{1}{1+\alpha\beta^2} \qquad (12\text{-}22)$$

式中　α——为与砂浆强度等级有关的系数：当砂浆强度等级 $\geqslant$M5 时，$\alpha=$
　　　0.0015；为 M2.5 时，$\alpha=0.002$；当砂浆强度为零时，$\alpha=0.009$。

为了反映不同砌体类型受压性能的差异，《规范》规定计算影响系数 φ 时，应
先对构件高厚比 β 乘以修正系数 γ_β。烧结普通砖、烧结多孔砖砌体 $\gamma_\beta=1.0$；混凝
土小型空心砌块砌体 $\gamma_\beta=1.1$，蒸压灰砂砖、蒸压粉煤灰砖、细料石和半细料石砌
体 $\gamma_\beta=1.2$；粗料石和毛石砌体 $\gamma_\beta=1.5$。

将式（12-22）代入式（12-20）可得系数 φ 的最终计算公式：

$$\varphi = \frac{1}{1+12\left\{\dfrac{e}{h} + \beta\sqrt{\dfrac{\alpha}{12}}\right\}^2} \qquad (12\text{-}23)$$

式（12-16）及式（12-23）计算相当麻烦，因此设计时也可直接查附表18；在
该表中，当 $\beta \leqslant 3$ 时所得的 φ 值即为 φ_0 值。

偏心受压构件的偏心距过大，构件的承载力明显下降，从经济性和合理性角
度看都不宜采用，此外，偏心距过大可能使截面受拉边出现过大的水平裂缝。因

此,《规范》规定轴向力偏心距 e 不应超过 $0.6y$,y 是截面重心到受压边缘的距离。

【**例 12-1**】 截面尺寸为 370mm×490mm 的砖柱,砖的强度等级为 MU10,混合砂浆强度等级为 M5,柱高 3.2m,两端为不动铰支座。柱顶承受轴向压力标准值 $N_k=120$kN (其中永久荷载 95kN,已包括砖柱自重),试验算该柱的承载力。

【**解**】
$$N=1.2×95+1.4×25=149kN$$

$$\beta=\frac{3.2}{0.37}=8.65$$

查附表 18-1 得影响系数 $\varphi=0.90$

柱截面面积 $\quad A=0.37×0.49=0.18m^2<0.3m^2$

故 $\quad\quad\quad\quad \gamma_a=0.7+0.18=0.88$

根据砖和砂浆的强度等级,查附表 17-1 得砌体轴心抗压强度 $f=1.5N/mm^2$,则

$$\varphi Af=0.88×0.18×10^6×0.9×1.5=214kN>149kN \quad 安全$$

由于可变荷载效应与永久荷载效应之比 $\rho=0.25$ 应属于以自重为主的构件,所以再以荷载分项系数 1.35 和 1.0 重新进行计算

$$N=1.35×95+1.0×25=153kN$$

$$\varphi Af=214kN>153kN \quad\quad 仍然安全。$$

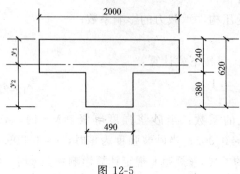

图 12-5

【**例 12-2**】 某食堂带壁柱的窗间墙,截面尺寸见图 12-5,壁柱高 5.4m,计算高度 $1.2×5.4=6.48$m,用 MU10 粘土砖及 M2.5 混合砂浆砌筑。承受竖向力设计值 $N=320$kN,弯矩设计值 $M=41$kN·m (弯矩方向是墙体外侧受压,壁柱受拉)。试验算该墙体的承载力。

【**解**】 1. 截面几何特征

截面面积 $\quad A=2000×240+380×490=666200mm^2$

截面重心位置 $\quad y_1=\dfrac{2000×240×120+490×380(240+190)}{666200}=207mm$

$$y_2=620-207=413mm$$

截面惯性矩 $\quad\quad\quad\quad I=174.4×10^8mm^4$

回转半径

$$i=\sqrt{\frac{I}{A}}=\sqrt{\frac{174.4×10^8}{66.62×10^4}}=162mm$$

截面折算厚度

$$h_T=3.5i=3.5×162=567mm$$

2. 内力计算

荷载偏心距

$$e = \frac{M}{N} = \frac{41000}{320} = 128\text{mm}$$

3. 承载力验算

$$\frac{e}{h_{\text{T}}} = \frac{128}{567} = 0.226$$

$$\beta = \frac{H_0}{h_{\text{T}}} = \frac{6.48}{0.567} = 11.4$$

$$\varphi = 0.385$$

以 MU10 和 M2.5 查附表 17-1 得 $f = 1.30\text{N/mm}^2$

$$\varphi A f = 0.385 \times 666200 \times 1.30$$
$$= 330.87\text{kN} > 320\text{kN} \qquad 安全。$$

12.5.2 砌体局部受压计算

局部受压是砌体结构常见的受力形式。例如，砖柱支承于基础上；梁支承于墙体上等。

1. 砌体截面局部均匀受压

当荷载均匀地作用在砌体的局部面积上时，砌体局部均匀受压的承载力可按下列公式计算：

$$N_l \leqslant \gamma f A_l \tag{12-24}$$

$$\gamma = 1 + 0.35 \sqrt{\frac{A_0}{A_l} - 1} \tag{12-25}$$

式中　N_l——局部受压面积上荷载产生的轴向压力设计值；

$\quad\quad A_l$——局部受压面积；

$\quad\quad \gamma$——局部抗压强度提高系数；

$\quad\quad A_0$——影响局部抗压强度的计算面积，可按图 12-6 确定。

试验分析表明，砌体结构的局部受压可以用力的扩散原理来解释，只要存在未直接受荷的面积就有力的扩散现象，也就能在不同程度上提高直接受荷部分的强度。

式（12-25）的物理意义：其第一项为砌体局部受压面积本身的抗压强度，第二项是非局部受压面积 $A_0 - A_l$ 所提供的侧压力的影响。

为了避免 A_0/A_l 超过某一限值时会出现危险的劈裂破坏，《规范》对 γ 值作了

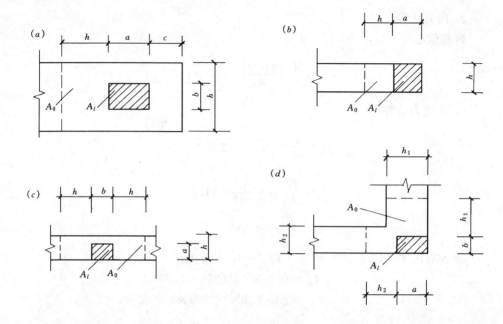

图 12-6　不同局压部位的 A_0 取值

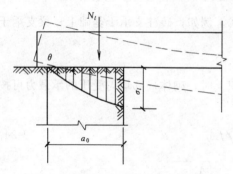

图 12-7　梁端支承情况

上限规定：对于图 12-6(a) 的情况，$\gamma \leqslant 2.5$；图 12-6(b) 情况，$\gamma \leqslant 1.25$；图 12-6(c) 情况，$\gamma \leqslant 2.0$；图 12-6 (d) 情况，$\gamma \leqslant 1.5$；对空心砖砌体尚应符合 $\gamma \leqslant 1.5$；对于未灌实的混凝土小型空心砌块砌体 $\gamma = 1.0$。

2. 梁端有效支承长度

当梁直接支承在砌体上时，由于梁的弯曲，使梁的末端有脱开砌体的趋势（图 12-7）。我们把梁端底面未离开砌体的长度称为有效支承长度 a_0，因此，a_0 并不一定都等于实际支承长度 a，它取决于局部受压荷载、梁的刚度、砌体的刚度等。若取

$$N_l = \eta \sigma_l a_0 b \qquad (a)$$

式中　η——梁端底面压应力图形的完整系数；

　　　σ_l——边缘最大局压应力。

按弹性地基梁理论有

$$\sigma_l = k y_{\max} \qquad (b)$$

$$y_{\max} = a_0 \mathrm{tg}\theta \qquad (c)$$

式中　k——垫层系数；

　　y_{max}——墙体边缘最大变形；

　　θ——梁端倾角。

将 (b)、(c) 式代入 (a) 式则得

$$a_0 = \sqrt{\frac{N_l}{\eta k b \operatorname{tg}\theta}} \qquad (12\text{-}26)$$

由试验可知 ηk 与砌体强度设计值 f 的比值比较稳定，为了简化计算，考虑到砌体的塑性变形影响等因素，取 $\eta k = 0.0007f$ 则

$$a_0 = 38\sqrt{\frac{N_l}{bf\operatorname{tg}\theta}} \qquad (12\text{-}27)$$

式中 a_0、b 以毫米（mm）计；N_l 以千牛（kN）计；f 以牛每平方毫米（N/mm²）计。计算所得 a_0 不应大于实际支承长度 a 值。

对于均布荷载作用的钢筋混凝土简支梁，其跨度小于 6m 时，可将式 (12-27) 作进一步简化。取 $N_l = \frac{1}{2}ql$ 及 $\operatorname{tg}\theta = \frac{ql^3}{24B_l}$，考虑到钢筋混凝土梁开裂对刚度影响以及长期荷载效应下刚度折减，梁的刚度 B_l 在经济配筋率范围内可近似取 $B_l = 0.33E_cI_c$，$I_c = \frac{bh_c^3}{12}$，对于常用的 C20 混凝土 $E_c = 25.5\text{kN/mm}^2$。再近似取 $\frac{h_c}{l} = \frac{1}{11}$，则式 (12-27) 可简化为

$$a_0 = 10\sqrt{\frac{h_c}{f}} \qquad (12\text{-}28)$$

式中　h_c——梁的截面高度。

在计算荷载传至砌体的下部时，N_l 的作用点距墙的内表面可取 $0.4a_0$。

为了简化计算《规范》规定 a_0 值按式 (12-28) 确定。

3. 梁端砌体局部受压

由于梁受力后弯曲变形，梁端底面处砌体的局压应力是不均匀的。《规范》对没有上部荷载时（例如顶层屋盖梁支承处）的梁端局部受压计算式取为

$$N_l \leqslant \eta\gamma A_l f \qquad (12\text{-}29)$$

式中　η——为压应力图形完整系数，一般可取 $\eta = 0.7$；对于过梁、墙梁 $\eta = 1$；

　　γ——局部受压强度提高系数，仍按式 (12-25) 确定。

当有上部荷载时（例如多层砖房楼盖梁支承处），梁端底面处不但有梁端传来的局压荷载 N_l 产生的局压应力，而且还有上部墙体传来的竖向压应力。但试验表明，砌体局压破坏时这两种应力并不是简单的叠加。当梁上荷载增加时，由于梁端底部砌体局部变形增大，砌体内部产生应力重分布，使梁端顶面附近砌体由于上部荷载产生的应力逐渐减小，墙体逐渐以内拱作用传递荷载。

图 12-8 展示了不同的 σ_0/f_m 情况下测试得到的 $\eta\gamma$ 值。可以看出，上部荷载对

梁端局压强度是有影响的,但在 $\sigma_0=0\sim0.5f_m$ 范围内,其实测承载力均高于没有 σ_0 时梁端局压承载力(即试验曲线的 $\eta\gamma$ 值均高于计算取用的 $\eta\gamma$ 值)。

图 12-8 中 $\sigma_0=0.2f_m$ 附近,曲线中 $\eta\gamma$ 达到峰值,它高于 $\sigma_0=0$ 时的 $\eta\gamma$,这是因为砌体局压破坏首先是由于砌体横向抗拉不足产生竖向裂缝开始的。σ_0 的存在和其扩散可以增强砌体横向抗拉能力(图 12-9),从而提高局压承载力。随着 σ_0 的增加,内拱作用逐渐削弱,这种有利的效应也就逐渐减小。σ_0 更大时实际上局压面积以下的砌体已接近于轴心受压的应力状态了。

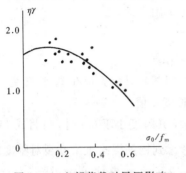

图 12-8 上部荷载对局压影响

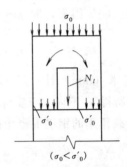

图 12-9 内拱卸荷

试验分析表明:在一定局压面积比 A_0/A_l 情况下梁端墙体的内拱卸荷作用是明显的。梁端支承长度较少时,墙体的内拱效应相对大些;支承长度较大时,约束作用加大,但在 σ_0 作用下 a_0 增大提高了承载力,其综合效果可以不考虑上部荷载的影响。所以《规范》规定梁端局压可按下列公式计算:

$$\psi N_0 + N_l \leqslant \eta\gamma A_l f \tag{12-30}$$

式中 ψ——为上部荷载折减系数,$\psi=1.5-0.5\dfrac{A_0}{A_l}$,当 $\dfrac{A_0}{A_l}\geqslant3$ 时,取 $\psi=0$。

4. 垫块下砌体局部受压

跨度较大的梁支承于砖墙上时,为了减小砌体局压应力,往往在梁支座处设置混凝土垫块。

当梁下设置刚性垫块时,《规范》规定垫块下砌体局压承载力按下式计算。

$$N_0 + N_l \leqslant \varphi\gamma_1 A_b f \tag{12-31}$$

式中 N_0——垫块面积 A_b 上由上部荷载设计值产生的轴向力,$N_0=\sigma_0 A_b$;

φ——垫块上 N_0 及 N_l 的轴向力影响系数,但不考虑纵向弯曲影响,即查《规范》附录中 $\beta\leqslant3$ 时的 φ 值。

在式(12-31)中,考虑到垫块外砌体面积的有利影响,故取用 $\gamma_1=0.8\gamma$ 反映,但 γ_1 值不小于 1,γ 为局压强度提高系数,可按式(12-25)以 A_b 代替 A_l 计算得出。由于垫块面积比梁的端部要大得多,内拱卸荷作用不显著,所以按应力叠加原理取 N_0+N_l 计算。

A_b 为刚性垫块的面积,$A_b=a_b\cdot b_b$,a_b 为垫块伸入墙内方向的长度,计算时

a_b 不得大于 a_0+t_b，t_b 为垫块厚度，一般不宜小于 180mm；b_b 为垫块宽度，同时自梁边算起的垫块挑出长度应不大于 t_b。

试验表明，壁柱内设垫块时，其局压承载力偏低，所以规定 A_0 只取壁柱截面面积而不计翼缘挑出部分，而且构造上要求垫块应伸入墙内的长度不小于 120mm（图 12-10）。

《规范》根据试验分析补充了刚性垫块上表面梁端有效支承长度 a_0 的计算方法：

$$a_0=\delta_l\sqrt{\frac{h}{f}} \tag{12-32}$$

式中 δ_1——刚性垫块 a_0 计算公式的系数，可按表 12-10 采用。垫块上 N_l 合力点位置可取 $0.4a_0$ 处。

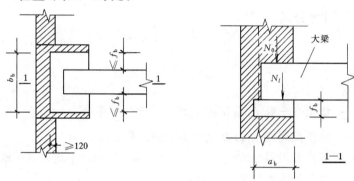

图 12-10 垫块局压

系　数　δ_l　值				表 **12-10**	
σ_0/f	0	0.2	0.4	0.6	0.8
δ_1	5.4	5.7	6.0	6.9	7.8

注：表中其间的数值可采用插入法求得。σ_0 为上部荷载传来作用于整个窗间墙上的均匀压应力。

当垫块与梁端浇成整体时，为简化计算，梁端支承处砌体的局部受压亦可按式（12-31）计算。

当集中力作用于柔性的钢筋混凝土垫梁上时（如梁支承于钢筋混凝土圈梁），由于垫梁下砌体因局压荷载产生的竖向压应力分布在较大的范围内，其应力峰值 σ_{ymax} 和分布范围可按弹性半无限体上长梁求解（图 12-11）。

根据试验，垫梁下砌体局部受压最大应力值应符合下式要求：

$$\sigma_{ymax}\leqslant1.5f_m \tag{12-33}$$

式（12-33）中的 f_m 值，按式（12-8），应取为 $f=0.45f_m$；但考虑到当有上部荷载 σ_0 同时作用时，对式（12-33）的表达式是偏于不利影响的，为此在计算时《规范》直接取用 $f=f_m$。这样，当有上部荷载 σ_0 作用时，则左边应叠加 σ_0，取

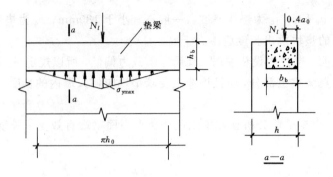

图 12-11　柔性垫梁

$$N_l = \frac{1}{2}\pi h_0 b_b \sigma_{ymax}; \quad N_0 = \frac{1}{2}\pi h_0 b_b \sigma_0。$$

可得下列计算公式

$$N_0 + N_l \leqslant 2.4\delta_2 h_0 b_b f \tag{12-34}$$

$$h_0 = 2\sqrt[3]{\frac{E_b I_b}{Eh}} \tag{12-35}$$

式中　N_0——垫梁在 $\frac{1}{2}\pi h_0 b_b$ 范围内上部荷载产生的纵向力；

$\quad\quad h_0$——将垫梁高度 h_b 折算成砌体时的折算高度；

$\quad\quad \delta_2$——当荷载沿墙厚方向均匀分布时取 $\delta_2=1.0$，不均匀时可取 $\delta_2=0.8$；

$\quad E_c、I_c$——垫梁的弹性模量、截面惯性矩；

$\quad\quad E$——砌体的弹性模量；

$\quad b_b、h_b$——垫梁的宽度和高度；

$\quad\quad h$——墙厚（mm）。

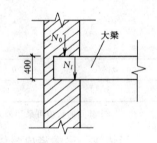

【例12-3】 试验算外墙上端砌体局部受压承载力。已知梁截面尺寸 $b \times h = 200\text{mm} \times 400\text{mm}$，梁支承长度 $a = 240\text{mm}$，荷载设计值产生的支座反力 $N_l = 60\text{kN}$，墙体的上部荷载 $N_u = 260\text{kN}$，窗间墙截面 $1200\text{mm} \times 370\text{mm}$（图12-12），采用MU10砖、M2.5混合砂浆砌筑。

【解】　　　　　$f = 1.30\text{N/mm}^2$

$$a_0 = 10\sqrt{\frac{h_c}{f}} = 10\sqrt{\frac{400}{1.30}} = 176\text{mm}$$

$$A_l = a_0 \cdot b = 176 \times 200 = 35200\text{mm}^2$$

$$A_0 = h(2h + b) = 347800\text{mm}^2$$

$$\gamma = 1 + 0.35\sqrt{\frac{A_0}{A_l} - 1} = 2.04$$

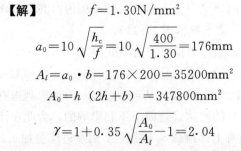

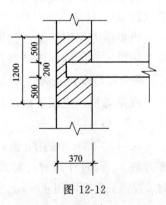

图 12-12

取 $\gamma = 2.0$

由于上部荷载 N_u 作用在整个窗间墙上，则

$$\sigma_0 = \frac{260000}{370 \times 1200} = 0.58 \text{N/mm}^2$$

$$N_0 = \sigma_0 \cdot A_l = 0.58 \times 35200 = 20.42 \text{kN}$$

由于 $\dfrac{A_0}{A_l} = 9.8 > 3$，所以 $\psi = 0$

$$\eta \gamma A_l \cdot f = 0.7 \times 2.0 \times 35200 \times 1.30 = 64064 \text{N} > N_l = 60000 \text{N}$$

安全。

【例 12-4】 已知条件同上例，若 $N_l = 80 \text{kN}$，墙的高厚比 $\beta < 3$，其他条件不变，试验算局部受压承载力。

【解】 由于梁直接支承在砖砌体上，梁端的支座反力较大，经估算砌体的局压承载力难以满足要求，如果不提高砌筑砂浆强度，一般均以设混凝土刚性垫块来解决。

刚性垫块尺寸为 $b_b = 240 \text{mm}$，$a_b = 500 \text{mm}$，厚 $t_b = 180 \text{mm}$。

垫块面积 $A_b = 240 \times 500 = 120000 \text{mm}^2$

$$N_0 = \sigma_0 \times A_b = 0.58 \times 120000 = 69600 \text{N}$$

垫块下部局压应按式（12-31）计算即

$$N_0 + N_1 \leqslant \varphi \gamma_1 A_b f$$

计算垫块上表面梁端有效支承长度 a_0 值。

$$a_0 = \delta_l \sqrt{\frac{h}{f}}$$

前算得 $\sigma_0 = 0.58 \text{N/mm}^2$，$f = 1.30 \text{N/mm}^2$

$$\frac{\sigma_0}{f} = \frac{0.58}{1.30} = 0.45$$

查表 12-10，$\delta_l = 6.2$

$$a_0 = 6.2 \sqrt{\frac{400}{1.30}} = 109 \text{mm}$$

则 N_l 作用点位于距墙内表面 $0.4a_0$ 处

$$0.4a_0 = 44 \text{mm}$$

$$e = \frac{80 (120 - 44)}{80 + 69.6} = 40.6 \text{mm}$$

$$\frac{e}{h} = \frac{40.6}{240} = 0.17$$

查附表 18-2，$\beta \leqslant 3$ 情况，得 $\varphi = 0.74$

求 γ 时应以 A_b 代替 A_l

$$A_0 = 370 (370 \times 2 + 500) = 458800 \text{mm}^2$$

但 A_0 边长已超过窗间墙实际宽度，所以取 $A_0=370\times1200=444000\text{mm}^2$

$$\gamma=1+0.35\sqrt{\frac{A_0}{A_l}-1}=1.59$$

$$\gamma_1=0.8\gamma=1.27$$

$$\varphi\gamma_1A_bf=0.74\times1.27\times120000\times1.30=145480\text{N}\approx N_0+N_l=149600\text{N}$$

安全。

12.5.3　砌体受拉、受弯及受剪承载力计算

1. 轴心受拉构件

轴心受拉构件的承载力应按下式计算：

$$N_l\leqslant f_tA \tag{12-36}$$

式中　N_l——轴心拉力设计值；

　　　f_t——砌体的轴心抗拉强度设计值，应按附表 17-7 和附表 17-8 中的较小值采用。

2. 受弯构件

受弯构件的承载力应按下式公式计算：

$$M\leqslant f_{tm}W \tag{12-37}$$

式中　M——弯矩设计值；

　　　f_{tm}——砌体的弯曲抗拉强度设计值，应按附表 17-7 和附表 17-8 中的较小值采用。

　　　W——截面抵抗矩。

受弯构件的受剪承载力，应按下式计算：

$$V\leqslant f_vbZ \tag{12-38}$$

$$Z=I/S \tag{12-39}$$

式中　V——剪力设计值；

　　　f_v——砌体的抗剪强度设计值，应按附表 17-7 采用；

　　　b——截面宽度；

　　　Z——内力臂，当截面为矩形时取 Z 等于 $2h/3$；

　　　I——截面惯性矩；

　　　S——截面面积矩；

　　　h——截面高度。

3. 受剪构件

砌体结构单纯受剪的情况极少，一般是在受弯构件中（如砖砌体过梁、挡土墙等）存在受剪情况，再者，墙体在水平地震力或风荷载作用下或无拉杆的拱支座处在水平截面砌体受剪。后几种受剪往往同时还作用有竖向荷载使墙体处于复

合受力状态。

由抗剪试验表明，通缝截面上的法向压应力 σ_y 与剪应力 τ 的比值不同，剪切破坏的形态也不同。当 σ_y/τ 较小时，相当于通缝方向的 τ 值与竖直方向 δ 值的合力与通缝方向的夹角 $\theta \le 45°$ 时，砌体将沿通缝受剪而且在摩擦力作用下产生滑移而破坏，可称为剪切滑移破坏或剪摩破坏。当 σ_y/τ 较大，即 $45° < \theta \le 60°$ 时，砌体将产生阶梯形裂缝而破坏，称剪压破坏。当 σ_y/τ 更大时，砌体基本上沿压应力作用方向产生裂缝而破坏，接近于单轴受压时破坏称为斜压破坏。

目前关于复合受力下砌体抗剪强度理论基本上有 2 种，即主拉应力破坏理论和剪摩理论。

主拉应力破坏理论提出的破坏准则是砌体复合受力下，主拉应力达到砌体抗拉强度（砌体截面上无垂直荷载作用时沿阶梯形截面的抗剪强度 f_{v0}）而产生剪切破坏，其砌体复合受力下抗剪强度 f_v 可按下式计算：

$$f_v \le f_{v0}\sqrt{1+\frac{\sigma_0}{f_{v0}}} \tag{12-40}$$

我国《建筑抗震设计规范》即采用此式计算砖砌体的抗剪强度。但是这个理论是基于点应力的破坏准则，对于工程上已开裂甚至裂通的墙体仍能整体受力的现象难以解释。这是其不足之处。

剪摩理论认为砌体复合受力的抗剪强度是砌体的粘结强度与法向压力产生的摩阻力之和，即

$$f_{vm} = \alpha f_{v0} + \mu\sigma_0 \tag{12-41}$$

式中　f_{vm}——砌体复合受力抗剪强度平均值；

　　　α——参数；

　　　μ——摩擦系数；

　　　f_{v0}——砌体的抗剪强度。

根据我国的试验研究，取 $\alpha=1$、$\mu=0.4$，就强度平均值而言，可以写成

$$f_{vm} = f_{v0m} + 0.4\sigma_0 \tag{12-42}$$

此式和砌体结构设计与施工的国际建议（CIB58）以及苏联和英国等国砌体结构规范公式比较一致。

《规范》根据试验采用变系数剪摩理论的计算模式，即

$$V \le (f_v + \alpha\mu\sigma_0)A \tag{12-43}$$

当 $\gamma_G = 1.2$ 时　　　　　$\mu = 0.26 - 0.082\sigma_0/f \tag{12-44}$

当 $\gamma_G = 1.35$ 时　　　　$\mu = 0.23 - 0.065\sigma_0/f \tag{12-45}$

式中　V——截面剪力设计值；

　　　A——构件水平截面面积。当有孔洞时，取砌体净截面面积；

　　　f_v——砌体的抗剪强度设计值，对灌孔的混凝土砌块砌体取 f_{vg}；

　　　α——修正系数，当 $\gamma_G = 1.2$ 时，对砖砌体取 0.60，对混凝土砌块砌体取

0.64；当 $\gamma_G=1.35$ 时，砖砌体取 0.64，混凝土砌块砌体取 0.66；

μ——剪压复合受力影响系数，按式（12-44）、式（12-45）计算；

σ_0——永久荷载标准值产生的水平截面平均压应力；

f——砌体的抗压强度设计值。

§12.6   混合结构房屋墙、柱设计

12.6.1   承重墙体的布置

在混合结构房屋中，一般来说，沿房屋平面较短方向布置的墙称为横墙；沿房屋较长方向布置的墙体称为纵墙。按墙体的承重体系，其结构布置大体可分为下列几种方案：

1. 横墙承重方案

将预制楼板（及屋面构件）沿房屋纵向搁置在横墙上，而外纵墙只起围护作用。楼面荷载经由横墙传到基础，这种承重体系称为横墙承重体系。其特点是：①横墙是主要承重构件，纵墙主要起围护、隔断和将横墙联成整体的作用。这样，外纵墙立面处理较方便，可以开设较大的门、窗洞口。②由于横墙间距很短，每开间就有一道，又有纵墙在纵向拉结，因此房屋的空间刚度很大，整体性很好。③在承重横墙上布置短向板对楼盖（屋盖）结构来说比较经济合理，能节约钢材和水泥。

这种方案的缺点是：横墙太多房间布置受到限制，而且北方寒冷地区外纵墙由于保温要求不能太薄，只作为围护结构，其强度不能充分利用。再就是砌体材料用量相对较多。

横墙承重方案由于横墙间距密，房间大小固定，适用于宿舍、住宅等居住建筑。

2. 纵墙承重方案

采用纵墙承重时，预制楼板的布置有两种方式：一种是楼板沿横向布置，直接搁置在纵向承重墙上；另一种是楼板沿纵向布置铺设在大梁上，而大梁搁置在纵墙上。横墙、山墙虽然也是承重的，但它仅承受墙身两侧的一小部分荷载，荷载主要的传递途径是板、梁经由纵墙传至基础，因此称之为纵墙承重方案。其特点是：①纵墙是主要承重墙，横墙的设置主要为了满足房屋空间刚度和整体性的要求，它的间距可以比较长；这种承重体系房间的空间较大，有利于使用上的灵活布置。②由于纵墙承受的荷载较大，在纵墙上开门、开窗的大小和位置都要受到一定限制。③相对于横墙承重方案，楼盖的材料用量较多，墙体的材料用量较少。

纵向承重体系结构适用于使用上要求有较大空间的房屋，或隔断墙位置可能变化的房间，如教学楼、实验楼、办公楼、医院等。

3. 内框架承重方案

民用房屋有时由于使用要求，往往采用钢筋混凝土柱代替内承重墙，以取得较大的空间。例如，沿街住宅底层为商店的房屋大都采用内框架承重方案。这时，梁板的荷载一部分经由外纵墙传给墙基础，一部分经由柱子传给柱基础。这种结构既不是全框架承重（全由柱子承重），也不是全由砖墙承重，称为内框架承重方案。它的特点是：①墙和柱都是主要承重构件。以柱代替内承重墙在使用上可以取得较大的空间。②由于横墙较少，房屋的空间刚度较差。③由于柱和墙的材料不同，施工方法不同，给施工带来一定的复杂性。

内框架承重方案一般用于教学楼、旅馆、商店等建筑。

在实际工程设计中，究竟采用哪一种布置方案为宜，应根据各方面具体条件综合考虑而确定，有时还应做几种方案进行比较。而且，一个比较复杂的混合结构还可以在不同区段采用不同的承重体系。

除了上述三种承重方案外，实际工程上还可以采用纵横墙混合承重方案、底部框架上部砖混承重方案等。

12.6.2 砌体房屋静力计算方案

一幢房屋是由墙、柱、楼板、屋盖、基础等结构构件互相连系组成的统一空间整体，所以在荷载作用下是一个空间工作的体系。房屋的空间刚度就是指这些构件参加共同工作的程度。

下面分析一下在水平风荷载作用下房屋的受力情况。

假设有一幢单层单跨的房屋，外纵墙承重，屋面是钢筋混凝土平屋顶，由预制板和大梁组成，两端没有山墙。

由于房屋所受荷载（永久荷载、雪载、风载等）沿房屋纵向是均匀分布的，外墙上的窗口也是均匀排列的，因此可以通过两个窗口的中线截出一个单元，来代表整个房屋的受力状态。在进行结构计算时，可以认为这个单元范围内的荷载（永久荷载、雪载和风载）都是通过这个单元本身结构传到地基上去的。两端无山墙的房屋在水平风载作用下的静力分析就可以按平面受力体系来计算。

但是，当该房屋两端有山墙时（图 12-13），在风力作用下屋面的水平位移受到山墙的约束，风载的传力途径发生了变化。山墙墙体的计算单元可以看成竖立着的柱子，一端支于基础，一端支于屋面；屋面结构可以看成是水平方向的梁（跨度为房屋长度 S），两端支承于山墙，而山墙可以看成竖立悬臂梁支承于基础。这时，风载通过外纵墙，一部分传给外墙基础，一部分传给屋面水平梁，屋面水平梁受力后在水平方向发生弯曲，又把荷载传给山墙，最后通过山墙在其本身平面内的变形把荷

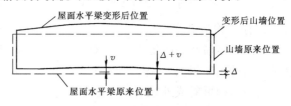

图 12-13 有山墙单跨房屋在水平力作用下的变形情况

载传给山墙基础。这种风载的传递方式已不是平面受力体系而是空间受力体系了。从变形方面来看，传给屋面的风载引起屋面水平梁在跨中产生的水平位移为 v，引起山墙顶端的水平位移为 Δ，则房屋中部屋面处的总水平位移为 $\Delta+v$（图 12-13）。

由风荷载引起屋面水平位移的大小，决定于房屋的空间刚度，而空间刚度则和房屋的构造方案有关。

1. 弹性构造方案

当山墙（横墙）间距很大时，屋面水平梁的水平刚度比较小，v 值可能比较大。山墙作为悬臂梁，在平面内弯曲时的刚度很大，所以 Δ 值总是非常小的，这时，$(\Delta+v)$ 值和无山墙时的屋面水平位移 $\bar{y}$ 值很接近。房屋中部附近各计算单元的计算简图可按平面单跨排架进行计算。这类房屋称弹性构造方案房屋。

2. 刚弹性构造方案

当山墙（横墙）间距比较小时，这时风力的传递途径未变，而屋面水平构件的跨度短了一些，相应的水平刚度大了一些。从变形分析看，v 值将比较小，$(\Delta+v)$ 将小于 $\bar{y}$。从受力分析看，山墙间距小了以后，空间传力体系的刚度将增加，平面传力体系的刚度将相对减小。这时房屋各计算单元的计算简图和弹性方案类似，但水平位移要小于按平面单跨排架算得的 $\bar{y}$（图 12-14）。亦即屋面的水平位移由于房屋的空间工作而减小，取其 $(\Delta+v)$ 与 $\bar{y}$ 之比的 η 值进行折减，η 称为空间性能影响系数。所以刚弹性构造方案房屋可以按考虑空间工作的侧移折减之后的平面排架进行计算。

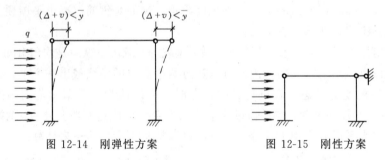

图 12-14　刚弹性方案　　　　　图 12-15　刚性方案

3. 刚性构造方案

当山墙（横墙）距更小时，这时风力传递途径未变，可是由于屋面水平梁在水平方向的刚度很大，$v\approx0$，$\Delta+v\approx0$，可以认为屋面受风载后没有水平位移。这时，屋面结构可看成外纵墙的不动铰支座，房屋结构各计算单元的计算简图如图 12-15。这类房屋称为刚性构造方案房屋。

比较上述三个构造方案，肯定是刚性方案最好，不但能充分发挥构件潜力，而且能取得较好的房屋刚性，一般来说砌体房屋均应尽量设计成刚性方案。

《规范》规定混合结构房屋静力计算方案应按表 12-11 划分。

	房屋的静力计算方案		表 12-11	
	屋 盖 类 别	刚性方案	刚弹性方案	弹性方案
1	整体式、装配整体式和装配式无檩体系钢筋混凝土屋盖或楼盖	$s<32$	$32<s\leqslant72$	$s>72$
2	装配式有檩体系钢筋混凝土屋盖、轻钢屋盖和有密铺望板的木屋盖或楼盖	$s<20$	$20\leqslant s\leqslant48$	$s>48$
3	冷摊瓦木屋盖和石棉水泥瓦轻钢屋盖	$s<16$	$16<s\leqslant36$	$s>36$

注：表中 s 为房屋的横墙间距，其长度单位为米（m）。

对装配式无檩体系钢筋混凝土屋盖或楼盖，当屋面板未与屋架或大梁焊接时，应按表中第 2 类考虑，楼板采用空心板时，则可按表中第 1 类考虑。

对无山墙或伸缩缝处无横墙的房屋，应按弹性方案考虑。

在刚性和刚弹性方案房屋中，横墙是保证满足房屋抗侧力要求，具有所需水平刚度的重要构件。《规范》规定这些横墙必须同时满足下列几项要求：

（1）横墙中开有洞口时（如门、窗、走道），洞口的水平截面面积应不超过横墙截面面积的 50%；

（2）横墙的厚度，一般不小于 180mm；

（3）单层房屋的横墙长度，不小于其高度，多层房屋的横墙长度，不小于其总高度的 $\frac{1}{2}$。

当横墙不能同时符合上述要求时，应对横墙的刚度进行验算。如其最大水平位移不超过 $H/4000$（其中 H 为横墙总高），仍可视为刚性和刚弹性方案房屋的横墙。符合上述刚度要求的一般横墙或其他结构构件（如框架等），可视为刚性和刚弹性方案房屋的横墙。

12.6.3 砌体房屋墙、柱设计计算

1. 刚性构造方案房屋承重纵墙计算

首先考虑在竖向荷载作用下纵墙的计算。

（1）计算简图

通常混合结构的纵墙比较长，设计时可仅取其中有代表性的一段进行计算。一般取一个开间的窗洞中线间距内的竖向墙带作为计算单元（图 12-16），这个墙带的纵向剖面见图 12-17a，墙带承受的竖向荷载有墙体自重、屋盖楼盖传来的永久荷载及可变荷载。这些荷载对墙体作用的位置见图 12-18。图中：N_l 为所计算的楼层内，楼盖传来的永久荷载及可变荷载，也即楼盖大梁的支座处压力。其合力 N_l 至墙内皮的

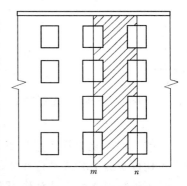

图 12-16 外墙计算单元

距离可取等于 $0.4a_0$。N_u 为由上面各层楼盖、屋盖及墙体自重传来的竖向荷载（包括永久荷载及可变荷载），可以认为 N_u 作用于上一楼层墙柱的截面重心。

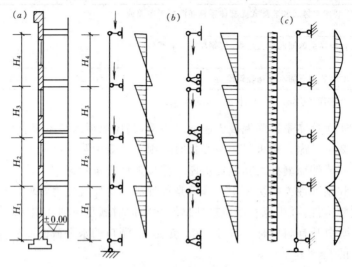

图 12-17　外纵墙计算图形

刚性方案房屋中屋盖和楼盖可以视为纵墙的不动铰支点，因此，竖向墙带就好像一个承受各种纵向力的竖向连续梁，被支承于与楼盖及屋盖相交的支座上，其弯矩图见图 12-17a，但考虑到楼盖大梁支承处，墙体截面被削弱。偏于安全地可将大梁支承处视为铰接。在底层砖墙与基础连接处，墙体虽未减弱，但由于多层房屋上部传来的轴向力与该处弯矩相比大很多，因此底端也认为是铰接支承。这样，墙体在每层高度范围内就成了两端铰支的竖向构件，其偏心荷载引起的弯矩图见图 12-17b。

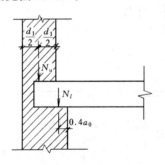

图 12-18　纵墙荷载作用位置

（2）最不利截面位置及内力计算

对每层墙体一般有下列几个截面比较危险：楼盖大梁底面、窗口上端、窗台以及下层楼盖大梁底面、《规范》规定为偏于安全，上述几处的截面面积均以窗间墙计算。

上述 4 个截面中显然墙体上端楼盖大梁底面处截面比较不利，因为该处弯矩比较大，但如果弯矩影响较小，有时下层大梁顶面处截面可能更不利。

（3）截面承载力计算

根据上面所述方法求出最不利截面的竖向力 N 和竖向力偏心距 e 之后就可按受压构件承载力公式进行计算。

关于外纵墙在水平荷载作用下的计算方法。

刚性方案房屋的外纵墙在水平风荷载作用下，同样应将计算单元的竖向墙带看作一个竖向连续梁，墙带跨中及支座弯矩可近似取（图 12-17c）。

$$M = \frac{1}{12}qH^2 \tag{12-46}$$

式中　H——楼层高度；

　　　q——沿竖直方向每单位长度风荷载值。

水平风荷载作用下产生的弯矩应与竖向荷载作用下的弯矩进行组合，风荷载取正风压（压力）还是取负风压（吸力），应以组合后弯矩的代数和增大为原则来决定。

当风载与永久荷载、可变荷载进行组合时，尚应按《荷载规范》的有关规定考虑组合系数。

对于刚性方案多层房屋的外墙，当洞口水平截面面积不超过全截面面积的 2/3，其层高和总高不超过表 12-12 规定，且屋面自重不小于 $0.8kN/m^2$ 时，可不考虑风载的影响，仅按竖向荷载进行计算。

对于刚性方案的单层房屋，同样地可以认为屋盖结构是纵墙的不动铰支座。单层房屋纵墙底端处和多层房屋相比轴向力小得多，而弯矩比较大，因此，纵墙下端可认为嵌固于基础底面。在水平风荷载及纵向偏心力作用下分别计算内力，两者叠加就是墙体最终的内力图。

刚性方案多层房屋外墙不考虑风荷载影响时的最大高度（m）　　表 12-12

基本风压值 （kN/m²）	层　高 （m）	总　高 （m）	基本风压值 （kN/m²）	层　高 （m）	总　高 （m）
0.4	4.0	28	0.6	4.0	18
0.5	4.0	24	0.7	3.5	18

（4）关于计算简图的补充规定

在多层砌体结构房屋中，当楼盖梁跨度比较大时，下部楼层梁的端部受到上部墙体传来的荷载作用可能产生一定的梁端约束弯矩，这种弯矩可能对支承的墙、柱导致不利的影响。

《规范》规定：对于梁跨度大于 9m 的墙承重的多层房屋，除按上述简支计算简图计算外，宜再按梁端固结计算梁端弯矩，并将其等分到上层墙底部和下层的顶部，同时应将梁固端弯矩乘以修正系数 γ，其值可按下式计算：

$$\gamma = 0.2\sqrt{\frac{a}{h}} \tag{12-47}$$

式中　a——梁端实际支承长度；

　　　h——支承墙体的墙厚，当有壁柱时取 h_T。

2. 刚性构造方案房屋承重横墙计算

　　刚性构造方案房屋由于横墙间距不大，在水平风荷载作用下，纵墙传给横墙的水平力对横墙的承载力计算影响很小，因此，横墙只需计算竖向荷载作用下的承载力。

　　(1) 计算简图

　　因为楼盖和屋盖的荷载沿横墙一般都是均匀分布的，因此可以取 1m 宽的墙体作为计算单元。一般楼盖和屋盖构件均搁在横墙上，和横墙直接连系，因而楼板和屋盖可视为横墙的侧向支承，另外由于楼板伸入墙身，削弱了墙体在该处的整体性，为了简化计算可把该处视为不动铰支点。中间各层的计算高度取层高（楼板底至上层楼板底）；顶层如为坡屋顶则取层高加山尖的平均高度；底层墙柱下端支点取至条形基础顶面，如基础埋深较大时，一般可取地坪标高（±0.00m）以下 300～500mm。

　　横墙承受的荷载有：所计算截面以上各层传来的荷载 N_u（包括上部各层楼盖和屋盖的永久荷载和可变荷载以及墙体的自重），还有本层两边楼盖传来的垂直荷载（包括永久荷载及可变荷载）$N_{l左}$、$N_{l右}$；N_u 作用于墙截面重心处：$N_{l左}$ 及 $N_{l右}$ 均作用于距墙边 $0.4a_0$ 处。当横墙两侧开间不同（即梁板跨度不同）或者仅在一侧的楼面上有活荷载时，$N_{l左}$ 与 $N_{l右}$ 的数值并不相等，墙体处于偏心受压状态。但由于偏心荷载产生的弯矩通常都较小，轴向压力较大，故实际计算中，各层均可按轴心受压构件计算。

　　(2) 最不利截面位置及内力计算

　　对于承重横墙，因按轴心受压构件计算，则应取其纵向力最大的截面进行计算。又因《规范》规定沿层高各截面取用相同的纵向力影响系数 φ，所以，可认为每层根部截面处为最不利截面。

　　也可以习惯地采用楼层中部截面进行计算。

　　(3) 截面承载力计算

　　在求得每层最不利截面处的轴向力后，首先选定所用砖的强度等级，则可按受压构件承载力计算公式确定各层的砂浆强度等级。

　　当横墙上设有门窗洞口时，则应取洞口中心线之间的墙体作为计算单元。

　　当有楼面大梁支承于横墙时，应取大梁间距作为计算单元，此外，尚应进行梁端砌体局部受压验算。

　　3. 弹性构造方案房屋墙柱计算

　　单层弹性方案混合结构房屋可按铰接排架进行内力分析，此时，砌体墙柱即为排架柱，如果中柱为钢筋混凝土柱则应将砌体边柱按弹性模量比值折算成混凝土柱，然后进行排架内力分析。其分析方法和钢筋混凝土单层厂房一样。

　　4. 单层刚弹性构造方案房屋墙柱计算

　　当房屋的横墙间距小于弹性方案而大于刚性方案所规定的间距时，在水平荷载作用下，两横墙之间中部水平位移较弹性方案房屋为小，但又不能忽略，这就是刚弹性构造方案房屋。随着两横墙间距的减小，横墙间中部在水平荷载作用下的水平位移也在减小，这是由于房屋空间刚度增大的缘故。

刚弹性方案房屋的计算简图和弹性方案一样，为了考虑排架的空间工作，计算时引入一个小于1的空间性能影响系数 η，它是通过对建筑物实测及理论分析而确定的。η 的大小和横墙间距及屋面结构的水平刚度有关，见表12-13。

房屋各层的空间性能影响系数 η_i 表 12-13

屋盖或楼盖类别	横 墙 间 距 s（m）														
	16	20	24	28	32	36	40	44	48	52	56	60	64	68	72
1	—	—	—	—	0.33	0.39	0.45	0.50	0.55	0.60	0.64	0.68	0.71	0.74	0.77
2	—	0.35	0.45	0.54	0.61	0.68	0.73	0.78	0.82						
3	0.37	0.49	0.60	0.68	0.75	0.81									

注：i 取 $1 \sim n$，n 为房屋的层数。

刚弹性方案房屋墙柱内力分析可按下列两个步骤进行，然后将两步所算内力相叠加，即得最后内力：

（1）在排架横梁与柱结点处加水平铰支杆，计算其在水平荷载（风载）作用下无侧移时的内力与支杆反力。

（2）考虑房屋的空间作用，将支杆反力 R 乘以由表12-13查得的相应空间性能影响系数 η，并反向施加于该结点上，再计算排架内力。

12.6.4 砌体房屋构造措施

1. 墙、柱的允许高厚比

墙、柱的高度和其厚的比值称为高厚比。墙、柱的高厚比太大，虽然承载力没有问题，但可能在施工中产生倾斜，鼓肚等现象；此外，还可能因振动等原因而产生不应有的危险。因此，进行墙柱设计时必须限制其高厚比，给它规定允许值。墙、柱的允许高厚比 $[\beta]$，与承载力计算无关而是从构造要求上规定的，它是保证墙体具备必要的稳定性和刚度的一项重要构造措施。

影响允许高厚比的因素有：

（1）砂浆强度等级：$[\beta]$ 既是保证稳定性和刚度的条件，就必然和砖砌体的弹性模量有关。由于砌体弹性模量和砂浆强度等级有关，所以砂浆强度等级是影响 $[\beta]$ 的一项重要因素。因此，《规范》按砂浆强度等级来规定墙柱的允许高厚比限值（见表12-14），这是在特

墙柱的允许高厚比 $[\beta]$ 值   表 12-14

砂浆强度等级	墙	柱
$\geqslant$M7.5	26	17
M5	24	16
M2.5	22	15

注：1. 毛石墙、柱允许高厚比应按表中数值降低20%。

2. 组合砖砌体构件 $[\beta]$ 提高 20%，但不大于 28。

3. 验算施工阶段砂浆尚未硬化的新砌砌体高厚比时，允许高厚比对墙取14，对柱取11。

定条件下规定的允许值，当实际的客观条件有所变化时，有时是有利一些，有时是不利一些，所以还应该从实际条件出发作适当的修正（如表 12-14 注所示）。

（2）横墙间距：横墙间距愈远，墙体的稳定性和刚度愈差；因此墙体的 $[\beta]$ 应该愈小，而砖柱的 $[\beta]$ 应该更小。

（3）构造的支承条件：刚性方案时，墙柱的 $[\beta]$ 可以相对大一些，而弹性和刚弹性方案时，墙柱的 $[\beta]$ 应该相对小一些。

（4）砌体截面型式：截面惯性矩愈大，愈不易丧失稳定；相反，墙体上门窗洞口削弱愈多，对保证稳定性愈不利，墙体的 $[\beta]$ 应该愈小。

（5）构件重要性和房屋使用情况：房屋中的次要构件，如非承重墙，$[\beta]$ 值可以适当提高，对使用时有振动的房屋，$[\beta]$ 值应比一般房屋适当降低。

对于矩形截面墙、柱的高厚比 β 应符合下列规定：

$$\beta = \frac{H_0}{h} \leqslant \mu_1 \mu_2 [\beta] \tag{12-48}$$

式中　$[\beta]$——墙、柱的允许高厚比，按表 12-14 采用；

　　　H_0——墙、柱的计算高度。

当与墙体连接的两横墙间距 s 较近时，用减小墙体计算高度的办法来间接达到提高 $[\beta]$ 的目的。相反，在弹性方案和刚弹性方案中，墙体有不同程度的侧移时，用加大墙体计算高度的办法来间接达到降低 $[\beta]$ 的目的。H_0 按表 12-9 采用；

　　　μ_1——非承重墙 $[\beta]$ 的修正系数，当墙厚 $h=240$mm 时，$\mu_1=1.2$；$h=90$mm 时，$\mu_1=1.5$；240mm$>h>90$mm，$\mu_1=1.2\sim1.5$ 的插值。上端为自由端的墙的 $[\beta]$ 值，除按上述规定提高外，尚可提高 30%。

　　　μ_2——有门窗洞口的墙 $[\beta]$ 的修正系数。

对于有门窗洞口的墙，修正系数 μ_2 按下式计算：

$$\mu_2 = 1 - 0.4 \frac{b_s}{s} \tag{12-49}$$

式中　b_s——在宽度 s 范围内的门窗洞口宽度；

　　　s——相邻窗间墙或壁柱之间的距离。

当按式（12-49）算得的 μ_2 值小于 0.7 时，取 0.7。当洞口高度等于或小于墙高的 1/5 时，可取 $\mu_2=1.0$。

对于带壁柱的墙应按下列规定验算高厚比：

（1）验算整体高厚比，应以壁柱的折算厚度来确定高厚比。在求算带壁柱截面的回转半径时，翼缘宽度对于无窗洞口的墙面取壁柱宽加 2/3 壁柱高度，同时不得大于壁柱间距；有窗洞口时，取窗间墙宽度。

（2）验算局部高厚比，此时除按上述折算厚度验算墙的高厚比外，还应对壁

柱之间墙厚为 h 的墙面进行高厚比验算。壁柱可视为墙的侧向不动铰支点。计算 H_0 时 s 取壁柱间的距离。

当壁柱间的墙较薄、较高以致超过高厚比限值时，可在墙高范围内设置钢筋混凝土圈梁，而且 $\dfrac{b}{s} \geqslant \dfrac{1}{30}$（$b$ 为圈梁宽度）时，该圈梁可以作为墙的不动铰支点（因为圈梁水平方向刚度较大，能够限制壁柱间墙体的侧向变形）。这样，墙高也就降低为由基础顶面至圈梁底面的高度（图 12-19）。

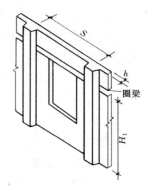

图 12-19　带壁柱墙的 β 计算

（3）当与墙体连接的相邻横墙间距 s 太小时，墙体的高厚比可不受 $[\beta]$ 的限制，墙厚按承载力计算需要加以确定。这时横墙间距规定为：

$$s \leqslant \mu_1 \mu_2 [\beta] h \tag{12-50}$$

（4）当壁柱间或相邻两横墙间的墙的长度 $s \leqslant H$（H 为墙的高度）时，应按计算高度 $H_0 = 0.6s$ 来计算墙面的高厚比。

对于设置构造柱的墙可按下列规定验算高厚比：

（1）按式（12-48）计算带构造柱墙的高厚比时，公式中 h 取墙厚，当确定的计算高度时，s 应取相邻横墙间的距离。

（2）为考虑设置构造柱后的有利作用，可将墙的允许高厚比 $[\beta]$ 乘以提高系数 μ_c。

$$\mu_c = 1 + \gamma \frac{b_c}{l} \tag{12-51}$$

式中　γ——系数，对细料石、半细料石砌体，$\gamma = 0$；对混凝土砌块，粗料石、毛料石及毛石砌体，$\gamma = 1.0$；其他砌体，$\gamma = 1.5$；

　　　b_c——构造柱沿墙长方向的宽度；

　　　l——构造柱的间距；

当 $b_c/l > 0.25$ 时，取 $b_c/l = 0.25$；当 $b_c/l < 0.05$ 时 $b_c/l = 0$。

2. 防止或减轻墙体开裂的主要措施

砌体结构房屋的墙体往往由于房屋的构造处理不当而产生裂缝。房屋墙身裂缝常发生在下列部位：房屋的高度、重量、刚度有较大变化处；地质条件剧变处；基础底面或埋深变化处；房屋平面形状复杂的转角处；整体式屋盖或装配整体式屋盖房屋顶层的墙体，其中尤以纵墙的两端和楼梯间为甚；房屋底层两端部的纵墙；老房屋中邻近于新建房屋的墙体等。

产生这些裂缝的根本原因有：一是由于收缩和温度变化引起的；二是由于地基不均匀沉降引起的。所以防止墙体开裂的措施，主要是针对这两方面的。

（1）防止由于收缩和温度变形引起墙体开裂的主要措施

砌体结构由于收缩和温度变化产生裂缝的原因：

结构构件由于温度变化引起热胀冷缩的变形称为温度变形。钢筋混凝土的线膨胀系数为 $1.0 \times 10^{-5}/℃$；砖墙的线膨胀系数为 $0.5 \times 10^{-5}/℃$。也即在相同温差下，钢筋混凝土构件的变形比砖墙的变形大一倍以上。

由于混凝土内部自由水（非化学结晶水）蒸发所引起体积减小，称为干缩变形；由于混凝土中水和水泥化学作用所引起体积的减小，称为凝缩变形，两者的总和称为收缩变形。钢筋混凝土最大的收缩值约为 $(2 \sim 4) \times 10^{-4}$，它的大部分在早期完成，28 天龄期可达 50%。砖砌体在正常温度下的收缩现象不甚明显。

由钢筋混凝土楼盖、屋盖和砖墙组成的混合结构房屋，实际上是一个盒形空间结构。当自然界温度发生变化或材料发生收缩时，房屋各部分构件将产生各自不同的变形，结果必然引起彼此的制约作用而产生应力。而这两种材料（混凝土和砖砌体）又都是抗拉强度弱的非匀质材料，所以当构件中产生的拉应力超过其抗拉强度极限值时，不同形式的裂缝就会出现。

砌体结构房屋的长度过长也会因温度变化引起墙体开裂。这是因为当大气温度变化时，外墙的伸缩变形比较大，而埋在土中的基础部分由于受土壤的保护，它的伸缩变形却很小，因此基础必然阻止外墙的伸缩，使得墙体内产生拉应力。房屋愈长，产生的拉应力也愈大，严重的可以使墙体开裂。

几种比较典型的裂缝如下：

（A）平屋顶下边外墙的水平裂缝和包角裂缝。裂缝位置在平屋顶底部附近或顶层圈梁底部附近（图 12-20），裂缝程度严重的贯通墙厚。产生裂缝的主要原因是钢筋混凝土顶盖板在温度升高时伸长对砖墙产生推力（混凝土伸长比砖墙大）。

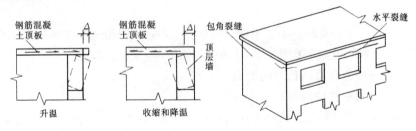

图 12-20   平屋顶下边外墙裂缝

（B）内外纵墙和横墙的八字裂缝。这种裂缝多分布在房屋墙面的两端、或在门窗洞口的内上角和外下角，呈八字形（图 12-21）。主要原因是气温升高后屋顶

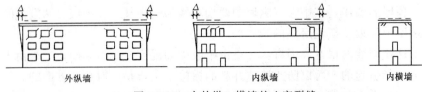

图 12-21   内外纵、横墙的八字裂缝

板沿长度方向伸长比砖墙大，使顶层砖墙受拉、受剪，拉应力分布大体是墙体中间为零两端最大，因此八字缝多发生在墙体两端附近。屋面保温层做得愈差时，屋面混凝土板和墙体的温差愈大，相对变形亦愈大，则裂缝愈明显；房屋愈长，屋面板与墙体的相对变形愈大，裂缝亦明显；内纵墙裂缝比外纵墙明显，这是因为内纵墙处于室内，它与屋面板的温差比外墙大。

　　(C) 房屋错层处墙体的局部垂直裂缝。这种裂缝产生的原因是由于收缩和降温，使钢筋混凝土楼盖发生比砖墙大得多的变形，错层处墙体阻止楼盖的缩短，因而在墙体上产生较大的拉应力使砌体开裂（图 12-22）。

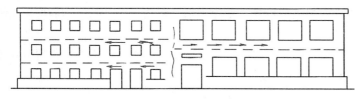

图 12-22　房屋错层墙体的局部垂直裂缝

　　为了防止由于收缩和温度变形引起墙体开裂，可根据具体情况，采取下列措施：

　　(A) 设置温度伸缩缝　如果将过长的房屋用温度缝分割成几个长度较小的独立单元，使每个单元砌体因收缩和温度变形而产生的拉应力小于抗拉强度时，就能防止和减少这种裂缝，这就是温度缝的作用。经过大量调查研究和实测工作，《规范》规定的砌体房屋温度伸缩缝的间距如表 12-15。

砌体房屋温度伸缩缝的间距（m）　　　　　　　　　　表 12-15

屋　盖　或　楼　盖　类　别		间距
整体式或装配整体式钢筋混凝土结构	有保温层或隔热层的屋盖、楼盖	50
	无保温层或隔热层的屋盖	40
装配式无檩体系钢筋混凝土结构	有保温层或隔热层的屋盖、楼盖	60
	无保温层或隔热层的屋盖	50
装配式有檩体系钢筋混凝土结构	有保温层或隔热层的屋盖	75
	无保温层或隔热层的屋盖	60
粘土瓦或石棉水泥瓦屋盖、木屋盖或楼盖、砖石屋盖或楼盖		100

注：1. 对烧结普通砖、多孔砖、配筋砌块砌体，取表中数值；对石砌体、蒸压灰砂砖、蒸压粉煤灰砖和混凝土砌块房屋取表中数值乘以 0.8。

　　2. 层高大于 5m 的混合结构单层房屋，温度伸缩缝间距可按表中数值乘以 1.3 后采用，但当墙体采用蒸压灰砂砖或混凝土砌块砌筑时，不得大于 75m。

　　3. 严寒地区不采暖房屋及构筑物和温差较大且变化频繁地区，墙体的温度伸缩缝间距应按表中数值予以适当减小后取用。

　　4. 墙体的伸缩缝应与其他结构的变形缝相重合。

　　5. 当有实践经验和可靠根据时，可不按本表的规定。

按表 12-15 设置墙体伸缩缝，一般来说还不能防止由于钢筋混凝土屋盖的温度变化和砌体干缩变形引起的墙体裂缝，所以尚应根据具体情况采取下列措施。

（B）在房屋顶层宜设置钢筋砖圈梁或钢筋混凝土圈梁。当采用钢筋混凝土圈梁时，圈梁不宜露出室外并沿内外墙拉通。当不设圈梁时。可在屋盖四角檐口下的砌体内，配制转角拉筋。拉筋可用（3～5）Φ 6mm 的钢筋，伸入长度在山墙处为 500～1000mm，外纵墙处为 1500mm 左右。

（C）宜优先采用装配式有檩体系钢筋混凝土瓦材屋盖、装配式有檩体系钢筋混凝土屋盖或加气混凝土屋盖。

（D）屋盖结构层上应设置有效保温层、隔热层，以减小钢筋混凝土屋盖顶板的温度变形。

（E）屋面保温（隔热）层或屋面刚性面层及砂浆找平层应设置分隔缝，分隔缝间距不宜大于 6m，并与女儿墙隔开，其宽度不宜小于 30mm。

（F）顶屋及女儿墙砂浆强度等级不低于 M5。

（G）房屋顶层端部墙体内适当增设构造柱；女儿墙宜设构造柱，其间距不宜大于 4m。

（H）当房屋的屋盖或楼盖不在同一标高时（如相差半个层高），较低的屋盖或楼盖应与顶层较高部分的墙体脱开，做成变形缝。

（I）对于非烧结硅酸盐砖和砌块房屋，应严格控制块体出厂时间，并应避免现场堆放时块体遭受雨淋。

（J）抗震设防 7 度及 7 度以下地区，可在钢筋混凝土屋面板与砌体圈梁的连接面处设置水平滑动层，滑动层可采用两层油毡夹滑石粉或橡胶片等；对于长纵墙，可只在其两端的 2～3 个开间内设置，对于横墙可只在其两端各 1/4 长度范围内设置。

（K）顶层挑梁末端下墙体灰缝内设置 3 道焊接钢筋网片（纵向钢筋不宜小于 2 Φ 4，横向钢筋间距不宜大于 200mm）或 2 Φ 6 拉结筋，钢筋网片或拉结筋应自挑梁末端伸入两边墙体不少于 1m。

（L）顶层墙体有门窗等洞口时，在过梁上的水平灰缝内设置 2～3 道焊接钢筋网片或 2 Φ 6 拉结筋，并应伸入过梁两端墙内不小于 600mm。

（2）防止由于地基的不均匀沉降引起墙体开裂的主要措施

由于地基不均匀沉降引起墙体开裂的较典型裂缝形态见图 12-23。

防止墙体开裂的主要措施：

（A）当房屋建于土质差别较大的地基上，或房屋相邻部分的高度、荷载、结构刚度、地基基础的处理方法等有显著差别，以及施工时间不同时，宜用沉降缝将其划分成若干个刚度较好的单元，或将两者隔开一定距离，其间可设置能自由沉降的联接体或简支悬挑结构。

（B）设置钢筋混凝土圈梁或钢筋砖圈梁，以加强墙体的稳定性和整体刚度，特

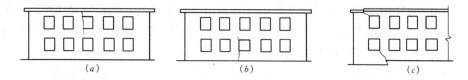

图 12-23 地基不均匀沉降引起墙体开裂的裂缝形态

(a) 由沉降不均匀产生的弯曲破坏; (b) 由沉降不均匀产生的反弯破坏;

(c) 由沉降不均匀产生的剪切破坏

别是宜增大地圈梁的刚度。

(C) 在软土地区或土质变化较复杂的地区,利用天然地基建造多层房屋时,房屋体形应力求简单,横墙间距不宜过大;较长房屋宜用沉降缝分段,而不宜采用整体刚度较差且对地基不均匀沉降较敏感的内框架结构。

(D) 宜在底层窗台下墙体灰缝内配置 3 道焊接钢筋网片或 3Φ6 拉接筋,并伸入两边窗间墙内不小于 600mm。

(E) 采用钢筋混凝土窗台板,窗台板嵌入窗间墙内不小于 600mm。

(F) 合理安排施工程序,宜先建较重单元,后建较轻单元。

沉降缝和温度缝不同之处是:前者自基础断开,后者是地面以上结构断开,沉降缝也可以兼作温度缝。

墙体温度缝的宽度一般不小于 30mm。而墙体的沉降缝一般大于 50mm,为避免上端结构在地基沉降后相互顶碰,房屋比较高时缝宽还应加大,最大可达 120mm 以上。缝内应嵌以软质可塑材料,墙面粉刷层应断开。在立面处理时,应保证该缝能起应有的作用。

(3) 为防止或减轻混凝土小型空心砌块、灰砂砖或其他非烧结砖房屋的墙体裂缝宜采取以下各项措施。

(A) 宜在各层门、窗过梁上方的水平灰缝内及窗台下第一和第二道水平灰缝内设置焊接钢筋网片或 2Φ6 拉结筋,并应伸入两边窗间墙内不小于 600mm。

当这类块材的实体墙长大于 5m 时,宜在每层墙高度中部设置 2~3 道焊接钢筋网片或 3Φ6 通长拉结筋,其竖向间距宜为 500mm。

(B) 当房屋刚度较大时,可在窗台下或窗台角处墙体内设置竖向控制缝。在墙体高度或厚度突变处也宜设竖向控制缝。缝的构造和嵌缝材料应满足墙体平面外传力和防护的要求。

(C) 砌块房屋顶层两端和底层第一、二开间窗洞处:可在门窗洞口两侧的第一个孔洞中设置不小于 1Φ12 的钢筋,钢筋应在楼层圈梁或基础锚固,并用不低于 C20 混凝土灌实;在门窗洞口两侧墙体的水平灰缝中,设置长度不小于 900mm,竖向间距为 400mm 的 2Φ4 焊接钢筋网片;在顶层和底层设置通长钢筋混凝土窗台梁,其高度 200mm,纵筋不少于 4Φ10,箍筋Φ6@200mm,C20 混凝土。

3. 一般构造要求

设计砌体房屋时，除进行承载力计算和高厚比验算外，还需满足墙柱的一般构造要求，使房屋中的墙柱和楼盖、屋盖之间互相拉结可靠，以保证房屋的整体性和空间刚度。墙、柱的一般构造要求如下：

（1）五层及五层以上房屋的外墙、潮湿房间的墙、受振动的或层高为 6m 以上的墙、柱所用材料的最低强度等级，应符合下列要求：砖——MU10、砌块——MU7.5、石材——MU30、砂浆——M5。

（2）承重独立砖柱的截面尺寸，不应小于 240mm×370mm。毛石墙的厚度，不宜小于 350mm，毛料石柱截面的较小边长不宜小于 400mm。当有振动荷载时，墙、柱不宜用毛石砌体。

（3）纵横墙交接处，必须错缝、搭砌，以保证墙体的整体性。对不能同时砌筑，留斜槎又有困难时，可做成直槎，但应加设拉结筋；其数量为每半砖厚不应少于一根直径 $d \geqslant 4mm$ 的钢筋（但每道墙不得少于 2 根）；其间距沿墙高不宜超过 500mm；其埋入长度从墙的留槎处算起，每边均不小于 500mm；其末端尚应另加弯钩。

（4）预制钢筋混凝土板在墙上的支承长度，不宜小于 100mm，这是考虑墙体施工时可能的偏斜、板在制作和安装时的误差等因素对墙体承载力和稳定性的不利影响而确定的。此时，板与墙一般不需要特殊的锚固措施，而能保证房屋的稳定性。如板搁置在钢筋混凝土圈梁上或加强墙与板的拉结等，则板的搁置深度可适当减小，但不宜小于 80mm。

预制钢筋混凝土梁在墙上的支承长度不宜小于 180～240mm。支承在砖墙、柱上跨度 $l \geqslant 9m$ 的预制梁、屋架的端部，应采用锚固件与墙、柱上的垫块锚固。对砌块和料石墙 $l \geqslant 7.2m$，就应采取上述措施。

（5）山墙处的壁柱宜砌至山墙的顶端。在风压较大的地区，除檩条应与山墙锚固外，屋盖不宜挑出山墙。

（6）在跨度大于 6m 的屋架和跨度大于对砖砌体 4.8m，对砌块、料石砌体 4.2m，对毛石砌体 3.9m 的梁的支承面下，应设置混凝土或按构造要求配置双层钢筋网的钢筋混凝土垫块。当墙体中设有圈梁时，垫块与圈梁宜浇成整体。

对墙厚 $h \geqslant 240mm$ 的房屋，当大梁跨度对砖墙为 6m，对砌块、料石墙为 4.8m 时，其支承处的墙体宜加设壁柱或构造柱。

（7）砌块砌体应分皮错缝搭砌，小型空心砌块上下皮搭砌长度，不得小于 90mm。当搭砌长度不满足上述要求时，应在水平灰缝内设置不少于 $2\phi4$ 的钢筋网片，网片每端均应超过该垂直缝，其长度不得小于 300mm。

（8）混凝土小型空心砌块房屋，宜在外墙转角处、楼梯间四角的纵横墙交接处，距墙中心线每边不小于 300mm 范围内的孔洞，采用不低于砌块材料强度等级的混凝土灌实，灌实高度应为全部墙身高度。砌块墙与后砌隔墙交接处，应沿墙高每 500mm 在水平灰缝内设置不少于 $2\phi4$ 的钢筋网片。

（9）混凝土小型空心砌块墙体的下列部位，如未设圈梁或混凝土垫块，应采用不低于砌块材料强度等级的混凝土将孔洞灌实：

搁栅、檩条和钢筋混凝土楼板的支承面下，高度不小于 200mm 的砌体；

屋架、大梁的支承面下，高度不小于 400mm，长度不小于 600mm 的砌体；

挑梁支承面下，纵横墙交接处，距墙中心线每边不应小于 300mm，高度不应小于 400mm 的砌体。

§12.7　配筋砌体结构构件的承载力计算

12.7.1　网状配筋砖砌体构件

在砌体中配置钢筋以增强其承载力和变形能力，称为配筋砌体。通常在砌体的水平灰缝中配置钢筋网，称为网状配筋砌体或横向配筋砌体。

当所用的钢筋直径较细（3~5）mm，可采用方格形钢筋网（12-24a），而当钢筋直径大于 5mm 时，应采用连弯钢筋网。两片连弯钢筋网交错置于两相邻灰缝内，其作用相当于一片方格钢筋网（图 12-24b）。

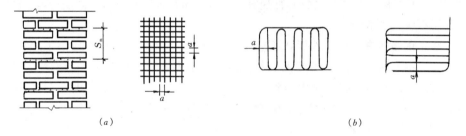

(a)　　　　　　　　　　　　　　　　　(b)

图 12-24　网状配筋砌体

从工作机理来看，网状配筋砌体在荷载作用下，由于摩擦力和砂浆的粘结力，钢筋被粘结在水平灰缝内，并和砌体共同工作。钢筋能阻止砌体在纵向受压时横向变形的发展，当砌体出现竖向裂缝后，钢筋能起横向拉结作用，使被纵向裂缝分割的砌体小柱不至于过早失稳破坏，因而大大提高了砌体的承载力。

试验研究表明，偏心受压构件中随着荷载的偏心距增大，钢筋网的加强作用逐渐减弱，此外在过于细长的受压构件中也会由于纵向弯曲产生附加偏心，使构件截面处在较大偏心的受力状态。因此，《规范》规定下列情况不宜采用网状配筋砌体：①偏心距超过截面核心范围，对于矩形截面即 $e/h>0.17$；②高厚比 $\beta>16$。

试验还表明，钢筋网配置过少，将不能起到增强砌体强度的作用；但也不宜配置过多。所以《规范》规定，配筋率不应少于 0.1%，也不应大于 1%。

对于网状配筋砌体受压构件，《规范》采用类似于无筋砌体的计算公式：

$$N \leqslant \varphi_n A f_n \tag{12-52}$$

网状配筋砌体轴心抗压强度设计值 f_n 按下式计算

$$f_n = f + 2\left(1 - \frac{2e}{y}\right)\frac{\rho}{100}f_y \qquad (12\text{-}53)$$

式中　e——纵向力的偏心距；

　　　y——截面形心到偏心一侧截面边缘的距离；

　　　f_y——钢筋的抗拉强度设计值，当 $f_y > 300\text{N/mm}^2$ 时，按 $f_y = 300\text{N/mm}^2$ 采用；

　　　ρ——钢筋网体积配筋率，$\rho = \frac{V_s}{V} \times 100$ 或 $\rho = \frac{2A_s}{as_n} \times 100$，$V_s$、$V$ 分别为钢筋和砌体的体积。

式（12-53）中 $(1 - 2e/y)$ 是考虑偏心影响而得出的强度降低系数。

网状配筋砌体构件的影响系数 φ_n 可按公式（12-54）计算。

$$\varphi_n = \frac{1}{1 + 12\left\{\dfrac{e}{h} + \dfrac{\beta}{89.5}\sqrt{1 + 3\rho}\right\}^2} \qquad (12\text{-}54)$$

也可以按附表18-4直接查用。

网状配筋砌体时，除前已述及的一些规定外，尚应满足以下几点构造要求：

（1）采用钢筋网时，钢筋的直径宜采用 $3\sim4\text{mm}$；当采用连弯钢筋网时，钢筋的直径不应大于 8mm；

（2）钢筋网中钢筋的间距，不应大于 120mm（1/2 砖），也不应小于 30mm；

（3）钢筋网的间距，不应大于五皮砖，也不应大于 400mm；

（4）网状配筋砖砌体所用的砖，不应低于 MU10，其砂浆不应低于 M5；钢筋网应设置在砌体的水平灰缝中，灰缝厚度应保证钢筋上下至少各有 2mm 厚的砂浆层。

12.7.2　组合砖砌体构件*

在砌体内配置纵向钢筋或设置部分钢筋混凝土或钢筋砂浆以共同承受承载力的构件，称为组合砖砌体构件。它不但能显著提高砌体的抗弯能力和延性，而且也能提高其抗压能力，具有和钢筋混凝土相近的性能。《规范》指出，轴向力偏心距超过无筋砌体偏压构件的限值时，宜采用组合砖砌体构件。

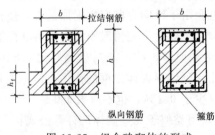

图 12-25　组合砖砌体的型式

为了避免纵向钢筋配在砌体内部的诸多缺陷，《规范》所列的主要指由砖砌体和钢筋混凝土面层或钢筋砂浆面层组成的组合砖砌体。《规范》规定，对于砖墙与组合砌体一同砌筑的 T 形截面构件，为简化计算可按矩形截面组合砌体的构件计算（图 12-25）。

1. 轴心受压组合砖砌体构件的承载力

组合砖砌体是由砖砌体、钢筋、混凝土或砂浆三种材料所组成。在荷载作用下，三者获得了共同的变形，但是，每种材料相应于达到其自身的极限强度时的压应变并不相同，钢筋最小（$\varepsilon_y = 0.0011 \sim 0.0016$），混凝土其次（$\varepsilon_c = 0.0015 \sim 0.002$），砖砌体最大（$\varepsilon_c = 0.002 \sim 0.004$）。所以组合砖砌体在轴向压力作用下，钢筋首先屈服，然后面层混凝土达到抗压强度。此时砖砌体尚未达到其抗压强度。可以将组合砌体破坏时截面中砖砌体的应力与砖砌体的极限强度之比，定义为砖砌体的强度利用系数。

对于钢筋砂浆组合砌体，由于砂浆强度的变异较大，而且水泥砂浆的变形能力较混凝土小，面层砂浆达到其抗压强度时，钢筋尚未达到屈服强度，钢筋强度不能充分利用，因而也存在强度利用系数的问题。

组合砖砌体构件的稳定系数 φ_{com} 理应介于无筋砌体构件的稳定系数 φ_0 与钢筋混凝土构件的稳定系数 φ_{rc} 之间，试验表明，φ_{com} 主要与高厚比和含钢率 ρ 有关

$$\varphi_{com} = \varphi_0 + 100\rho \ (\varphi_{rc} - \varphi_0) \leqslant \varphi_{rc} \tag{12-55}$$

《规范》按式（12-55）编制成表格，可直接查用，见表12-16。

组合砖砌体构体的稳定系数 φ_{com} 表 12-16

高厚比 β	配 筋 率 $\rho\%$					
	0	0.2	0.4	0.6	0.8	$\geqslant 1.0$
8	0.91	0.93	0.95	0.97	0.99	1.00
10	0.87	0.90	0.92	0.94	0.96	0.98
12	0.82	0.85	0.88	0.91	0.93	0.95
14	0.77	0.80	0.83	0.86	0.89	0.92
16	0.72	0.75	0.78	0.81	0.84	0.87
18	0.67	0.70	0.73	0.76	0.79	0.81
20	0.62	0.65	0.68	0.71	0.73	0.75
22	0.58	0.61	0.64	0.66	0.68	0.70
24	0.54	0.57	0.59	0.61	0.63	0.65
26	0.50	0.52	0.54	0.56	0.58	0.60
28	0.46	0.48	0.50	0.52	0.54	0.56

组合砖砌体轴心受压构件的承载力可按下式计算：

$$N \leqslant \varphi_{com} \ (fA + f_c A_c + \eta_s f'_y A'_s) \tag{12-56}$$

式中　A——砖砌体的截面面积；

　　　f_c——混凝土或面层砂浆的轴心抗压强度设计值，砂浆的轴心抗压强度设计值可取为同强度等级混凝土的轴心抗压强度设计值的 70%，当砂浆为 M10 时，其值取 3.5MPa；当砂浆为 M7.5 时取 2.6MPa；

　　　A_c——混凝土或砂浆面层的截面面积；

　　　η_s——受压钢筋的强度系数，当为混凝土面层时，可取为 1.0；当为砂浆面

层时，可取 0.9；

f'_y、A'_s——分别为受压钢筋的强度设计值和截面面积。

2. 偏心受压组合砖砌体构件的承载力

组合砖砌体构件为偏心受压时，其承载力和变形性能与钢筋混凝土构件相近。组合砖柱的荷载—变形曲线表明，偏心距较大的柱变形较大，即延性较好，柱的高厚比 β 对柱的延性也有较大影响，β 大的柱延性也大。

对于偏心受压组合砖柱，当达到极限荷载时，受压较大一侧的混凝土或砂浆面层可以达到混凝土或砂浆的抗压强度，而受拉钢筋仅当大偏心受压时，才能达到屈服强度。因此偏压构件破坏基本上可分为两种破坏形态：小偏压时，受压区混凝土或砂浆面层及部分受压砌体受压破坏；大偏压时，受拉区钢筋首先屈服，然后受压区破坏。破坏形态与钢筋混凝土柱相似。

组合砖砌体构件偏压破坏时，距轴向力 N 较远一侧钢筋 A_s 的应力 σ_s，可按平截面假定并经线性处理求得：

$$\sigma_s = 650 - 800\xi \leqslant f \tag{12-57}$$

式中　ξ——受压区折算高度 x 与截面有效高度 h_0 的比值。

其界限受压区相对高度 ξ_b，对于 HPB235 级钢筋，取 $\xi_b = 0.55$；对于 HRB335 级钢筋 $\xi_b = 0.425$。

计算组合砌体偏压柱时，需要考虑由于柱纵向弯曲所产生的附加偏心距；其值由截面边缘极限应变及试验结果求得

$$e_i = \frac{\beta^2 h}{2000}(1 - 0.022\beta) \tag{12-58}$$

根据平衡条件，可得偏压组合砖柱基本计算公式如下（图 12-26）。

$$N \leqslant fA' + f_c A'_c + \eta_s f'_y A'_s - \sigma_s A_s \tag{12-59}$$

或　　　　$$Ne_N \leqslant fS_s + f_c S_{c,s} + \eta_s f'_y A'_s (h_0 - a'_s) \tag{12-60}$$

此时，受压区高度 x 可按下式确定

$$fS_N + f_c S_{c,n} + \eta_s f'_y A'_s e'_N - \sigma_s A_s e_N = 0 \tag{12-61}$$

式中　A'——砖砌体受压部分的面积；

　　A'_c——混凝土或砂浆面层受压部分的面积；

　　S_s——砖砌体受压部分的面积对钢筋 A_s 重心的面积矩；

　　$S_{c,s}$——混凝土或砂浆面层受压部分的面积对钢筋 A_s 重心的面积矩；

　　S_N——砖砌体受压部分的面积对轴向力 N 作用点的面积矩；

　　$S_{c,N}$——混凝土或砂浆面层受压部分的面积对轴向力作用点的面积矩；

e'_N、e_N——分别为钢筋 A'_s 和 A_s 重心至轴向力 N 作用点的距离（图 12-26）。

$$e'_N = e_0 + e_i - \left(\frac{h}{2} - a'_s\right) \tag{12-62}$$

$$e_N = e_0 + e_i + \left(\frac{h}{2} - a_s\right) \tag{12-63}$$

组合砖砌体构件尚应符合下列构造要求：

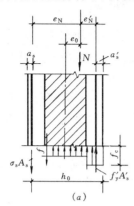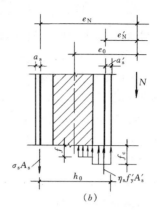

图 12-26　组合砖砌体受压构件承载力计算

面层混凝土强度等级宜采用 C15 或 C20，面层水泥砂浆强度等级不得低于 M7.5。砌筑砂浆不得低于 M5，砖不低于 MU10。砂浆面层的厚度可采用 30～45mm，当面层厚度大于 45mm 时，其面层宜采用混凝土。

受力钢筋一般采用 HPB235 级钢筋，对于混凝土面层亦可采用 HRB335 级钢筋。受压钢筋一侧的配筋率对砂浆面层不宜小于 0.1%，对混凝土面层，不宜小于 0.2%。受拉钢筋的配筋率不应小于 0.1%。受力钢筋直径不应小于 8mm。钢筋净距不应小于 30mm。受力钢筋的保护层厚度，不应小于表 12-17 规定。

受力钢筋保护层厚度（mm）　　　　　　　表 **12-17**

结　构　部　位 　　　　　　环境条件	室内正常环境	露天或室内潮湿环境
墙	15	25
柱	25	35

箍筋的直径不宜小于 4mm 及 0.2 倍的受压钢筋直径，并不宜大于 6mm。箍筋间距不应大于 20 倍受压钢筋直径及 500mm，并不应小于 120mm。当组合砖砌体构件一侧的受力钢筋多于 4 根时，应设置附加箍筋或拉结钢筋。

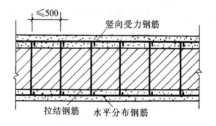

图 12-27　组合砖砌体墙的配筋

对于截面长短边相差较大的构件如墙体等，应采用穿通墙体的拉结钢筋作为箍筋，同时设置水平分布钢筋。水平分布钢筋的竖向间距及拉结钢筋的水平间距均不应大于 500mm（图 12-27）。

组合砖砌体构件的顶部、底部以及牛腿部位，必须设置钢筋混凝土垫块，受力钢筋伸入垫块的长度，必须满足锚固要求。

12.7.3 配筋砌块砌体构件

利用混凝土小型空心砌块的竖向孔洞，配置竖向钢筋和水平钢筋，再灌注芯柱混凝土形成配筋砌块剪力墙，修建中高层及至高层砌块房屋在国内已经建成试点楼。1983 年和 1986 年广西南宁在国内首次建成了 10 层、11 层的小砌块试点房屋。以中国建筑东北设计院牵头，哈尔滨建筑大学、辽宁省建科院等单位参加的课题组进行了几年的试验研究工作，1997 年在辽宁盘锦市建成了配筋砌块剪力墙15 层点式住宅楼。1998 年上海住宅总公司在上海南园小区建成了 18 层配筋砌体块剪力墙点式综合楼。2000 年抚顺建成了 12 层板式配筋砌块商住楼。2001 年哈尔滨阿继科技园修建了 13 层大开间板式配筋砌块商住楼。

配筋砌块剪力墙结构具有良好的抗震性能，造价较低，采用复合墙型式又能节能达标等特点，因而在建筑市场上将会得到更多应用。

和现浇混凝土剪力墙相比，砌块剪力墙只能在中部配一排纵、横向钢筋，其配筋率也小得多，这是因为混凝土砌块是在工厂预先生产的，还有规定的停放期，砌块上墙时，混凝土的收缩量已完成 40%，因而不需要像现浇混凝土剪力墙那样为防止收缩裂缝而配置双排构造钢筋，这就是它之所以能减少配筋和降低造价的关键所在。根据国内的试验研究，参考国外应用经验，《规范》已经编制了一整套配筋砌块剪力墙结构的设计计算方法。

1. 配筋砌块剪力墙正截面承载力计算

试验表明配筋砌块剪力墙的受力性能和破坏形态与钢筋混凝土剪力墙相似，因而其计算模式也基本一致。

(1) 大小偏心受压界限

当 $x \leqslant \xi_b h_0$ 时，为大偏心受压；

当 $x > \xi_b h_0$ 时，为小偏心受压。

式中 ξ_b——界限相对受压区高度，对 HPB235 级钢筋 $\xi_b = 0.60$，对 HRB335 级钢筋取 $\xi_b = 0.53$；

x——截面受压区高度；

h_0——截面有效高度。

(2) 矩形截面大偏心受压时应按下列公式计算 (图 12-28)

$$N \leqslant f_g bx + f'_y A'_s - f_y A_s - \Sigma f_{si} A_{si} \tag{12-64}$$

$$Ne_N \leqslant f_g bx \left(h_0 - \frac{x}{2} \right) + f'_y A'_s \ (h_0 - a'_s) \ - \Sigma f_{si} S_{si} \tag{12-65}$$

式中 N——轴向力设计值；

f_g——灌孔砌体的抗压强度设计值；

f_y，f'_y——竖向受拉、受压主筋的强度设计值；

b——截面宽度；

f_{si}——竖向分布钢筋的抗拉强度设计值；

A_s，A'_s——竖向受拉、受压主筋的截面面积；

A_{si}——单根竖向分布钢筋的截面面积；

S_{si}——第 i 根竖向分布钢筋对竖向受拉主筋的面积矩；

e_N——轴向力作用点到竖向受拉主筋合力点之间的距离可按式（12-63）计算。

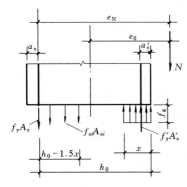

图 12-28 大偏压计算简图

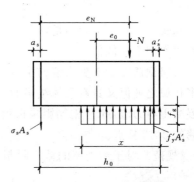

图 12-29 小偏压计算简图

（3）矩形截面小偏压时应按下列公式计算（图 12-29）

$$N \leqslant f_g bx + f'_y A'_s - \sigma_y A_s \tag{12-66}$$

$$Ne_N \leqslant f_g bx\left(h_0 - \frac{x}{2}\right) + f'_y A'_s (h_0 - a'_s) \tag{12-67}$$

$$\sigma_s = \frac{f_y}{\xi_b - 0.8}\left(\frac{x}{h_0} - 0.8\right) \tag{12-68}$$

2. 配筋砌块剪力墙斜截面承载力计算

（1）剪力墙的截面限制条件

$$V \leqslant 0.25 f_c bh \tag{12-69}$$

式中 V——剪力墙的剪力设计值；

b、h——剪力墙截面的宽度和高度。

（2）矩形截面剪力墙在偏压时的斜截面受剪承载力计算

$$V \leqslant \frac{1}{\lambda - 0.5}(0.6 f_{vg} bh_0 + 0.12N) + 0.9 f_{yh}\frac{A_{sh}}{s}h_0 \tag{12-70}$$

$$\lambda = \frac{M}{Vh_0} \tag{12-71}$$

式中 M、N、V——计算截面的弯矩、轴向力和剪力设计值，当 $N > 0.25 f_c bh_0$ 时取 $N = 0.25 f_c bh_0$；

A——剪力墙的截面面积；

λ——计算截面的剪跨比，当 λ 小于 1.5 时取 1.5，当 λ 大于等于

2.2 时取 2.2;

A_{sh}——配置在同一截面内的水平分布钢筋的全部截面面积;

　　s——水平分布钢筋的竖向间距;

　f_{yh}——水平钢筋的抗拉强度设计值。

3. 矩形截面剪力墙在偏心受拉时的斜截面受剪承载力计算

$$V \leqslant \frac{1}{\lambda - 0.5} \ (0.6f_{vg}bh_0 - 0.22N) \ + 0.9f_{yh}\frac{A_{sh}}{s}h_0 \tag{12-72}$$

和式（12-70）不同的是轴向力影响系数由 +0.12 改为 −0.22，因为此时拉力起不利作用不应低估。

对照钢筋混凝土剪力墙的抗剪承载力公式可以看出，配筋砌块剪力墙与其有众多相似之处但又具有砌体结构的一些特色。例如，剪跨比影响砌块剪力墙稍低于混凝土剪力墙，水平钢筋影响也稍低，轴向压力 N 的影响系数 0.12 与混凝土剪力墙的 0.13 接近。

《规范》对于剪力墙的截面限制条件规定为:

$$V \leqslant 0.25f_cbh_0 \tag{12-73}$$

式（12-73）的规定与混凝土剪力墙的截面限制条件的规定相一致。为了保证配筋砌块剪力墙结构发挥其应有性能，《规范》对这种剪力墙的构造作了很明确的具体规定。

§12.8　混合结构房屋其他结构构件设计

12.8.1　过　　梁

为了承受门窗洞口上部墙体的重量和楼盖传来的荷载，在门窗洞口上沿设置的梁称为过梁。

1. 一般介绍

过梁有砖砌过梁及钢筋混凝土过梁。

常用的砖过梁有钢筋砖过梁和砖砌平拱过梁（图 12-30）。

钢筋砖过梁的砌法与墙体相同，为平砌的砌体，只是过梁部分所用的砂浆强度等级较高，一般不低于 M5。过梁的构造高度（用强度等级较高的砂浆砌筑的砌体高度）应不小于 240mm。为防止下层砖的脱落，在过梁下皮的砂浆层内（厚30mm）设置构造钢筋，每半砖厚墙中至少有一根（5~6）mm 的钢筋，其末端应伸过洞口边缘 240mm（1 砖），并且上弯一皮砖的高度。钢筋砖过梁适用于跨度 $l \leqslant 1.5$m。

砖砌平拱过梁是用立砌和侧砌的砖组成的楔形砌体，楔形砌体的两侧（即拱

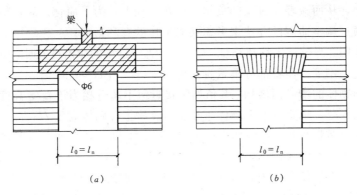

图 12-30 砖过梁

(a) 钢筋砖过梁；(b) 砖砌平拱过梁

脚)伸入墙中 20～30mm。平拱式过梁的构造高度(楔形体的高度)应不小于240mm(立砖)。砌筑用的砂浆强度等级一般不低于 M5。平拱过梁适用于跨度 $l \leqslant$ 1.2m。

砖过梁所用砖的强度等级不得低于 MU10。

当遇到下列情况时，宜采用钢筋混凝土过梁。

(1) 过梁跨度超过砖砌过梁限值时；

(2) 对有较大振动或可能产生不均匀沉降的房屋。

(3) 楼盖梁(板)支承在过梁的构造高度范围以内，或有较大的集中力作用时，此外，为了便于现场施工，也常采用预制钢筋混凝土过梁。

钢筋混凝土过梁的截面有矩形和 L 形的(图 12-31)。一般内墙均用矩形，外墙由于保温的需要用 L 形。过梁的高度应为砖厚的整数倍，如 120、180、240mm等，过梁在墙上的支承长度一般为 240mm。

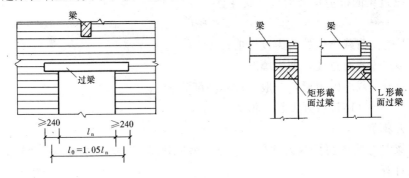

图 12-31 钢筋混凝土过梁

过梁的工作不同于一般的简支梁。由于过梁与其上部砌体及窗间墙砌筑成一整体，彼此有着共同工作的关系，亦即，上部砌体不仅仅是过梁的荷载，而且由于它本身的整体性而具有拱的作用，相当部分的荷载通过这种拱的作用直接传递到窗间墙上，从而减轻了过梁的负担。但在工程上，为了简化计算，仍按简支梁计算，并通过调整荷载的办法来考虑共同工作的有利影响。

试验表明：当过梁上墙体高度 $H > l_n/5$（l_n—过梁的净跨度）时，由于墙体本身具有一定的刚度，而将部分重量直接传给支座。当 $H > l_n/3$ 时，过梁上的砌体荷载不再随砌体的增高而增加，其值始终接近但不超过相当于 $l_n/3$ 高度的砌体重量，所以《规范》规定过梁上墙体重量：当过梁上砖砌体高度 $H < l_n/3$ 时，按全部墙体的均布重量采用；当墙体高度 $H \geqslant l_n/3$ 时，则按高度为 $l_n/3$ 墙体的均布重量采用。对于小型砌块砌体则取 $l_n/2$。

当在过梁上砌体高度为 h 处施加外荷载时（例如梁板传来的荷载），外荷载对过梁的影响随 h 与 l_n 的比值增加而减小。当 $h \geqslant 0.8 l_n$ 时，过梁挠度增加很小，说明此时绝大部分外荷通过墙体直接传给支座。为安全起见，《规范》规定过梁上的梁板荷载，当梁板下的墙体高度 $h < l_n$ 时，按梁板传来荷载采用；当梁板下的墙体高度 $h \geqslant l_n$ 时，梁板荷载不予考虑。

过梁的计算跨度 l_0：对砖过梁为净跨 l_n（图 12-30），对钢筋混凝土过梁为 $1.05 l_n$（图 12-31）。

2. 过梁的设计计算：分以下几种情况：

（1）平拱过梁

平拱过梁的截面计算高度一般取等于 $l_n/3$，当计算中考虑上部梁板荷载时，则取梁板底面到过梁底的高度作为计算高度。

平拱过梁跨中截面抗弯承载力应按下式计算

$$M \leqslant W f_{tm} \tag{12-74}$$

式中　W——过梁计算截面的抵抗矩；

　　f_{tm}——砌体的弯曲抗拉强度设计值。

平拱过梁的抗剪承载力按下式计算

$$V \leqslant bz f_v \tag{12-75}$$

式中　V——荷载产生的剪力设计值；

　　b——截面宽度，即为墙厚；

　　z——截面内力臂，一般取计算高度的 2/3；

　　f_v——砌体抗剪强度设计值。

（2）钢筋砖过梁

过梁的弯曲抗剪承载力计算方法与平拱过梁同。过梁跨中截面抗弯承载力可按下式计算

$$M \leqslant 0.85 h_0 A_s f_y \tag{12-76}$$

式中　h_0——过梁截面有效高度等于过梁截面计算高度减去钢筋中心至梁底边距离 a_s，一般取 $a_s = 15 \sim 20$mm。

　　A_s、f_y——钢筋的截面面积与抗拉强度设计值。

（3）钢筋混凝土过梁

钢筋混凝土过梁可按钢筋混凝土受弯构件一样进行计算，在验算过梁支座处砌体局部受压时，可不计入上层荷载的影响。

12.8.2　圈　　梁

圈梁是沿建筑物外墙四周及纵横墙设置的连续封闭梁。圈梁的作用是加强房屋的整体刚度和墙体的稳定性。

当地基有不均匀沉降时，房屋可能发生向上或向下的弯曲变形，致使墙体因弯曲拉应力或主拉应力过大而开裂，破坏房屋的整体工作，使房屋刚度大为减小；对有动力设备（如电动桥式吊车、大型锻锤等）的房屋，由于动荷载的反复作用，可能引起墙体的开裂或失去稳定，此外还有其他因素（温度应力、地震作用等）也能破坏墙体的整体性和稳定性。为了解决上述问题，除采取其他措施外，在墙体中设置圈梁是比较有效的解决办法。

圈梁布置的位置和道数，应根据地基的强弱、房屋的整体刚度和墙体稳定性、荷载的性质等因素，结合其他结构措施全面考虑确定。

圈梁以设置在基础顶面和檐口部位对抵抗不均匀沉降的作用最为有效。如果房屋可能发生微凹形沉降，则基础顶面的圈梁作用较大；如果发生微凸形沉降，则檐口部位的圈梁作用较大。

在一般情况下，混合结构房屋可参照下列规定设置圈梁：

（1）对无横向隔墙比较空旷的单层房屋，如车间、仓库、食堂等，当墙厚 $h\leqslant$ 240mm，墙高 5～8m 时应设置圈梁一道，檐口标高大于 8m 时，宜适当增设。

（2）砌块及石砌体房屋，檐口标高为 4～5m，设圈梁一道，檐口标高大于 5m 时宜适当增设。

（3）对有电动桥式吊车或较大振动设备的单层工业房屋，除在檐口或窗顶标高处设置钢筋混凝土圈梁外，尚宜在吊车梁标高处或其他适当位置增设。

（4）对多层民用房屋，如宿舍、办公楼等，当墙厚 $h\leqslant$240mm，且层数为 3～4 层时，宜在檐口标高处设置圈梁一道。当层数超过 4 层时，宜在所有纵横墙上每层设置。

（5）对多层工业房屋，宜每层设置钢筋混凝土圈梁。

（6）建筑在软弱地基或不均匀地基上的砌体房屋，除按上述规定设置圈梁外，尚应符合《地基基础设计规范》的规定。

钢筋混凝土圈梁的宽度一般与墙厚相同。当外墙为清水墙时，考虑美观要求，或在北方地区，为了保温的需要，而且墙厚 $h\geqslant$240mm，设置在外墙的圈梁的宽度可小于墙厚，但不宜小于 $2h/3$。圈梁高度应为砖厚的整数倍，且不小于 120mm。钢筋混凝土圈梁的配筋一般根据实践经验确定，纵向钢筋不少于 $4\phi10$，箍筋直径 $\phi4～\phi6$，间距不大于 300mm。

圈梁应连续地设置在同一水平面上，并尽可能地形成封闭系统；除在外墙和内纵墙中设置外，还应与横墙适当连接；连接的距离不宜大于 25m，条件许可时，

图 12-32　圈梁在转角和丁字交接处的附加钢筋

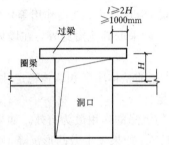

图 12-33　圈梁与过梁的搭接

宜在横墙上做成连续贯通的，不然，也可适当位置做成 1.5m 长非贯通的。刚弹性和弹性方案房屋的横墙间距较大，圈梁应与每个排架的支柱都要很好拉结。圈梁在房屋转角处或纵横墙交接处应配钢筋加强（图 12-32），否则将会出现裂缝。当圈梁为门窗洞口隔断时，应在洞口上设置截面不小于圈梁的钢筋混凝土过梁搭接，搭接长度 $L \geqslant 2H$（图 12-33），且不小于 1m。圈梁兼作过梁时，过梁部分的钢筋应按计算用量单独配置。

12.8.3　墙　　梁

对于商店—住宅楼，为了争取底层商店具有较大空间，设置钢筋混凝土大梁以承托上面各层横墙以及由横墙传来的楼盖荷载。这种承托墙体的大梁称为托梁。而由托梁和其上部计算高度范围内的墙体所组成的组合结构称为墙梁。

墙梁可分为承重墙梁和自承重墙梁（后者只承受墙体自重）。从支座形式看分为简支墙梁、连续墙梁、单跨框支墙梁和多跨连续框支墙梁。

墙梁结构受力状态比较复杂，近几十年国内外学者对其受力状态进行了大量的试验研究，88 规范将单跨简支墙梁的计算方法编入条文，由于应用范围的局限，又缺乏抗震部分计算方法，加以计算公式繁杂，工程上未能推广应用。《规范》已经把比较完整的墙梁简化计算方法编入条文。

1. 墙梁组合工作性能

试验表明：无洞口和跨中开洞墙梁的托梁，上、下钢筋全部受拉，沿跨度方向钢筋应力分布比较均匀，托梁处于小偏心受拉状态；偏开洞墙梁，由于靠近跨中的洞口边缘一侧存在较大的压应力，托梁承受较大的弯矩，一般处于大偏心受拉状态。

根据有限元法分析结果表明无洞口墙梁主压应力迹线呈拱形，作用于墙梁顶

面的荷载通过墙体的拱作用向
支座传递。托梁主要承受拉力，
两者组成一拉杆拱受力机构
（图 12-34a）。当门洞偏开在墙
体一侧时，墙梁顶部荷载通过
墙体的大拱和小拱作用向两端
支座及托梁传递。托梁既作为

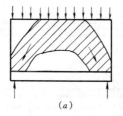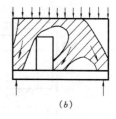

图 12-34　墙梁与托梁受力机构特征

大拱的拉杆承受拉力，又作为小拱一端的弹性支座，承受小拱传来的竖向压力。因
此，偏洞口墙梁具有梁—拱组合受力机构的特征（图 12-34b）。

2. 墙梁结构设计规定

（1）墙梁的适用范围

采用烧结普通砖和承重多孔砖砌体和配筋砌体的墙梁设计应符合表 12-18 的
规定：采用混凝土小型砌块砌体的墙梁可参照使用。墙梁计算高度范围内每跨只
允许设置一个洞口，洞口边至支座中心的最近距离 a_i，距边支座不应小于 $0.15l_{0i}$，
距中支座不应小于 $0.07l_{0i}$。对多层房屋的墙梁，各层洞口宜设置在相同位置，且
宜上、下对齐。

墙　梁　的　一　般　规　定　　　　　　　　表 12-18

墙梁类别	房屋层数	总高度(m)	跨度(m)	墙高 h_w/l_{0i}	托梁高 h_b/l_{0i}	洞宽 b_h/l_{0i}	洞高 h_h
承重墙梁	≤7	≤22	≤9	≥0.4	≥1/10	≤0.3 且 b_h≤2m	≤5h_w/6 且 h_w-h_h≥0.4m
自承重墙梁		≤18	≤12	≥1/3	≥1/15		

表 12-18 中的几点说明：

（A）房屋层数指设置墙梁的房屋总层数；

（B）房屋总高度指室外地面到檐口的高度，半地下室可从地下室室内地面算
起，全地下室和嵌固条件好的半地下室可从室外地面算起，带阁楼的坡屋面应算
到山尖墙 1/2 高度处；

（C）h_w——墙体计算高度；

　　　h_b——托梁截面高度；

　　　l_{0i}——墙梁第 i 跨的计算跨度；

　　　b_h——洞宽；

　　　h_h——洞高，对窗洞取洞顶至托梁顶面距离。

（2）墙梁的计算简图应符合下列规定（图 12-35）

（A）墙梁计算跨度 l_0（l_{0i}），对简支墙梁和连续墙梁取 $1.1l_n$（$1.1l_{ni}$）或 l_c（l_{ci}）
两者的较小值：l_n（l_{ni}）为净跨，l_c（l_{ci}）为支座中心线距离，各跨计算跨度相差不
超过 20% ，可按等跨连续墙梁考虑；对框支墙梁，取框架柱中心线间距离 l_c（l_{ci}）；

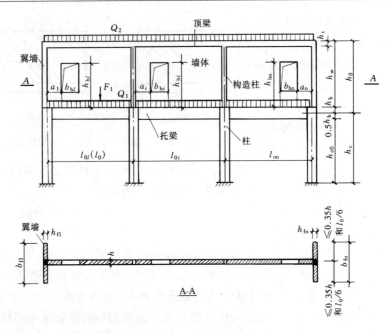

图 12-35　墙梁的计算简图

（B）墙体计算高度 h_w，取托梁顶面上一层层高，包括墙顶圈梁（以下称为顶梁）高度 h_t 在内，当 $h_w > l_0$ 时，取 $h_w = l_0$（对连续墙梁，l_0 取各跨的平均值 l_{0m}）；

（C）墙梁跨中截面计算高度 H_0，取 $H_0 = h_w + 0.5h_b$；

（D）翼墙计算宽度 b_f，取窗间墙宽度或横墙间距的 $2/3$，且每边不大于 $3.5h$（h 为墙体厚度）和 $l_0/6$。混凝土构造柱截面可按弹性模量比换算为等效翼墙面积。

（E）框架柱计算高度 H_c，取 $H_c = H_{cn} + 0.5h_b$；H_{cn} 为框架柱的净高，取基础顶面至托梁底面的距离。

（3）墙梁的计算荷载应按下列规定采用：

使用阶段墙梁上的荷载

承重墙梁

（A）托梁顶面的荷载设计值 Q_1、F_1：托梁自重及本层楼盖的恒荷载和活荷载（F_1 为集中力）；

（B）墙梁顶面的荷载设计值 Q_2；取托梁以上各层墙体自重，以及墙梁顶面以上各层楼盖的恒荷载和活荷载；集中荷载可近似化为均布荷载。

自承重墙梁顶面的荷载设计值 Q_2；托梁自重及托梁以上墙体自重。

施工阶段托梁上的荷载

（A）托梁自重及本层楼盖的恒荷载；

（B）本层楼盖的施工荷载；

（C）墙体自重，可取高度为 $l_{0max}/3$ 的墙体自重（l_{0max} 为各计算跨度的最大值），开洞时尚应按洞顶以下实际分布的墙体自重复核。

(4) 墙梁结构设计计算的主要内容

墙梁应分别进行使用阶段托梁的正截面承载力和斜截面受剪承载力计算,墙体受剪承载力和托梁支座上部砌体局部受压承载力计算以及施工阶段托梁承载力验算,自承重墙梁可不验算墙体受剪承载力和砌体局部受压承载力。

3. 墙梁正截面承载力计算

(1) 托梁跨中正截面承载力应按混凝土偏心受拉构件计算,其弯矩 M_{bi},轴心拉力 N_{bti} 可按下列公式计算:

$$M_{bi} = M_{1i} + \alpha_M M_{2i} \tag{12-77}$$

$$N_{bti} = \eta_N M_{2i} / H_0 \tag{12-78}$$

对简支墙梁:

$$\alpha_M = \psi_M \ (1.7 h_b/l_0 - 0.03) \tag{12-79}$$

$$\psi_M = 4.5 - 10 a_i/l_0 \tag{12-80}$$

$$\eta_N = 0.44 + 2.1 h_w/l_0 \tag{12-81}$$

对连续墙梁和框支墙梁:

$$\alpha_M = \psi_M \ (2.7 h_b/l_{0i} - 0.08) \tag{12-82}$$

$$\psi_M = 3.8 - 8 a_i/l_{0i} \tag{12-83}$$

$$\eta_N = 0.8 + 2.6 h_w/l_{0i} \tag{12-84}$$

式中　M_{1i}——荷载设计值 Q_1、F_1 作用下按简支梁、连续梁或框架分析的简支梁跨中弯矩或连续托梁各跨跨中最大弯矩;

M_{2i}——荷载设计值 Q_2 作用下按简支梁、连续梁或框架分析的简支梁跨中弯矩或连续托梁各跨跨中弯矩中的最大弯矩;

α_M——考虑墙梁组合作用的托梁跨中弯矩系数,可按式 (12-79) 或 (12-82) 计算,但对自承重简支墙梁应乘以 0.8;

η_N——考虑墙梁组合作用的托梁跨中轴力系数可按式 (12-81) 或 (12-84) 计算,但对自承重简支墙梁应乘以 0.8;

ψ_M——洞口对托梁弯矩的影响系数,对无洞口墙梁取 1.0,对有洞口墙梁可按式 (12-80) 或 (12-83) 计算;

a_i——洞口边至墙梁最近支座的距离,当 $a_i > 0.35 l_{0i}$ 时,取 $a_i = 0.35 l_{0i}$。

(2) 托梁支座截面应按混凝土受弯构件计算,其弯矩 M_{bj} 可按下列公式计算:

$$M_{bj} = M_{1j} + \alpha_M M_{2j} \tag{12-85}$$

$$\alpha_M = 0.75 - a_i/l_{0i} \tag{12-86}$$

式中　M_{1j}——荷载设计值 Q_1、F_1 作用下按连续梁或框架分析的托梁支座弯矩;

M_{2j}——荷载设计值 Q_2 作用下按连续梁或框架分析的托梁支座弯矩;

α_M——考虑组合作用的托梁支座弯矩系数,无洞口墙梁取 0.4,有洞口墙梁可按式（12-86）计算。

（3）在墙梁顶面荷载 Q_2 作用下多跨框支墙梁边柱轴力应乘以修正系数 1.2

通过以上计算公式可以看出，尽管墙梁有简支墙梁、连续墙梁、框支墙梁之分，受力特点各有不同，但托梁的内力计算采用了统一的计算模式，只是系数采用有所不同，而且墙梁的组合作用均得到体现，而摒弃了繁杂的公式和系数计算。M_{2j} 的计算，则和全荷载法一样，用墙梁顶面荷载 Q_2 对托梁（简支、框支、连续不同情况）按结构力学方法去求最大弯矩。

这种计算方法的最大优点是简化计算，适应设计人员求解习惯，虽然在精度方面差一点，但比全荷载法要科学合理得多。

4. 墙梁斜截面承载力计算

墙梁结构的抗剪能力由两部分组成：托梁抗剪和墙体抗剪，一般来说墙体抗剪较为薄弱必须给予足够的重视。不同型式的墙梁，其剪力计算和抗弯方法类似，亦按全荷载法分别求出内力再考虑组合作用乘以系数，而后按托梁抗剪和墙体抗剪计算公式计算。

（1）墙梁的托梁斜截面受剪承载力应按受弯构件计算，其剪力设计值可按下式计算：

$$V_{bj} = V_{1j} + \beta_v V_{2j} \tag{12-87}$$

式中　V_{1j}——荷载设计值 Q_1、F_1 作用下按连续梁或框架分析的托梁支座剪力或简支梁支座边缘剪力；

V_{2j}——荷载设计值 Q_2 作用下按连续梁或框架分析托梁支座剪力或简支梁支座边缘剪力；

β_v——考虑墙梁组合作用的托梁剪力系数，无洞口墙梁边支座取 0.6，中支座取 0.7；有洞口墙梁边支座取 0.7，中支座取 0.8。对自承重简支墙梁，无洞口时取 0.45，有洞口时取 0.5。

（2）墙梁墙体受剪承载力，可按下列公式计算：

$$V_2 \leqslant \xi_1 \xi_2 \ (0.2 + h_b/l_{0i} + h_t/l_{0i}) \ f h h_w \tag{12-88}$$

式中　V_2——在荷载设计值 Q_2 作用下墙梁支座边缘剪力的最大值；

ξ_1——翼墙或构造柱影响系数，对单层墙梁取 1.0，对多层墙梁当 $b_f/h = 3$ 时取 1.3，当 $b_f/h = 7$ 或设置构造柱时取 1.5；当 $3 < b_f/h < 7$ 时，按线性插入取值；

ξ_2——洞口影响系数，无洞口墙梁取 1，多层有洞口墙梁取 0.9，单层有洞口墙梁取 0.7；

h_t——墙梁的顶面圈梁截面高度。

5. 墙梁局压承载力计算

局压破坏发生于墙体高跨比较大而砌体承载力不高的试件中。在顶部荷载作用下支座上方砌体垂直压力高度集中，在该部位砌体首先出现多条细微垂直裂缝，随着荷载增加，裂缝不断扩展增多，直至砌体局部被压碎剥落，导致墙梁破坏。

试验表明，墙梁两端设有翼墙或混凝土构造柱时，则局压应力将得到大大降低，能显著提高墙梁局压承载力。

托梁界面上墙体最大压应力 σ_{ymax} 与墙梁顶面荷载 Q_2/h 之比，称为应力集中系数 c。而墙梁局压破坏时的最大压应力与砌体抗压强度 f 的比值称为局压强度提高系数 γ，则有

$$c = \frac{h \cdot \sigma_{ymax}}{Q_2} \qquad (a)$$

$$\gamma = \frac{\sigma_{ymax}}{f} \qquad (b)$$

则 γ/c 称为局压系数 ζ

$$\zeta = \frac{\gamma}{c} = \frac{Q_2}{hf} \qquad (c)$$

ζ 反映了破坏荷载 Q_2 与 f 的关系。

托梁支座上部砌体局部受压承载力应按下列公式计算：

$$Q_2 \leqslant \zeta fh \qquad (12\text{-}89)$$

$$\zeta = 0.25 + 0.08 b_f/h \qquad (12\text{-}90)$$

式中 ζ——局压系数。当 $\zeta > 0.81$ 时，取 $\zeta = 0.81$。

托梁支座上方设置落地混凝土构造柱时，或 $b_f/h \geqslant 5$ 时可不验算局压承载力。

托梁还应按混凝土受弯构件进行施工阶段的受弯、受剪承载力验算。

6. 墙梁结构的构造

墙梁除应符合《砌体结构设计规范》和《混凝土结构设计规范》的有关构造规定外，尚应符合下列构造要求：

(1) 材料

1）混凝土强度等级，对托梁不应低于 C30；

2）纵向钢筋宜采用 HRB335、HRB400 或 RRB400 级钢筋；

3）承重墙梁的砖、砌块的强度等级不应低于 MU10，计算高度范围内墙体砂浆强度等级不应低于 M10。

(2) 墙体

1）框支墙梁的上部砌体房屋，以及设有承重的简支或连续墙梁的房屋，应满足刚性方案房屋的要求；

2）框支墙梁的框架柱上方应设置构造柱，其截面不宜小于 240mm×240mm，纵向钢筋不宜少于 4Φ14；并应锚固在框架柱内，锚固长度不应小于 35d。箍筋间距不宜大于 200mm。墙梁顶面及托梁标高的翼墙应设置圈梁。构造柱应与每层圈梁连接；

3）墙梁计算高度范围内的墙体厚度对砖砌体不应小于 240mm，对混凝土小型

砌块砌体不应小于 190mm；

4）墙梁洞口上方应设置混凝土过梁，其支承长度不应小于 240mm；洞口范围内不应施加集中荷载。当洞边墙肢宽度 a_{si} 不满足规定的要求时，应加设落地且上下贯通的混凝土构造柱；

5）承重墙梁的支座处应设置落地翼墙，翼墙厚度，对砖不应小于 240mm，对砌块不应小于 190mm，翼墙宽度不应小于墙梁墙体厚度的 3 倍，并与墙梁墙体同时砌筑。当不能设置翼墙时，应设置落地混凝土构造柱；

6）墙梁计算高度范围内的墙体，每天可砌高度不应超过 1.5m。

（3）托梁

1）纵向受力钢筋宜通长设置，不应在跨中段弯起或截断。钢筋接长应采用机械连接焊接接头；

2）承重墙梁的托梁纵向受力钢筋总配筋率不应小于 0.6％；

3）托梁距边支座边 $l_0/4$ 范围内，上部纵向钢筋面积不应小于跨中下部纵向钢筋面积的 1/3。连续墙梁或多跨框支墙梁中支座托梁上部附加纵向钢筋从支座边算起每边延伸不少于 $l_0/4$；

4）承重墙梁托梁支承长度不应小于 350mm。纵向受力钢筋伸入支座并满足受拉钢筋最小锚固长度 l_a 的要求；

5）当托梁高度 $h_b \geqslant 500mm$ 时，应沿梁高设置通长水平腰筋，直径不应小于 $\Phi 12$，间距不应大于 200mm；

6）墙梁偏开洞口宽度及两侧各一个梁高 h_b 范围内，以及从洞口边至支座边的托梁箍筋直径不宜小于 $\Phi 8$，间距不应大于 100mm。

12.8.4　挑　　　梁[*]

嵌固在砌体中的钢筋混凝土悬臂挑梁是建筑工程中应用较广泛的一种构件，《规范》通过试验和电算分析，提出了其计算方法。

1. 挑梁的受力特征及破坏形态

试验挑梁如图 12-36 所示。砌体和挑梁的工作情况大致可分为以下几个阶段：

（1）弹性工作阶段

砌体中的挑梁在未受外部荷载之前，和砌体一样承受着上部砌体及其传递下来的荷载作用。在挑梁的上、下界面上存在着初始应力 σ_0。当外部荷载 P 作用之后，挑梁与砌体的上、下界面上就分别产生拉、压应力。随着荷载增加，应力值也逐渐增大。一旦砌体上界面的拉应力克服了初始应力 σ_0，且达到了砌体的通缝弯曲抗拉强度，就将在挑梁与砌体上界面（图 12-36 中 A 处）首先出现水平裂缝。此时的外荷载约为倾覆破坏荷载的 $20\% \sim 30\%$。在水平裂缝出现前，挑梁下砌体的变形基本上呈直线分布，砌体的压应力值远小于其抗压强度。因此，可以认为这个阶段的挑梁下砌体处于弹性工作阶段。

（2）梁尾斜裂缝出现前阶段

随着外部荷载的增加，挑梁上界面的水平裂缝也随之向砌体内部发展。梁尾下部砌体也出现水平裂缝（图 12-36 中 B 处）。同时前端梁下砌体受压区长度在逐渐减小，压应力值逐渐增大，梁下砌体变形显示出塑性的特征。若外荷载继续增加，在挑梁尾端角

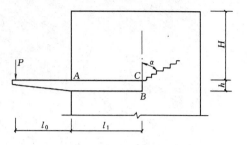

图 12-36　挑梁受力情形及梁尾出现斜裂缝

部剪拉强度最弱处（如图 12-36 中 B 或 C 点），将会出现斜向裂缝。随着外荷载继续增加，此裂缝将沿阶梯形向后上方向发展，与挑梁尾端垂直线成 α 角度。试验结果证明，在挑梁后部 α 角以上的砌体和梁上砌体（l_1 范围）可以共同抵抗外倾覆荷载，而不是以往那样认为只有挑梁以上砌体自重及其传递下来的荷载才是抗倾覆荷载。在设计计算挑梁时应考虑挑梁上砌体整体的作用，一般梁尾出现斜裂缝时的荷载约为破坏荷载的 80% 左右。

（3）破坏阶段

试验表明，当挑梁尾部出现阶梯形斜裂缝后，若砌体强度较高、挑梁嵌入墙中（l_1）较长、梁上砌体较高时，斜裂缝的发展比较缓慢。否则，荷载稍微增加，裂缝就很快向后延伸，以致使全墙裂通而发生倾覆破坏。所以，可以认为，挑梁尾部一旦出现斜向阶梯裂缝，就是挑梁倾覆破坏的开始。在使用阶段，应不允许挑梁尾部出现斜裂缝。

在裂缝发展的同时，界面水平裂缝也在延伸，挑梁下砌体受压区长度进一步减小，砌体压应力值继续增大。若此压应力值超过了砌体的局部抗压强度，则挑梁下砌体就会发生局部受压破坏。

从上述挑梁受力特征，可以得出以下结论：若挑梁本身承载力（正、斜截面）得到保证，则钢筋混凝土挑梁在砌体中可能发生两种破坏形态：

1）倾覆破坏（或称稳定破坏）；

2）挑梁下砌体局部受压破坏。

2. 挑梁抗倾覆验算

试验表明，由于挑梁上部砌体的整体作用，在其倾覆破坏时，挑梁尾部阶梯形斜裂缝以上砌体、楼板重量均能起到抵抗倾覆荷载的作用。试验得出斜裂缝与尾垂线的夹角 α 一般均大于 45°，因此取为 45° 是偏于安全的。如果墙体层高比较大，挑梁嵌入墙内的长度 l_1 又较小，当斜裂缝裂通整个墙高时，挑梁变形可能过大，为安全计斜裂缝的水平长度应加以限制，当 $l_3 > l_1$ 时取 $l_3 = l_1$（图 12-37）。

关于倾覆点的位置，过去传统做法取墙边或墙边往里 20mm 处，但是，缺乏充分的根据。砖石砌体是弹塑性材料，很难设想挑梁下砌体特别是墙边处不产生变形。挑梁专题组认为挑梁下压应力的合力点也即挑梁本身最大弯矩的位置就是

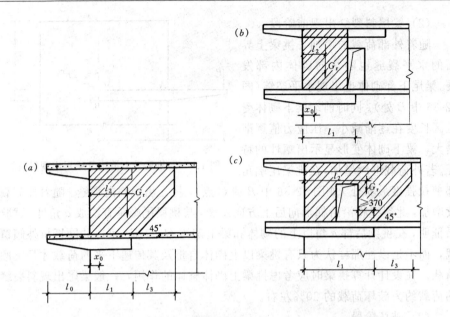

图 12-37　挑梁的抗倾覆荷载

倾复点的位置。将挑梁当作以砌体为地基的弹性地基梁，用弹性理论进行分析并和试验数据对比，可以得出挑梁倾覆点距边缘的距离 x_0 为

当 $l_1 \geqslant 2.2h_b$ 时：
$$x_0 = 1.25\sqrt[4]{h_b^3} \tag{12-91}$$

式中　h_b——挑梁的截面高度，以 mm 计。

　　　　l_1——挑梁嵌入砌体墙中的长度（mm）。

对常用挑梁也可近似采用：
$$x_0 = 0.3h_b \tag{12-92}$$

当 $l_1 < 2.2h_b$ 时：
$$x_0 = 0.13l_1 \tag{12-93}$$

这样，挑梁抗倾覆的表达式可写成：
$$M_{ov} \geqslant M_r \tag{12-94}$$
$$M_r = 0.8G_r(l_2 - x_0) \tag{12-95}$$

式中　M_{ov}——挑梁的荷载设计值对计算倾覆点产生的倾覆力矩；

　　　　M_r——挑梁的抗倾覆力矩；

　　　　G_r——挑梁的抗倾覆荷载，其值为图 12-37a 中阴影部分本层砌体与楼面标准恒载之和。如果挑梁上部设有门洞时，则 G_r 应按图 12-37（b）、（c）中阴影部分取用。如上层无挑梁时可取 2 层墙和楼板荷载。

式（12-95）中 0.8 是考虑保证抗倾覆的安全系数。

3. 挑梁下砌体局压承载力验算

《规范》规定挑梁下砌体局部受压按下式计算：

$$N_l \leqslant \eta \gamma A_l f \tag{12-96}$$

式中　N_l——挑梁下的支承压力，可取 $N_l = 2R$，R 为挑梁由荷载设计值产生的支座竖向反力；

　　　η——梁端底面压应力图形的完整系数，取 $\eta = 0.7$；

　　　γ——砌体局部抗压强度提高系数，挑梁为丁字形墙体时 $\gamma = 1.5$；为一字形墙时，$\gamma = 1.25$（图 12-38）；

　　　A_l——挑梁下砌体局部受压面积，取 $A_l = 1.2bh_b$，b 为挑梁截面宽度，h_b 为挑梁截面的高度。

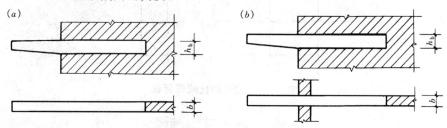

图 12-38　挑梁下砌体局部受压

挑梁下砌体局压计算主要是参照前述砌体局压公式的形式协调列出。试验表明挑梁倾覆时，挑梁下砌体压应力合力与倾覆荷载 P 比值的平均值为 2.184，故取 $N_l = 2R$。

挑梁下砌体压应力分布长度，经电算分析约为 1.2 倍梁高，所以局压面积 $A_l = 1.2bh_b$。

4. 挑梁内力计算

对于钢筋混凝土挑梁本身的承载力计算，前已述及，挑梁的最大弯矩并不是位于墙边，而是倾覆点处，则

$$M_{max} = M_{ov} \tag{12-97}$$

$$V_{max} = V_0 \tag{12-98}$$

式中　V_0——墙边缘处挑梁荷载设计值产生的剪力。

5. 其他悬挑构件计算

根据钢筋混凝土雨篷的抗倾覆试验，在雨篷梁以外的一部分砌体能和雨篷梁上面的砌体共同抵抗雨篷的倾覆力矩。雨篷倾覆破坏时，梁上砌体并不是沿雨篷梁的两端垂直剪断，而是在梁端砌体中出现与垂直方向成 α 角度的斜裂缝而破坏，这和挑梁情况类似，说明抗倾覆荷载应考虑雨篷梁上砌体的整体作用。因此，《规范》规定计算雨篷的抗倾覆荷载时，可取雨篷梁端按与垂直方向夹角为 45°范围内的砌体自重。但是斜线的水平投影长 l_3 同样要加以限制，$l_3 \leqslant \dfrac{1}{2} l_n$，$l_n$ 为雨篷梁的净跨（图 12-39）。

关于雨篷梁的倾覆点位置，根据电算分析和试验，对于像雨篷这类埋深较小

的刚性构件（$l_1 < 2.2h_b$），其倾覆点位置可按下式计算：

$$x_0 = 0.13l_1 \tag{12-93}$$

式中　l_1——雨篷梁的宽度（或墙厚）。

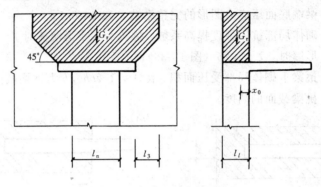

图 12-39　雨篷的抗倾覆荷载

参 考 文 献

[12-1]　国家标准砌体结构设计规范 GBJ3—88. 北京：中国建筑工业出版社，1988

[12-2]　建筑结构可靠性设计统一标准 GB50068. 北京：中国建筑工业出版社，2001

[12-3]　国家标准砌体结构设计规范 GB50003. 北京：中国工业出版社，2002

[12-4]　金伟良，严家熺等.《砌体结构设计规范》结构可靠度研究. 99 全国砌体结构学术会议论文集，1999.9

[12-5]　王庆霖主编. 砌体结构. 北京：地震出版社，1993

[12-6]　丁大钧主编. 砌体结构学. 北京：中国建筑工业出版社，1997

[12-7]　苑振芳，高连玉. 混凝土砌体建筑发展现状及展望. 99 全国砌体结构学术会议论文集，1999.9

[12-8]　唐岱新等.《砌体结构设计新规范应用讲评》. 北京：中国建筑工业出版社，1992

[12-9]　唐岱新，姜洪斌，吕红军. 梁端垫块局压应力分布及有效支承长度测定，哈尔滨建筑大学学报，2000 年 4 期

[12-10]　刘立新，谢丽丽. 带构造柱墙的高厚比验算. 99 全国砌体学术会议论文集，1999.9

[12-11]　骆万康. 关于砖砌体抗剪强度计算与集中式预应力砖墙抗震设计的建议. 99 全国砌体结构学术会议论文集 1999.9

[12-12]　谢小军，施楚贤. 配筋混凝土小砌块房屋弹塑性地震反应分析. 99 全国砌体结构学术会议论文集 1999.9

[12-13]　唐岱新，姜洪斌，梁端垫块局部压应力分布及有效支承长度测定. 99 全国砌体结构学术会议论文集 1999.9

[12-14]　唐岱新等. 梁端砌体的卸荷与约束作用. 建筑结构学报. 1986 年第二期

[12-15]　王凤来，唐岱新. 柔性垫梁下砌体局部受压计算方法. 99 全国砌体结构学术会议论文集. 1999.9

[12-16]　龚绍照，李翔等. 框支墙梁的低周反复荷载试验及抗震设计方法. 99 全国砌体结构

学术会议论文集，1999.9

[12-17]　龚绍照，郭乐工．连续墙梁竖向荷载试验和受剪承载力计算，99 全国砌体结构学术会议论文集，1999.9

[12-18]　李晓文，王庆霖．竖向荷载作用下承重墙梁设计．99 全国砌体结构学术会议论文集，1999.9

[12-19]　李晓文，梁兴文．框支连续墙梁中墙体的抗震承载力试验．99 全国砌体结构学术会议论文集，1999.9

[12-20]　陆能源，冯铭硕．考虑组合作用的墙梁设计．建筑结构学报，1980 年第 3 期

[12-21]　宁雅涵．钢筋混凝土挑梁倾覆计算方法探讨，郑州工学院学报，1980 年第 1 期

[12-22]　唐岱新，费金标．配筋砌块剪力墙正截面强度试验研究．上海：上海建材学院学报，1995 年第 3 期

[12-23]　唐岱新．王凤来．混合结构房屋计算简图的研究．哈尔滨建筑大学学报．2000 年第 5 期

[12-24]　唐岱新，马晓儒．多层砌块房屋的变形裂缝成因与防治．建筑砌块与砌块建筑．2000 年第 1 期

[12-25]　苑振芳，刘斌．关于砌体结构裂缝控制措施的建议．99 全国砌体结构学术会议论文集．1999.9

[12-26]　翟希梅，唐岱新，张玉红．控制缝对砌块建筑抗震性能影响与分析．低温建筑技术．2000 年第 2 期

[12-27]　全成华，唐岱新．高强砌块配筋砌体剪力墙抗震性能试验研究．建筑结构学报．2002 年第 2 期

[12-28]　唐岱新，龚绍熙．周炳章．砌体结构设计规范理解与应用．北京：中国建筑工业出版社，2002 年 6 月

附 录

附表 15 单层厂房排架柱柱顶反力与位移

柱顶单位集中荷载作用下系数 C_0

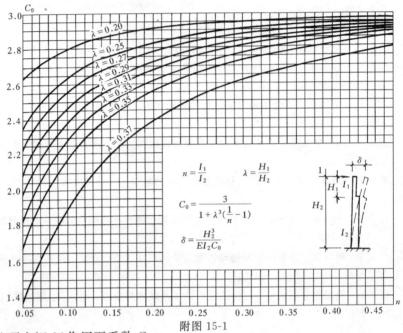

附图 15-1

柱顶力矩 M 作用下系数 C_1

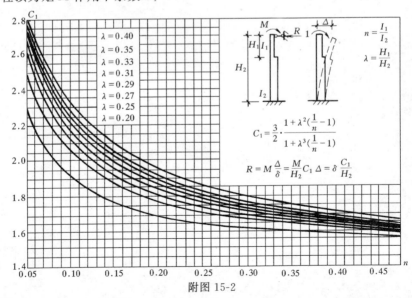

附图 15-2

牛腿顶面处力矩 M 作用下系数 C_3

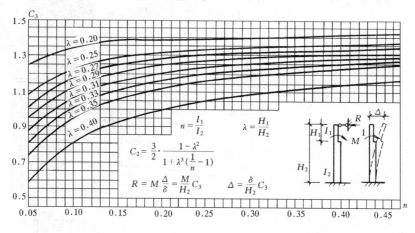

附图 15-3

水平集中力荷载 F_h 作用在上柱（$y=0.6H_1$）系数 C_5

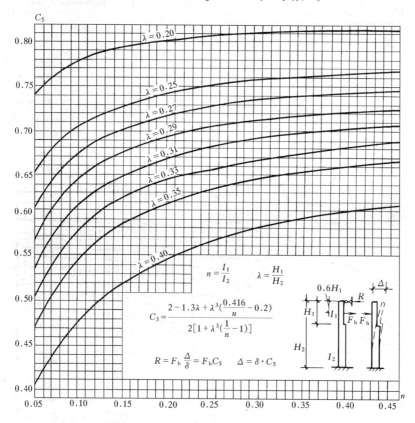

附图 15-4

水平集中力荷载 F_h 作用在上柱（$y=0.7H_1$）系数 C_5

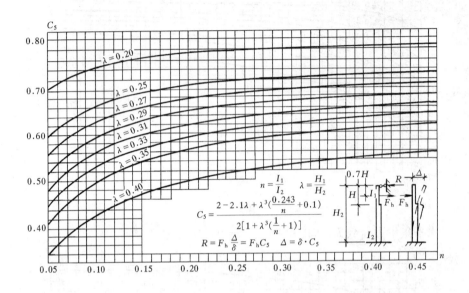

附图 15-5

水平集中力荷载 F_h 作用在上柱（$y=0.8H_1$）系数 C_5

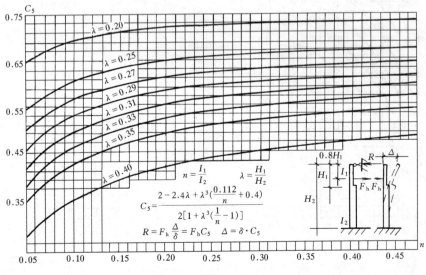

附图 15-6

水平均布荷载作用在上柱系数 C_9

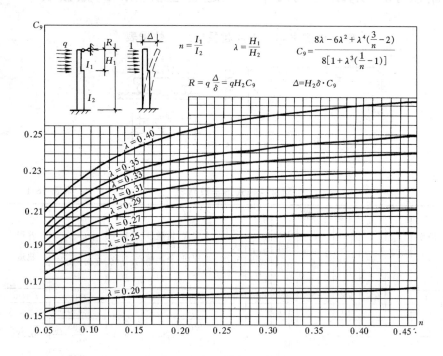

附图 15-7

水平均布荷载作用在全柱系数 C_{11}

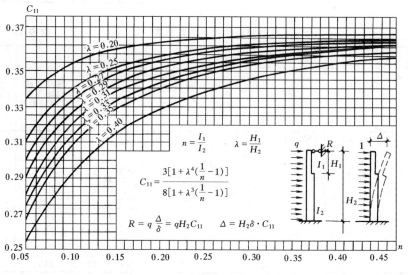

附图 15-8

附表 16　电动桥式吊车（大连起重机械厂）数据表

电动桥式吊车（大连起重机厂）数据表

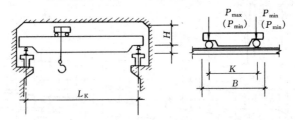

电动单钩桥式吊车数据表　　　　　　　　　　　　附表 16-1

起重量 Q	跨度 L_x	起升高度	中级工作制				主 要 尺 寸（mm）						荐用大车轨道
			P_{max}	P_{min}	小车重 g	吊车总重	吊车最大宽度 B	大车轮距 K	大车底面至轨道顶面的距离 F	轨道顶面至吊车顶面的距离 H	轨道中心至吊车外缘的距离 B_1	操纵室底面至主梁底面的距离 h_3	
t (kN)	m	m	kN	kN	kN	kN	mm	mm	mm	mm	mm	mm	kN/m
5 (50)	10.5	12	64	19	19.9	116	4500	3400	—24	1753.5	230.0	2350	0.38
	13.5		70	22		134	4500	3400	126			2195	
	16.5		76	27.5		157			226			2170	
	22.5		90	41		212	4660	3550	526			2180	
10 (100)	10.5	12	103	18.5	39.0	143	5150	4050	—24	1677	230.0	2350	0.43
	13.5		109	22		162	5150	4050	126			2195	
	16.5		117	26		186			226			2170	
	22.5		133	37		240	5290	4050	528			2180	

电动双钩桥式吊车数据表　　　　　　　　　　　　附表 16-2

起重量 Q	跨度 L_x	起升高度	中级工作制				主 要 尺 寸（mm）						
			P_{max}	P_{min}	小车重 g	吊车总重	吊车最大宽度 B	大车轮距 K	大车底面至轨道顶面的距离 F	轨道顶面至吊车顶面的距离 H	轨道中心至吊车外缘的距离 B_1	操纵室底面至主梁底面的距离 h_3	
t(kN)	m	m	kN	kN	kN	kN	mm	mm	mm	mm	mm	mm	kN/m
15/3 (150/30)	10.5	12/14	136		73.2	203	5600	4400	80	2047	230	2290	0.43
	13.5		145			220			80			2290	
	16.5		155			244			180			2170	
	22.5		176			312			390	2137		2180	
20/5 (200/50)	10.5		158		77.2	209	5600	4400	80	2046	230	2280	0.43
	13.5		169			228			84			2280	
	16.5		180			253			184			2170	
	22.5		202			324			392	2136	260	2180	

附表 17　砌体的抗压、拉、弯、剪强度设计值

烧结普通砖和烧结多孔砖砌体的抗压强度设计值 $f(\text{N/mm}^2)$　　附表 17-1

砖强度等级	砂浆强度等级					砂浆强度
	M15	M10	M7.5	M5	M2.5	0
MU30	3.94	3.27	2.93	2.59	2.26	1.15
MU25	3.60	2.98	2.68	2.37	2.06	1.05
MU20	3.22	2.67	2.37	2.12	1.84	0.94
MU15	2.79	2.31	2.07	1.83	1.60	0.82
MU10	—	1.89	1.69	1.50	1.30	0.67

蒸压灰砂砖和蒸压粉煤灰砖砌体的抗压强度设计值 $f(\text{N/mm}^2)$　　附表 17-2

砖强度等级	砂浆强度等级				砂浆强度
	M15	M10	M7.5	M5	0
MU25	3.60	2.98	2.68	2.37	1.05
MU20	3.22	2.67	2.39	2.12	0.94
MU15	2.79	2.31	2.07	1.83	0.82
MU10	—	1.89	1.69	1.50	0.67

单排孔混凝土和轻骨料混凝土砌块砌体的抗压强度设计值 $f(\text{N/mm}^2)$　　附表 17-3

小砌块强度等级	砂浆强度等级				砂浆强度
	M15	M10	M7.5	M5	0
MU20	5.68	4.95	4.44	3.94	2.33
MU15	4.61	4.02	3.61	3.20	1.89
MU10	—	2.79	2.50	2.22	1.31
MU7.5	—	—	1.93	1.71	1.01
MU5	—	—	—	1.19	0.70

注：1. 对错孔砌筑的砌体，应按表中数值乘以 0.8；

2. 对独立柱或厚度为双排组砌的砌块砌体，应按表中数值乘以 0.7；

3. 对 T 型截面砌体，应按表中数值乘以 0.85。

4. 单排孔且孔对孔砌筑的混凝土小型空心砌块灌孔砌体的抗压强度设计值 f_G，可按下列公式计算：

$$f_G = f + 0.6\alpha f_c \qquad (a)$$

$$\alpha = \delta\rho \qquad (b)$$

$$f_G/f \leqslant 2 \qquad (c)$$

式中　f——未灌孔砌体的抗压强度设计值，应按附表 5-3 采用；

f_c——灌孔混凝土的轴心抗压强度设计值；

α——砌块砌体中灌孔混凝土面积和砌体毛面积的比值；

δ——混凝土砌块的孔洞率；

ρ——混凝土砌块砌体的灌孔率，ρ 不应小于 33%。

轻骨料混凝土砌块砌体的抗压强度设计值 f（N/mm²）   附表 17-4

砌块强度等级	砂浆强度等级			砂浆强度
	M10	M7.5	M5	0
MU10	3.08	2.76	2.45	1.44
MU7.5	—	2.13	1.88	1.12
MU5	—	—	1.31	0.78

注：1. 表中的砌块为火山灰，浮石和陶粒混凝土砌块；

2. 对厚度方向为双排组砌的轻骨料混凝土砌块砌体的抗压强度设计值，应按表中数值乘以 0.8。

毛料石砌体的抗压强度设计值 f（N/mm²）   附表 17-5

毛料石块体强度等级	砂浆强度等级			砂浆强度
	M7.5	M5	M2.5	0
MU100	5.42	4.80	4.18	2.13
MU80	4.85	4.29	3.73	1.91
MU60	4.20	3.71	3.23	1.65
MU50	3.83	3.39	2.95	1.51
MU40	3.43	3.04	2.64	1.35
MU30	2.97	2.63	2.29	1.17
MU20	2.42	2.15	1.87	0.95

注：对下列各类料石砌体，应按表中数值分别乘以系数；

细料石砌体 1.5；半细料石砌体 1.3；粗料石砌体 1.2；干砌勾缝石砌体 0.8。

毛石砌体的抗压强度设计值 f（N/mm²）   附表 17-6

毛石块体强度等级	砂浆强度等级			砂浆强度
	M7.5	M5	M2.5	0
MU100	1.27	1.12	0.98	0.34
MU80	1.13	1.00	0.87	0.30
MU60	0.98	0.87	0.76	0.26
MU50	0.90	0.80	0.69	0.23

毛石块体强度等级	砂浆强度等级			砂浆强度
	M7.5	M5	M2.5	0
MU40	0.80	0.71	0.62	0.21
MU30	0.69	0.61	0.53	0.18
MU20	0.56	0.51	0.44	0.15

沿砌体灰缝截面破坏时砌体的轴心抗拉强度设计值、弯曲抗拉强度设计值和抗剪强度设计值 f（N/mm²）

附表 17-7

强度类别	破坏特征及砌体种类		砂浆强度等级			
			≥M10	M7.5	M5	M2.5
轴心抗拉	沿齿缝	烧结普通砖、烧结多孔砖	0.19	0.16	0.13	0.09
		蒸压灰砂砖、蒸压粉煤灰砖	0.12	0.10	0.08	0.06
		混凝土砌块	0.09	0.08	0.07	
		毛石	0.08	0.07	0.06	0.04
弯曲抗拉	沿齿缝	烧结普通砖、烧结多孔砖	0.33	0.29	0.23	0.17
		蒸压灰砂砖、蒸压粉煤灰砖	0.24	0.20	0.16	0.12
		混凝土砌块	0.11	0.09	0.08	
		毛石	0.13	0.11	0.09	0.07
	沿通缝	烧结普通砖、烧结多孔砖	0.17	0.14	0.11	0.08
		蒸压灰砂砖、蒸压粉煤灰砖	0.12	0.10	0.08	0.08
		混凝土砌块	0.08	0.06	0.05	
抗剪		烧结普通砖、烧结多孔砖	0.17	0.14	0.11	0.08
		蒸压灰砂砖、蒸压粉煤灰砖	0.12	0.10	0.08	0.06
		混凝土和轻骨料混凝土砌块	0.09	0.08	0.06	
		毛石	0.21	0.19	0.16	0.11

注：1. 对于用形状规则的块体砌筑的砌体，当搭接长度与块体高度的比值小于 1 时，其轴心抗拉强度设计值 f_t 和弯曲抗拉强度设计值 f_{tm} 应按表中数值乘以搭接长度与块体高度比值后采用；

2. 对孔洞率不大于 35％ 的双排孔或多排孔轻骨料混凝土砌块砌体的抗剪强度设计值，可按表中混凝土砌块砌体抗剪强度设计值乘以 1.1；

3. 对蒸压灰砂砖、蒸压粉煤灰砖砌体，当有可靠的试验数据时，表中抗剪强度设计值，可作适当调整。

附表 18　砌体受压构件的影响系数 φ

影响系数 φ（砂浆强度等级≥M5）　　　　　　　　　　　附表 18-1

β	$\dfrac{e}{h}$ 或 $\dfrac{e}{h_T}$						
	0	0.025	0.05	0.075	0.1	0.125	0.15
≤3	1	0.99	0.97	0.94	0.89	0.84	0.79
4	0.98	0.95	0.90	0.85	0.80	0.74	0.69
6	0.95	0.91	0.86	0.81	0.75	0.69	0.64
8	0.91	0.86	0.81	0.76	0.70	0.64	0.59
10	0.87	0.82	0.76	0.71	0.65	0.60	0.55
12	0.82	0.77	0.71	0.66	0.60	0.55	0.51
14	0.77	0.72	0.66	0.61	0.56	0.51	0.47
16	0.72	0.67	0.61	0.56	0.52	0.47	0.44
18	0.67	0.62	0.57	0.52	0.48	0.44	0.40
20	0.62	0.57	0.53	0.48	0.44	0.40	0.37
22	0.58	0.53	0.49	0.45	0.41	0.38	0.35
24	0.54	0.49	0.45	0.41	0.38	0.35	0.32
26	0.50	0.46	0.42	0.38	0.35	0.33	0.30
28	0.46	0.42	0.39	0.36	0.33	0.30	0.28
30	0.42	0.39	0.36	0.33	0.31	0.28	0.26

β	$\dfrac{e}{h}$ 或 $\dfrac{e}{h_T}$					
	0.175	0.2	0.225	0.25	0.275	0.3
≤3	0.73	0.68	0.62	0.57	0.52	0.48
4	0.64	0.58	0.53	0.49	0.45	0.41
6	0.59	0.54	0.49	0.45	0.42	0.38
8	0.54	0.50	0.46	0.42	0.39	0.36
10	0.50	0.46	0.42	0.39	0.36	0.33
12	0.47	0.43	0.39	0.36	0.33	0.31
14	0.43	0.40	0.36	0.34	0.31	0.29
16	0.40	0.37	0.34	0.31	0.29	0.27
18	0.37	0.34	0.31	0.29	0.27	0.25
20	0.34	0.32	0.29	0.27	0.25	0.23
22	0.32	0.30	0.27	0.25	0.24	0.22
24	0.30	0.28	0.26	0.24	0.22	0.21
26	0.28	0.26	0.24	0.22	0.21	0.19
28	0.26	0.24	0.22	0.21	0.19	0.18
30	0.24	0.22	0.21	0.20	0.18	0.17

影响系数 φ （砂浆强度等级 M2.5）　　　　　　　　　　　附表 18-2

β	$\dfrac{e}{h}$ 或 $\dfrac{e}{h_T}$						
	0	0.025	0.05	0.075	0.1	0.125	0.15
≤3	1	0.99	0.97	0.94	0.89	0.84	0.79
4	0.97	0.94	0.89	0.84	0.78	0.73	0.67
6	0.73	0.89	0.84	0.78	0.73	0.67	0.62
8	0.89	0.84	0.78	0.72	0.67	0.62	0.57
10	0.83	0.78	0.72	0.67	0.61	0.56	0.52
12	0.78	0.72	0.67	0.61	0.56	0.52	0.47
14	0.72	0.66	0.61	0.56	0.51	0.47	0.43
16	0.66	0.61	0.56	0.51	0.47	0.43	0.40
18	0.61	0.56	0.51	0.47	0.43	0.40	0.36
20	0.56	0.51	0.47	0.43	0.39	0.36	0.33
22	0.51	0.47	0.43	0.39	0.36	0.33	0.31
24	0.46	0.43	0.39	0.36	0.33	0.31	0.28
26	0.42	0.39	0.36	0.32	0.31	0.28	0.26
28	0.39	0.36	0.33	0.30	0.28	0.26	0.24
30	0.36	0.33	0.30	0.28	0.26	0.24	0.22

β	$\dfrac{e}{h}$ 或 $\dfrac{e}{h_T}$					
	0.175	0.2	0.225	0.25	0.275	0.3
≤3	0.73	0.68	0.62	0.57	0.52	0.48
4	0.62	0.57	0.52	0.48	0.44	0.40
6	0.57	0.52	0.48	0.44	0.40	0.37
8	0.52	0.48	0.44	0.40	0.37	0.34
10	0.47	0.43	0.40	0.37	0.34	0.31
12	0.43	0.40	0.37	0.34	0.31	0.29
14	0.40	0.36	0.34	0.31	0.29	0.27
16	0.36	0.34	0.31	0.29	0.26	0.25
18	0.33	0.31	0.29	0.26	0.24	0.23
20	0.31	0.28	0.26	0.24	0.23	0.21
22	0.28	0.26	0.24	0.22	0.21	0.20
24	0.26	0.24	0.23	0.21	0.20	0.18
26	0.24	0.22	0.21	0.20	0.18	0.17
28	0.22	0.21	0.20	0.18	0.17	0.16
30	0.21	0.20	0.18	0.17	0.16	0.15

影响系数 φ（砂浆强度 0）   附表 18-3

β	$\dfrac{e}{h}$ 或 $\dfrac{e}{h_T}$						
	0	0.025	0.05	0.075	0.1	0.125	0.15
$\leqslant 3$	1	0.99	0.97	0.94	0.89	0.84	0.79
4	0.87	0.82	0.77	0.71	0.66	0.60	0.55
6	0.76	0.70	0.65	0.59	0.54	0.50	0.46
8	0.63	0.58	0.54	0.49	0.45	0.41	0.38
10	0.53	0.48	0.44	0.41	0.37	0.34	0.32
12	0.44	0.40	0.37	0.34	0.31	0.29	0.27
14	0.36	0.33	0.31	0.28	0.26	0.24	0.23
16	0.30	0.28	0.26	0.24	0.22	0.21	0.19
18	0.26	0.24	0.22	0.21	0.19	0.18	0.17
20	0.22	0.20	0.19	0.18	0.17	0.16	0.15
22	0.19	0.18	0.16	0.15	0.14	0.14	0.13
24	0.16	0.15	0.14	0.13	0.13	0.12	0.11
26	0.14	0.13	0.13	0.12	0.11	0.11	0.10
28	0.12	0.12	0.11	0.11	0.10	0.10	0.09
30	0.11	0.10	0.10	0.09	0.09	0.09	0.08

β	$\dfrac{e}{h}$ 或 $\dfrac{e}{h_T}$					
	0.175	0.2	0.225	0.25	0.275	0.3
$\leqslant 3$	0.73	0.68	0.62	0.57	0.52	0.48
4	0.51	0.46	0.43	0.39	0.36	0.33
6	0.42	0.39	0.36	0.33	0.30	0.28
8	0.35	0.32	0.30	0.28	0.25	0.24
10	0.29	0.27	0.25	0.23	0.22	0.20
12	0.25	0.23	0.21	0.20	0.19	0.17
14	0.21	0.20	0.18	0.17	0.16	0.15
16	0.18	0.17	0.16	0.15	0.14	0.13
18	0.16	0.15	0.14	0.13	0.12	0.12
20	0.14	0.13	0.12	0.12	0.11	0.10
22	0.12	0.12	0.11	0.10	0.10	0.09
24	0.11	0.10	0.10	0.09	0.09	0.08
26	0.10	0.09	0.09	0.08	0.08	0.07
28	0.09	0.08	0.08	0.08	0.07	0.07
30	0.08	0.07	0.07	0.07	0.07	0.06

影 响 系 数 φ_n　　　　　　　　　　　　　　　　附表 18-4

ρ	β	e/h 0	0.05	0.10	0.15	0.17
0.1	4	0.97	0.89	0.78	0.67	0.63
	6	0.93	0.84	0.73	0.62	0.58
	8	0.89	0.78	0.67	0.57	0.53
	10	0.84	0.72	0.62	0.52	0.48
	12	0.78	0.67	0.56	0.48	0.44
	14	0.72	0.61	0.52	0.44	0.41
	16	0.67	0.56	0.47	0.40	0.37
0.3	4	0.96	0.87	0.76	0.65	0.61
	6	0.91	0.80	0.69	0.59	0.55
	8	0.84	0.74	0.62	0.53	0.49
	10	0.78	0.67	0.56	0.47	0.44
	12	0.71	0.60	0.51	0.43	0.40
	14	0.64	0.54	0.46	0.38	0.36
	16	0.58	0.49	0.41	0.35	0.32
0.5	4	0.94	0.85	0.71	0.63	0.59
	6	0.88	0.77	0.66	0.56	0.52
	8	0.81	0.69	0.59	0.50	0.46
	10	0.73	0.61	0.52	0.44	0.41
	12	0.65	0.55	0.46	0.39	0.36
	14	0.58	0.49	0.41	0.35	0.32
	16	0.51	0.43	0.36	0.31	0.29
0.7	4	0.93	0.83	0.72	0.61	0.57
	6	0.86	0.75	0.63	0.53	0.50
	8	0.77	0.66	0.56	0.47	0.43
	10	0.68	0.58	0.49	0.41	0.38
	12	0.60	0.50	0.42	0.36	0.33
	14	0.52	0.44	0.37	0.31	0.30
	16	0.46	0.38	0.33	0.28	0.26
0.9	4	0.91	0.82	0.71	0.60	0.56
	6	0.83	0.72	0.61	0.52	0.48
	8	0.73	0.63	0.53	0.45	0.42
	10	0.64	0.54	0.46	0.38	0.36
	12	0.55	0.47	0.39	0.33	0.31
	14	0.48	0.40	0.34	0.29	0.27
	16	0.41	0.35	0.30	0.25	0.24
1.0	4	0.91	0.81	0.70	0.59	0.55
	6	0.82	0.71	0.60	0.51	0.47
	8	0.72	0.61	0.52	0.43	0.41
	10	0.62	0.53	0.44	0.37	0.35
	12	0.54	0.45	0.38	0.32	0.30
	14	0.46	0.39	0.33	0.28	0.26
	16	0.39	0.34	0.28	0.24	0.23

附录 A   与时间相关的预应力损失

混凝土收缩和徐变引起预应力钢筋的预应力损失终极值可按下列规定计算：

1. 受拉区纵向预应力钢筋应力损失终极值 σ_{l5} 可按下列公式计算：

$$\sigma_{l5} = \frac{0.9\alpha_p\sigma_{pc}\varphi_{oo} + E_s \cdot \varepsilon_{oo}}{1 + 15\rho} \qquad (A\text{-}1)$$

式中 σ_{pc}——受拉区预应力钢筋合力点处，由预加力（扣除相应阶段预应力损失）和梁自重产生的混凝土法向压应力，其值不得大于 $0.5f'_{cu}$；对简支梁可取跨中截面与 $1/4$ 跨度处截面的平均值；对连续梁和框架可取若干有代表性截面的平均值；

φ_{oo}——混凝土徐变系数终极值；

ε_{oo}——混凝土收缩应变终极值；

E_s——预应力钢筋弹性模量（N/mm^2）；

α_p——预应力钢筋弹性模量与混凝土弹性模量之比值；

ρ——受拉区预应力钢筋和非预应力钢筋配筋率；对先张法构件，$\rho = (A_p + A_s)/A_0$；对后张法构件，$\rho = (A_p + A_s)/A_n$；对于对称配置预应力钢筋和非预应力钢筋的构件，配筋率 ρ 取钢筋总截面面积的一半。

当无可靠资料时，φ_{oo}、ε_{oo} 值可按 A-1 采用，如结构处于年平均相对湿度低于 40% 的使用环境下的结构，表列数值应增加 30%。

混凝土收缩应变和徐变系数终极值   表 A-1

终　极　值		收缩应变终极值 ε_{oo}（$\times 10^{-4}$）				徐变系数终极值 φ_{oo}			
理论厚度 $\dfrac{2A}{u}$（mm）		100	200	300	≥600	100	200	300	≥600
预应力时混凝土的龄期（d）	3	2.50	2.00	1.70	1.10	3.0	2.5	2.3	2.0
	7	2.30	1.90	1.60	1.10	2.6	2.2	2.0	1.8
	10	2.17	1.86	1.60	1.10	2.4	2.1	1.9	1.7
	14	2.00	1.80	1.60	1.10	2.2	1.9	1.7	1.5
	28	1.70	1.60	1.50	1.10	1.8	1.5	1.4	1.2
	≥60	1.40	1.40	1.30	1.00	1.4	1.2	1.1	1.0

注：1. 预加力时混凝土的龄期，对先张法构件一般为 $3\sim7d$，后张法结构构件可取 $7\sim28d$；

　　2. A 为构件截面面积，u 为该截面与大气接触的周边长度；

　　3. 当实际结构的理论厚度和预加力时的混凝土龄期为表列数值的中间值时，可以按线性内插确定。

2. 受压区纵向预应力钢筋应力损失终极值 σ'_{l5} 计算：

$$\sigma'_{l5} = \frac{0.9\alpha_p\sigma'_{pc}\varphi_{0o} + E_s \cdot e_{0o}}{1 + 15\rho'} \tag{A-2}$$

式中 σ'_{pc}——受压区预应力钢筋合力点处，由预加力（扣除相应阶段预应力损失）和梁自重产生的混凝土法向压应力，其值不得大于 $0.5f'_{cu}$；当 σ'_{pc} 为拉应力时，即 $\sigma'_{pc}=0$；

ρ'——受压区预应力钢筋和非预应力钢筋配的配筋率；对先张法构件，$\rho' = (A'_p + A'_s)/A_0$；对后张法构件，$\rho' = (A'_p + A'_s)/A_n$。

注：对受压区配置预应力钢筋 A'_p 及非预应力钢筋 A'_s 的构件，在计算公式（A-1）、（A-2）中的 σ_{pc} 及 σ'_{pc} 时，应按截面全部预加力进行计算。

考虑时间影响的混凝土收缩和徐变引起的预应力损失值，可由本附录 1 条计算的预应力损失终极值 σ_{l5}、σ'_{l5} 乘以表 A-2 中相应系数确定。

考虑时间影响的预应力钢筋应力松弛引起的预应力损失值，可由 10.4.2 节计算的预应力损失值 σ_{l4} 乘以表 A-2 中相应的系数确定。

σ_{l4}、σ_{l5} 中间值系数（中间值与终极值之比）   表 A-2

时　　间（d）	松弛损失 σ_{l4}	混凝土收缩和徐变损失 σ_{l5}
2	0.5	—
10	0.77	0.33
20	0.88	0.37
30	0.95	0.40
40		0.43
60		0.50
90	1.0	0.60
180		0.75
365		0.85
1095		1.0

注：当理论厚度在 200mm 与 600mm 之间时，可按线性内插值取用。

高校土木工程专业指导委员会规划推荐教材（经典精品系列教材）

征订号	书 名	定价	作 者	备 注
V16537	土木工程施工（上册）（第二版）	46.00	重庆大学、同济大学、哈尔滨工业大学	21世纪课程教材、"十二五"国家规划教材、教育部2009年度普通高等教育精品教材
V16538	土木工程施工（下册）（第二版）	47.00	重庆大学、同济大学、哈尔滨工业大学	21世纪课程教材、"十二五"国家规划教材、教育部2009年度普通高等教育精品教材
V16543	岩土工程测试与监测技术	29.00	宰金珉	"十二五"国家规划教材
V18218	建筑结构抗震设计（第三版）（附精品课程网址）	32.00	李国强 等	"十二五"国家规划教材、土建学科"十二五"规划教材
V22301	土木工程制图（第四版）（含教学资源光盘）	58.00	卢传贤 等	21世纪课程教材、"十二五"国家规划教材、土建学科"十二五"规划教材
V22302	土木工程制图习题集（第四版）	20.00	卢传贤 等	21世纪课程教材、"十二五"国家规划教材、土建学科"十二五"规划教材
V21718	岩石力学（第二版）	29.00	张永兴	"十二五"国家规划教材、土建学科"十二五"规划教材
V20960	钢结构基本原理（第二版）	39.00	沈祖炎 等	21世纪课程教材、"十二五"国家规划教材、土建学科"十二五"规划教材
V16338	房屋钢结构设计	55.00	沈祖炎、陈以一、陈扬骥	"十二五"国家规划教材、土建学科"十二五"规划教材、教育部2008年度普通高等教育精品教材
V15233	路基工程	27.00	刘建坤、曾巧玲 等	"十二五"国家规划教材
V20313	建筑工程事故分析与处理（第三版）	44.00	江见鲸 等	"十二五"国家规划教材、土建学科"十二五"规划教材、教育部2007年度普通高等教育精品教材
V13522	特种基础工程	19.00	谢新宇、俞建霖	"十二五"国家规划教材
V20935	工程结构荷载与可靠度设计原理（第三版）	27.00	李国强 等	面向21世纪课程教材、"十二五"国家规划教材
V19939	地下建筑结构（第二版）（赠送课件）	45.00	朱合华 等	"十二五"国家规划教材、土建学科"十二五"规划教材、教育部2011年度普通高等教育精品教材
V13494	房屋建筑学（第四版）（含光盘）	49.00	同济大学、西安建筑科技大学、东南大学、重庆大学	"十二五"国家规划教材、教育部2007年度普通高等教育精品教材

征订号	书 名	定价	作 者	备 注
V20319	流体力学（第二版）	30.00	刘鹤年	21世纪课程教材、"十二五"国家规划教材、土建学科"十二五"规划教材
V12972	桥梁施工（含光盘）	37.00	许克宾	"十二五"国家规划教材
V19477	工程结构抗震设计（第二版）	28.00	李爱群 等	"十二五"国家规划教材、土建学科"十二五"规划教材
V20317	建筑结构试验	27.00	易伟建、张望喜	"十二五"国家规划教材、土建学科"十二五"规划教材
V21003	地基处理	22.00	龚晓南	"十二五"国家规划教材
V20915	轨道工程	36.00	陈秀方	"十二五"国家规划教材
V21757	爆破工程	26.00	东兆星 等	"十二五"国家规划教材
V20961	岩土工程勘察	34.00	王奎华	"十二五"国家规划教材
V20764	钢-混凝土组合结构	33.00	聂建国 等	"十二五"国家规划教材
V19566	土力学（第三版）	36.00	东南大学、浙江大学、湖南大学 苏州科技学院	21世纪课程教材、"十二五"国家规划教材、土建学科"十二五"规划教材
V20984	基础工程（第二版）（附课件）	43.00	华南理工大学	21世纪课程教材、"十二五"国家规划教材、土建学科"十二五"规划教材
V21506	混凝土结构（上册）——混凝土结构设计原理（第五版）（含光盘）	48.00	东南大学、天津大学、同济大学	21世纪课程教材、"十二五"国家规划教材、土建学科"十二五"规划教材、教育部2009年度普通高等教育精品教材
V22466	混凝土结构（中册）——混凝土结构与砌体结构设计（第五版）	56.00	东南大学 同济大学 天津大学	21世纪课程教材、"十二五"国家规划教材、土建学科"十二五"规划教材、教育部2009年度普通高等教育精品教材
V22023	混凝土结构（下册）——混凝土桥梁设计（第五版）	49.00	东南大学 同济大学 天津大学	21世纪课程教材、"十二五"国家规划教材、土建学科"十二五"规划教材、教育部2009年度普通高等教育精品教材
V11404	混凝土结构及砌体结构（上）	42.00	滕智明 等	"十二五"国家规划教材
V11439	混凝土结构及砌体结构（下）	39.00	罗福午 等	"十二五"国家规划教材

征订号	书　名	定价	作　者	备　注
V21630	钢结构（上册）——钢结构基础（第二版）	38.00	陈绍蕃	"十二五"国家规划教材、土建学科"十二五"规划教材
V21004	钢结构（下册）——房屋建筑钢结构设计（第二版）	27.00	陈绍蕃	"十二五"国家规划教材、土建学科"十二五"规划教材
V22020	混凝土结构基本原理（第二版）	48.00	张誉 等	21世纪课程教材、"十二五"国家规划教材
V21673	混凝土及砌体结构（上册）	37.00	哈尔滨工业大学、大连理工大学等	"十二五"国家规划教材
V10132	混凝土及砌体结构（下册）	19.00	哈尔滨工业大学、大连理工大学等	"十二五"国家规划教材
V20495	土木工程材料（第二版）	38.00	湖南大学、天津大学、同济大学、东南大学	21世纪课程教材、"十二五"国家规划教材、土建学科"十二五"规划教材
V18285	土木工程概论	18.00	沈祖炎	"十二五"国家规划教材
V19590	土木工程概论（第二版）	42.00	丁大钧 等	21世纪课程教材、"十二五"国家规划教材、教育部2011年度普通高等教育精品教材
V20095	工程地质学（第二版）	33.00	石振明 等	21世纪课程教材、"十二五"国家规划教材、土建学科"十二五"规划教材
V20916	水文学	25.00	雒文生	21世纪课程教材、"十二五"国家规划教材
V22601	高层建筑结构设计（第二版）	45.00	钱稼茹	"十二五"国家规划教材、土建学科"十二五"规划教材
V19359	桥梁工程（第二版）	39.00	房贞政	"十二五"国家规划教材
V19938	砌体结构（第二版）	28.00	丁大钧 等	21世纪课程教材、"十二五"国家规划教材、教育部2011年度普通高等教育精品教材